笃学 慎思　明辨 尚行

中国社会科学院大学系列教材
新文科系列

MATLAB 应用与科学计算

盖赟 著

MATLAB Application
and Scientific Computing

社会科学文献出版社
SOCIAL SCIENCES ACADEMIC PRESS (CHINA)

本教材（编号：JCJS2022064）由中国社会科学院大学教材建设项目专项经费支持

目 录

第1章 MATLAB 概述 1
1.1 MATLAB 简介 2
1.2 MATLAB 的发展 2
1.3 MATLAB 语言的特点 4
1.4 MATLAB 与其他数学软件 5
1.5 MATLAB 的系统组成 7
1.6 MATLAB 的开发环境 8
1.7 MATLAB 的工具箱 12
1.8 MATLAB 的安装流程 13
本章小结 17

第2章 MATLAB 基础 18
2.1 脚本编程 18
2.2 编程实例 22
2.3 变量 24
2.4 运算符 27
2.5 数组和矩阵 34

2.6 字符和字符串 38

2.7 常用命令符号 41

本章小结 44

第3章 MATLAB 程序设计 45

3.1 数据类型 45

3.2 程序控制结构 52

3.3 函数 63

3.4 句柄函数 69

3.5 数据导入 70

3.6 数据导出 72

3.7 图像数据的读取、修改和显示 75

本章小结 76

第4章 数组与矩阵 77

4.1 数组 77

4.2 矩阵 86

4.3 特殊矩阵的生成 92

4.4 高维矩阵的数据存储形式 93

4.5 数值计算函数 94

4.6 矩阵的处理 95

4.7 矩阵元素差值 113

本章小结 116

第5章 可视化 117

5.1 二维曲线 117

5.2　图形格式的设置 124

　5.3　图形元素的设置 127

　5.4　绘制形式的设置 130

　5.5　其他二维图形 133

　5.6　三维图形 140

　5.7　三维曲面 147

　5.8　其他操作的设置 152

　本章小结 154

第6章　图形用户界面设计 155

　6.1　图形用户界面简介 155

　6.2　图形用户界面的创建 156

　6.3　组件的创建及使用 158

　6.4　菜单的创建及使用 174

　本章小结 176

第7章　数据预处理和统计性描述 177

　7.1　数据预处理 178

　7.2　数据统计性描述 228

　本章小结 240

第8章　判别分析 241

　8.1　判别距离 241

　8.2　基于马氏距离的判别分析 248

　8.3　贝叶斯判别分析 249

8.4　K 近邻判别 255

本章小结 256

第 9 章　符号计算 257

9.1　符号变量的创建 258

9.2　符号表达式的创建 261

9.3　符号表达式的运算 263

9.4　符号表达式的操作 271

本章小结 276

第 10 章　插值 277

10.1　概述 277

10.2　一维插值 278

10.3　二维插值 302

本章小结 308

第 11 章　假设检验与方差分析 309

11.1　假设检验的一般过程 310

11.2　正态性检验 314

11.3　方差分析 325

本章小结 333

第 12 章　回归分析 334

12.1　一元线性回归分析 336

12.2　符号计算 337

12.3 多元线性回归分析 341
12.4 一元非线性回归分析 344
12.5 一元非线性拟合 356
12.6 拟合函数 359
本章小结 365

第13章 最优化方法 366
13.1 无约束最优化问题 368
13.2 有约束最优化问题 379
13.3 多目标规划 398
本章小结 400

第14章 人工神经网络计算 401
14.1 人工神经网络 401
14.2 训练函数 409
14.3 Deep Learning Toolbox 的使用 413
本章小结 415

第1章 MATLAB 概述

> **෧ 内容提要**
>
> 本章对 MATLAB 的概念、发展历史、使用方法进行了全面介绍，并对软件的窗口组成和安装流程进行了简要介绍。

MATLAB（Matrix Laboratory，矩阵实验室）是一款全球闻名的商用数学软件，其被广泛应用于数据分析、图像处理、机械控制、金融管理等领域的模型计算和数据分析。MATLAB 在矩阵运算方面具有操作简便、计算高效的特点，因此每年都有数以百万计的研究人员和工程师使用该软件进行数据分析、系统建模和仿真计算。

传统的程序设计语言需要编程人员使用基础的编程语句对复杂数据问题进行求解，这就要求研究人员不但具备可以设计出复杂数学模型的能力，还具备将模型转化为复杂的编程语句的能力。这对于非计算机领域的研究人员来说是一件非常困难的事情。

科学计算是指使用数学模型对事物的变化规律进行描述和预测。完成此类模型的计算，一般需要求解海量的参数和导数，因此高效的模型求解工具是开展相关研究工作的必要前提。由于 MATLAB 在矩阵计算方面拥有十分显著的优势，很多研究人员会在 MATLAB 的辅助下进行计算和分析。本书以 MATLAB 语法为基础、以模型构建和求解为目标，通过深入浅出的讲解方式，为读者展示 MATLAB 在科学计算方面的使用方法。

1.1　MATLAB 简介

MATLAB 是一种用于算法开发、数据可视化、数据分析及数值计算的高级计算机语言和交互式开发环境，是由美国 MathWorks 公司设计的商业数学软件。使用 MATLAB 可以进行算法开发、数据可视化、数据分析以及数值计算等研究工作。MATLAB 是以 LINPACK（Linear System Package，线性系统软件包）和特征值计算软件包 EISPACK（Elgen System Subroutine Package，特征系统子程序包）中的子程序为基础发展起来的一种开放式程序设计语言，是一种高性能工程计算语言。其数据计算基础是矩阵计算。

MATLAB 将数值分析、矩阵计算、数据可视化以及非线性动态系统的建模和仿真集成在一个易于使用的视窗环境中，为科学研究、工程设计、科学计算和数据分析工作域提供了一种全面的解决方案。

MATLAB 的应用范围非常广，包括信号处理、图像处理、通信、控制系统、复杂模型设计、测试和测量，以及数据分析相关应用领域。该软件最著名的工具是工具箱技术和 Simulink 仿真技术，使用这两项技术可以帮助研究人员快速使用现有代码进行求解并进行可视化问题表述和求解。

1.2　MATLAB 的发展

MATLAB 的发展经历了如下几个时期。

1. 起源期

20 世纪 70 年代中期，美国新墨西哥大学计算机系主任 Cleve Moler 教授为减轻学生的学习负担，设计了一组可以灵活调用 LINPACK 和 EISPACK 的 Fortran 子程序库，这两个子程序库就是 MATLAB 的前身。

LINPACK 在 1974 年 4 月开始研发。当时美国 Argonne 国家实验室应用数学所主任 Jim Pool 在一系列非正式的讨论会中评估了建立一套专门解线性系统问题之数学软件的可能性，后来便提出了 LINPACK 计划案并送到国家科学基金会（National Science Foundation，NSF）审核，经国家科学基金会同意并提供经费。

EISPACK 是用 Fortran IV 语言编制的计算矩阵特征值和特征向量的程序包。EISPACK 是美国 1971 年国家软件测试活动（National Activity To TestSoftware）工程的两个项目之一，目的是研究软件的测试、验证、推广、维护等问题，期望由少数专家把现成的计算方法制成软件。

经过几年的努力，在工程师 John Little 的帮助下，John Little、Cleve Moler 和 Steve Bangert 一起合作，于 1984 年成立了 MathWorks 公司，并把 MATLAB 正式推向市场。从那时起，MATLAB 的内核采用 C 语言编写。此后，MATLAB 又添加了丰富多彩的图形处理、多媒体、符号运算及其他流行软件的接口功能，这使其更受欢迎。

2. 传播期

MATLAB 以商品形式出现后仅仅几年，就以其良好的开发性和运行的可靠性，使原先控制领域的封闭式软件包纷纷被淘汰。随后，MATLAB 逐渐成为国际控制界的标准计算软件。

3. 商品化期

经过多年的发展，MATLAB 已经成为国际极为流行的科学计算和工程应用的软件工具之一，同时也成为一种全新的高级编程语言。MATLAB 的特点是拥有更丰富的数据类型和结构、更友善的面向对象特性、更快速精良的图形可视界面、更广博的数学和数据分析资源以及更多的应用开发工具。就影响力而言，至今仍然没有哪一种计算软件能与 MATLAB 相匹敌。

4. 蓬勃发展期

自 20 世纪 90 年代以来，在大学校园里，诸如"线性代数"、"自动控制理论"、"数理统计"、"数字信号处理"、"图像处理"、"模拟与数字通信"、"时间序列分析"和"动态系统仿真"等课程的教科书把 MATLAB 作为主要工具进行介绍。MATLAB 已经是硕士生、博士生必须掌握的基本工具。在国际学术界，MATLAB 已经被确认为准确、可靠的科学计算标准软件。在许多国际一流学术刊物上，都可以看到 MATLAB 的影子。

在研究设计单位和工业部门，MATLAB 被作为进行高级研究、开发的首选软件工具，如美国信号测量分析软件 LabView、Cadence 公司的信号和通信分析软件都是构建在 MATLAB 之上的。

1.3 MATLAB 语言的特点

1. 运算功能强大

MATLAB 自问世以来，就因其强大的功能而得到广泛使用。MATLAB 作为设计和研发的首选工具，其应用范围包括科学计算、建模仿真、生物医学、信号与信息处理和自动控制系统等领域。MATLAB 是一种包含大量工具和算法的集合，方便用户直接找到想要的各种计算函数。这些函数包括从最基本的函数到诸如矩阵、特征向量、傅里叶变换、符号计算、工程优化工具以及动态仿真建模等。

2. 绘图方便

MATLAB 提供了将工程和科学数据可视化所需的全部图形功能，包括二维和三维绘图可视化函数、用于交互式创建图形的工具以及将结果输出为图形格式的功能。在 MATLAB 中绘图十分简单，用户只需要很少几步操作就可以绘制出功能清晰的图形；对于复杂的模型函数，也可以使用函数句柄的方式进行绘图。因此，使用 MATLAB 构建实验报告所需的图形是研究人员的首选。

3. 扩充能力强

MATLAB提供了极其强大和广泛的预定义函数库,使得模型求解工作变得简单而高效。如果没有需要的函数,用户还可进行任意扩充。由于MATLAB语言库函数与用户文件的形式相同,用户文件可以像库函数一样被随意调用,库函数也可以容易地被扩充。

4. 编程效率高

MATLAB语言和C语言的语法类似,但其比C语言更为简便,更加符合科学技术人员的工作方式。这种设计使得即使不懂C语言和非计算机专业的人,也能使用MATLAB进行研发和设计。这也是MATLAB如此受欢迎的重要原因之一。使用MATLAB编写的简单几句矩阵运算语句相当于其他语言中的几十条、上百条,故在MATLAB中进行矩阵运算非常便捷。

5. 实用的程序接口

MATLAB不仅可以使用自身的解释器运行代码,还可以将用户的MATLAB程序自动转换为独立于MATLAB运行的C/C++语言代码,还允许在其他平台调用MATLAB的库函数。

1.4 MATLAB与其他数学软件

除MATLAB之外,当前比较有名且应用较为广泛的数学软件还有Maple、Mathematica和Mathcad。

Maple是由滑铁卢大学研发的一款数据软件,其具有强大的公式推导和无限精度计算功能、丰富的可视化工具、独有的编程语言、广泛的接口,在数学界和科学界都享有盛誉,被称为数学家的软件。该软件提供了丰富的数学计算函数,涉及范围包括普通数学、高等数学、线性代数、数论、离散数学、图形学等。为了方便用户进行程序开发,Maple还提供了一套内置的编程语言。该语言以字符为单位进行输入,输入时需要遵循一定的格式，这些格式简便易行、易于理解。Maple 强大的优势在于公式推导和符号计算功能，此功能可以对复杂数学问题进行快速求解。很多数学软件的符号计算功能是以 Maple 为基础构建的。Maple 涵盖了绝大多数数学问题的求解方法，其中包括 6000 多个计算命令、100 多个算法程序包，涉及范围包括微积分函数、线性代数函数、信号处理函数、深度学习函数、图论函数、微分几何函数、组合数学函数、离散变换函数、动态系统函数、优化函数、物理函数等。但是，该软件的界面比较陈旧和卡顿，且统计功能比较薄弱。

Mathematica 是由美国物理学家沃尔夫拉姆带头研发的一款专业数学软件。Mathematica 可以进行高精度的数值计算和复杂的符号计算，能够求解的方程类型非常多。与 Maple 相比，Mathematica 的符号计算功能更强，运行架构也更优。Maple 的符号计算功能适用于中学生和大学生的学习计算，而 Mathematica 的符号计算适合于专业数学问题求解。同 MATLAB 相比，Mathematica 的矩阵计算和向量计算能力相对不足，运算时需要耗费更多的内存。

Mathcad 是由美国 Mathsoft 公司研制的一款交互式数学计算软件。Mathcad 的符号计算能力是基于 Maple 构建的，可以提供文本编辑、数学计算、程序设计和仿真功能。Mathcad 的输入语法规则和日常的数学公式运算规则相似，适合于运算简单、编程复杂度低的计算任务，一般用于课程教学。

MATLAB 的主要特点是包含丰富的工具包，可以解决包括复杂系统仿真、信号处理、系统识别、优化计算、神经网络、系统控制、分析与综合、样条计算、符号数学、图像处理、统计分析等在内的问题。该软件以矩阵为基本计算工具，是应用线性代数、数理统计、自动控制、数字信号处理、动态系统仿真的首选工具，也是研究人员进行科研工作的得力工具。MATLAB 在线性代数和数值计算方面具有明显的优势，矩阵运算相较于同类软件具有更快的运行速度；但其在部分数学领域的能力相对薄弱，如数论、图论和离线数学，并且工具箱之间的协作能力不是很好。

除了这四款数学软件，还有一些比较知名的统计软件，如广为人们使用的 SPSS、Stata 和 SAS。SPSS 是一款专业的数据统计分析软件，其可以直接读取 Excel 文件中的数据，并使用软件中内嵌的数学模型对数据进行分析。SPSS 的操作界面布局合理，操作简单，能够让初学者轻松上手。除此之外，SPSS 还提供了强大的程序编辑能力和二次开发能力。Stata 是一款命令行式数据分析软件，具备数据管理功能、统计分析功能、绘图功能、矩阵运算功能，被广泛应用于企业和学术机构中，是社科专业的首选数据分析软件。SAS 是一个功能强大的数据库整合平台，由 Thure Etzold 博士带队开发，于 1976 年推出。统计分析功能是 SAS 的重要组成部分。SAS 是一个组合软件系统，其由多个功能模块组合而成。以上三个软件主要用于数据分析与统计，与全范围的数据计算软件相比具有一定的差距。

1.5　MATLAB 的系统组成

MATLAB 系统由开发环境、数学函数库、编程语言、可视化系统和应用程序接口五大模块组成。

（1）MATLAB 开发环境是一个方便用户使用的集成操作平台，在该环境中用户不但可以编写程序代码，还可以通过菜单、工具栏等图形化控件进行相关数据操作。

（2）数学函数库由大量包含经典算法实现的代码文件组成，其中既有常用的基本算法，又有复杂的高级算法，如傅里叶变换、拉普拉斯变换、小世界网络等。使用这些代码，研究人员可以快速完成所需数学模型运算，并构建相关研究模型。

（3）MATLAB 编程语言是 MATLAB 针对矩阵运算设计的一款高级语言，该语言除了具备与其他语言相似的设计逻辑，还针对矩阵运算进行了特别的优化，使得用户可以快速编写出求解矩阵运算的程序和求解函数优化的程序。

（4）MATLAB的可视化系统为用户提供了便捷的可视化操作命令，包括二维可视化函数、三维可视化函数和动画操作函数，通过简单的程序指令就可以对数据进行准确的可视化处理。

（5）MATLAB应用程序接口可以帮助编程人员将MATLAB程序和其他程序设计语言进行相互调用，从而将MATLAB的可用性与其他语言的高效性进行有机结合。

1.6 MATLAB的开发环境

MATLAB的开发环境是操作软件、编写程序、求解问题的主要工作平台，其窗体包括标题栏、功能区、命令行窗口、工作区窗口、当前文件夹窗口。该环境是一种集成开发环境（Integrated Develop Environment，IDE），简单说就是在这一个窗口中集成了编程所需的所有功能。

1.6.1 标题栏

标题栏位于MATLAB窗体的最顶部，其左侧显示MATLAB的版本名称，右侧显示放大、缩小、控制按钮。

1.6.2 功能区

自2012b版本之后，MATLAB将传统的菜单工具栏部分改为选项卡形式，窗口顶部由"主页""绘图""APP"三个选项卡组成，每个选项卡中又集成了相关的命令按钮。通过这种方式，MATLAB将系统中众多的命令按钮按照功能的相关性进行归类和划分，大大提高了操作的便利性。

"主页"选项卡中包括和脚本文件相关的命令按钮，"绘图"选项卡中包括和图形绘制相关的命令按钮，"APP"选项卡中包括多种应用程序命令按钮。这样用户可以根据实际需求在对应的选项卡寻找命令按钮，从而极大地提高系统使用的便捷性。除此之外，选项卡内的命令按钮也根据其功能的相似性进行归类排放，每个类别相同的按钮区域称为一个组。

1. "主页"选项卡

"主页"选项卡包括"文件""变量""代码""SIMULINK""环境""资源"六个组。在"文件"组内有"新建脚本""新建""打开""查找文件""比较"五个命令按钮。其中，"新建脚本"命令按钮用于创建一个脚本文件。在 MATLAB 中，所有程序代码都以脚本的形式进行保存。

2. "绘图"选项卡

"绘图"选项卡包括"所选内容""绘图""选项"三个组，其中，"绘图"组包括一个图形样式库，用于 SIMULINK 环境下的可视化图形绘制。

3. "APP"选项卡

"APP"选项卡用于将所编写的 MATLAB 代码打包成二进制的形式，提高了代码的运行效率。直接使用 MATLAB 编写的代码会以解释的形式运行，运行速度慢，效率低下，且依赖 MATLAB 编程环境；打包后的 MATLAB 代码被编译成二进制的形式，代码运行效率大幅提升，且运行时不依赖于 MATLAB 环境。

1.6.3 命令行窗口

命令行窗口位于 MATLAB 窗体正中间，是编写程序、运行命令的窗体，有关 MATLAB 操作的所有命令和一些简单程序设计语句都可以在此窗体输入并运行。命令行窗口是运行 MATLAB 命令的最基本窗体。除了运行命令和程序语句，在命令行窗口中还可以通过命令打开各种 MATLAB 工具对 MATLAB 进行操作，如图 1-1 所示。

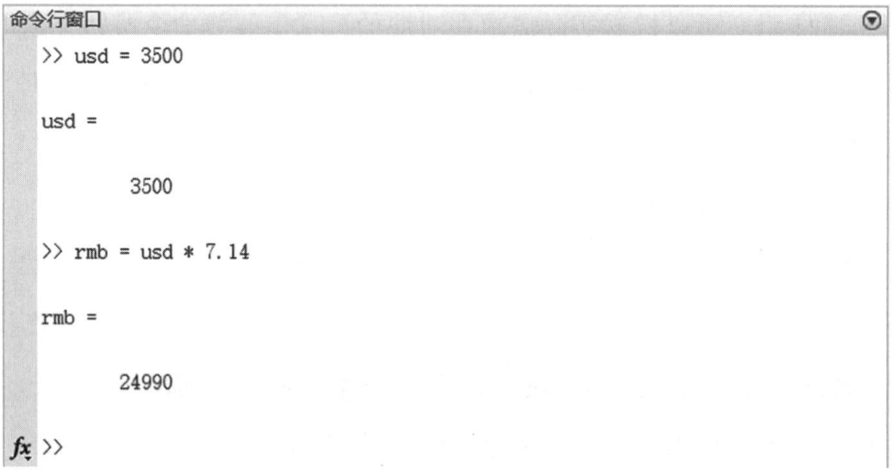

图 1-1 运行命令

说明：

（1）>> 是运算提示符，用于提示用户在此处输入命令，以及当前命令所在行。命令输入完毕后，按 Enter 键即可运行。

（2）虽然在命令行窗口可以输入编程语句，但存在编写多行程序语句时出现格式控制困难、易出错、无法保存等缺点，故人们很少在命令行窗口编写程序，只在此处做简单程序的测试。

（3）命令行窗口会对已输入的命令进行记录，当用户需要重新输入某一命令时，可以使用键盘上的方向键调用历史命令。其中，↑用于调出前一个命令，↓用于调出后一个命令。

1.6.4 工作区窗口

工作区窗口用于显示当前所有保存在内存中的 MATLAB 变量的变量名及其对应的数据结构、字节数，以及类型和具体数值。需要说明的是，工作区窗口的数据将在 MATLAB 关闭后被清空。保存在内存中的变量是指运行过赋值语句的变量，用户在编写程序时可以在此处检查内存中的变量值，以判断当前的程序功能是否正确。

1.6.5 当前文件夹窗口

当前文件夹窗口主要用于显示当前脚本文件所在的文件夹。系统在运行代码时，通常会以当前脚本文件所在文件夹为起点来确定脚本代码文件之间的层次关系，并完成脚本代码的运行。用户可以手动修改当前工作的文件夹，也可以在运行特定文件时通过系统提示来改变当前文件夹。

如果所运行脚本文件不在当前窗口显示的文件夹内，系统会提示用户是否切换窗口内显示的文件夹，或者将脚本所在文件夹加入所搜路径，提示效果如图 1-2 所示。根据 MATLAB 规则，一个命令只有在处于当前文件夹内的脚本文件中或搜索路径的文件中才会被执行，否则就会提示"未定义函数或变量"。

图 1-2 路径更改提示

当输入一个命令后，MATLAB 会依照一定的次序寻找定义该命令的脚本文件，具体如下。

（1）检查该命令是否为一个内部命令函数。

（2）检查该命令是否为当前目录下的 m 文件。

（3）检查该命令是否在搜索路径其他目录下的文件中。

如果希望可以随时调用某一脚本内的命令，可以将该脚本加入系统的搜索路径。MATLAB 已经将很多常用命令脚本加入搜索路径，所以此操作仅针对用户自定义的脚本文件。其具体的操作方法如下。

（1）在"主页"选项卡→"环境"组中单击"设置路径"按钮，弹出"设置路径"对话框，如图 1-3 所示。

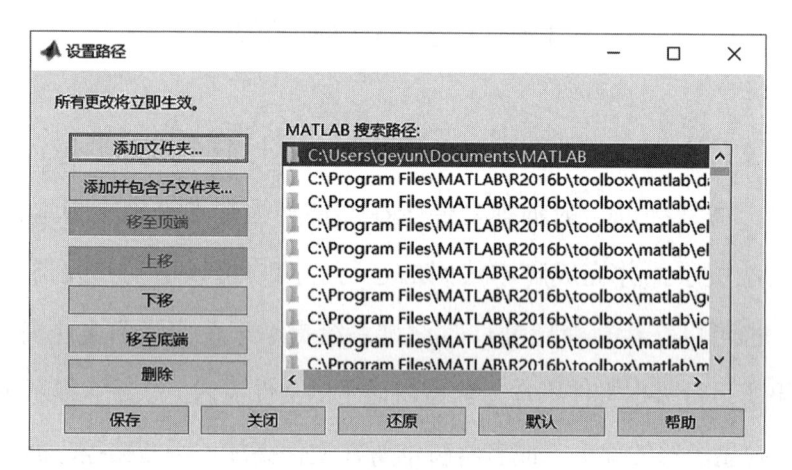

图 1-3 "设置路径"对话框

（2）单击"添加文件夹"或"添加并包含子文件夹"按钮，将指定路径添加到搜索列表中。

（3）保存修改。

1.7 MATLAB 的工具箱

MATLAB 作为一款非常强大的科学计算工具，除了可以让用户自由编程，还封装了一些功能，以工具箱的形式供用户使用。

在 MATLAB 主窗口中，单击"主页"选项卡"环境"组中的"预设"命令按钮，即可罗列出 MATLAB 已经配置的所有工具箱（如拟合工具箱、金融工具箱、最优化工具箱等），用户可以根据需要安装相应的工具箱。

数据分析常用的工具箱主要有统计工具箱、优化工具箱、曲线拟合工具箱和神经网络工具箱。

1.8 MATLAB 的安装流程

MathWorks 公司每年发布两个版本的 MATLAB，第一个版本在上半年的 3 月发布，称为 a 版；第二个版本在下半年的 9 月发布，称为 b 版。目前 MATLAB 的最新版本是 R2024b，其他版本有 R2023b 和 R2024a 等。

MATLAB 的版本不是越新越好，从功能上看，时间比较接近的老版本和新版本之间差别不是很大，而且使用老版本的人比较多，遇到问题时，可以在网上找到更多的参考资料。

新版本的 MATLAB 越来越大，如 MATLAB 7.0 只有 1GB 左右，MATLAB 2012 有 4GB 左右，MATLAB R2024b 则有 20GB。MATLAB 版本越大，占用的硬盘空间就大，运行时占用的内存多，会大大拖慢计算机的运行速度。除非用户对最新的算法有应用需求，否则没有必要追求 MATLAB 最新版本。本书 MATLAB 实验环境选择的是 R2024a 版，如有最新功能需求，用户可以选择最新版本。

本节介绍 MATLAB 环境的安装流程，读者可以根据流程学习环境的配置方法和基础操作。

MATLAB R2024a 的安装流程如下。

（1）将提前准备好的 MATLAB R2024a 安装包在指定的目录下解压，尽量选择除 C 盘之外、容量大的分区作为文件保存空间，不要将安装文件放置在桌面、我的文档或下载文件夹内。

（2）双击"setup.exe"图标进行安装，跳过欢迎界面，出现图 1-4 所示的安装方式选择界面，在"高级选项"下拉列表中选择"我有文件安装秘钥"选项。

MATLAB 应用与科学计算

图 1-4 安装方式选择界面

（3）在许可协议窗口中选中"是"单选按钮，接受许可协议的条款，如图 1-5 所示。

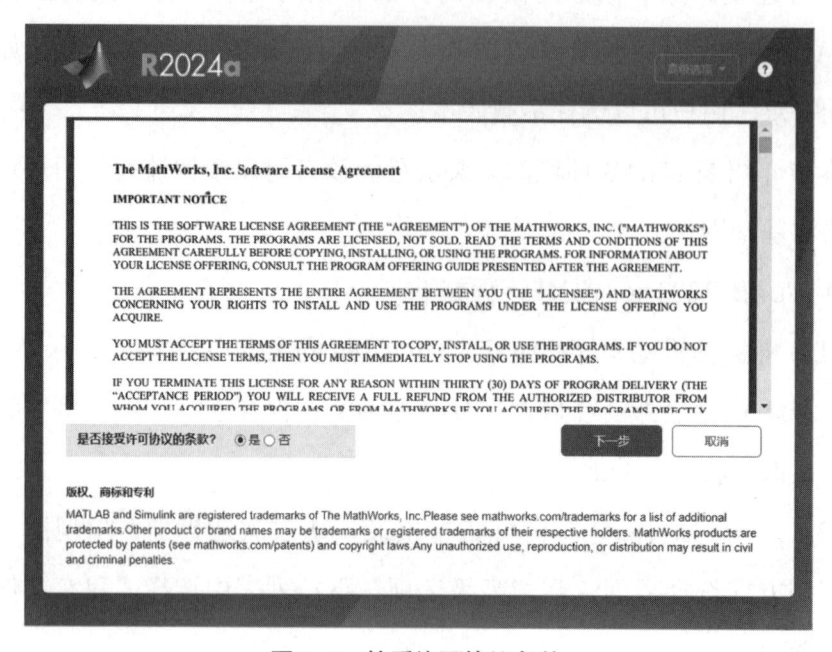

图 1-5 接受许可协议条款

（4）在文件安装秘钥窗口中设置密钥，如图 1-6 所示。

图 1-6　设置文件安装秘钥

（5）在许可证文件窗口中设置许可证文件，如图 1-7 所示。

图 1-7　设置许可证文件

（6）在选择目标文件夹时尽量保持默认设置，如图 1-8 所示。虽然将 MATLAB 放在其他分区可以节省系统盘的磁盘空间，但会影响程序的运行效率。

图 1-8　选择目标文件夹

（7）根据计算任务所需，选择要安装的产品，如图 1-9 所示。

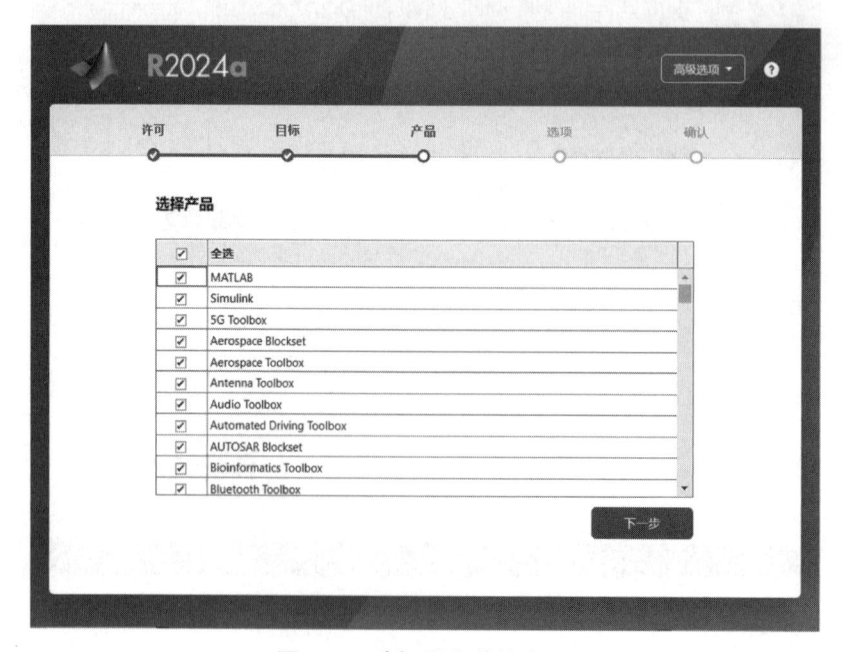

图 1-9　选择要安装的产品

（8）确认安装内容，单击"开始安装"按钮进行安装，安装完毕界面如图 1-10 所示。

图 1-10　安装完毕界面

本章小结

本章全面介绍了 MATLAB 的概念、发展历程、语言特点及其开发环境的组成。MATLAB 作为一款强大的商用数学软件，以其强大的矩阵运算能力和丰富的工具箱在科学计算和工程应用中占据重要地位。MATLAB 开发环境集成了编程、数据可视化和数值计算等多种功能，为用户提供了便捷的操作平台。此外，MATLAB 还具备强大的绘图、编程和扩展能力，支持与其他语言的交互调用。通过工具箱的辅助，MATLAB 在数据分析、优化计算、神经网络等领域展现出卓越性能，成为科研和工程领域的得力助手。

第 2 章 MATLAB 基础

> **ℬ 内容提要**
>
> 本章对 MATLAB 的使用方式进行基础性介绍，同时介绍 MATLAB 的编程基础和操作要点。通过本章的学习，读者可以了解 MATLAB 的基本操作方法。

2.1 脚本编程

脚本是 MATLAB 的一种文件形式，用于保存用户编写的代码，便于用户一次运行多条指令和多行代码。脚本以 .m 为扩展名。在脚本中可以编写 MATLAB 中的所有命令，从而形成程序代码。在实际的数据分析过程中，需要书写很多行代码才能完成所需功能的设计。使用命令行窗口运行指令虽然简单便捷，但是在执行多条指令时便捷度会大幅度下降，且不利于历史命令的查看和程序设计的修改。所以，在进行日常问题求解时，大多采用在脚本中编写 MATLAB 命令，在命令行中运行的方式进行实验。

2.1.1 创建脚本文件

使用脚本文件的前提是创建脚本文件。单击"主页"选项卡→"文件"组→"新建脚本"按钮，可以创建一个未命名（Untitled）的脚本文件（见图 2-1），表示当前文件还没有被保存在硬盘中，只是一个临时文件。

图 2-1 未命名的脚本文件

需要说明的是，单击"主页"选项卡→"文件"组→"新建"下拉按钮也可创建脚本文件，只是此时系统会弹出一个下拉列表（见图 2-2），其中有很多创建选项，选择"脚本"选项，即可创建新的脚本文件。

图 2-2 "新建"下拉列表

"新建"下拉列表中的其他选项用于创建包含特定内容的脚本，如包含函数的脚本，则系统会在脚本中预置一些编写函数的基础代码（见图 2-3），可以大幅提高代码的编写效率。

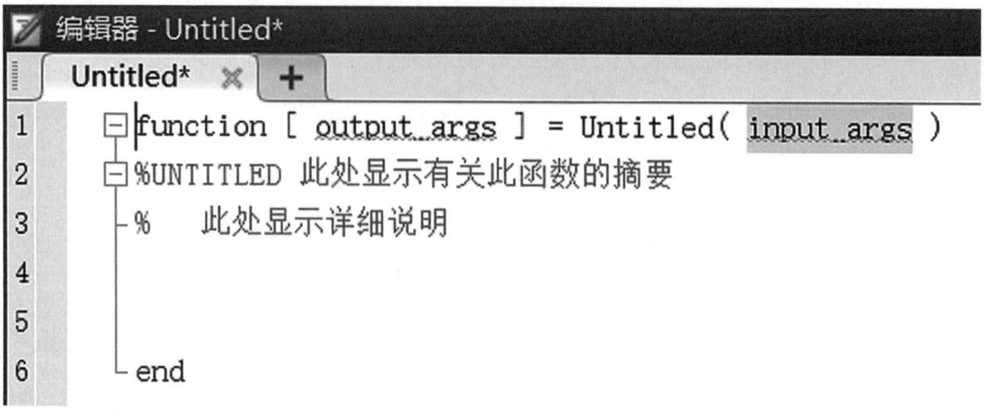

```
编辑器 - Untitled*
Untitled*
1  function [ output_args ] = Untitled( input_args )
2  %UNTITLED 此处显示有关此函数的摘要
3  %     此处显示详细说明
4
5
6  end
```

图 2-3　包含函数脚本

2.1.2　编写代码并保存

在脚本文件中输入如下代码，绘制函数 $z=x^3+y^3$ 的图形：

```
x = −10:1:10;
y = −5:1:5;
[x,y] =meshgrid(x,y);
z = x.^3 +y.^3;
surf(x,y,z);
```

代码书写完毕后，单击"保存"按钮或按 Ctrl+S 组合键进行保存，此时系统会弹出一个对话框，提示用户选择文件保存位置。选择 D 盘根目录的 code 文件夹作为文件保存位置，并将文件命名为 cp2_1.m；如果 D 盘根目录下没有 code 文件夹，则预先手动创建一个对应的文件夹。

保存文件时需要注意文件路径。MATLAB 左侧文件树窗口是当前文件的默认保存位置，如果直接单击"保存"按钮，新创建的文件将保存在文件树所示的文件夹下。本书中文件保存的默认路径为 C:\Program Files\MATLAB\R2024a\bin。如果需要更换文件的保存位置，只需要在保存对话框中选择目标文件夹即可。为了便于管理，应将新文件保存在指定路径下的文件夹内。保存完毕后，文件名称就会被修改为指定的名称。

2.1.3 运行代码并查看结果

单击"编辑器"选项卡→"运行"组→"运行"按钮，运行文件，此时部分用户会看到图 2-4 所示的对话框。

图 2-4 提示对话框

单击"更改文件夹"按钮，即可顺利运行代码。需要注意的是，此时编辑器左侧的当前文件夹窗口内容也发生了改变。通常，MATLAB 会以软件 bin 文件所在的文件夹为当前路径，编译器在运行程序时会以当前路径为起点，搜索运行程序所需的代码文件。文件保存在 D 盘下的 code 文件夹内，因此系统在默认情况下无法搜索到目标文件。此时 MATLAB 会给出两个选择：一是系统的用户路径，二是切换 code 文件夹为当前文件夹。这样编译器就可以顺利地找到 cp2_1.m 文件。为了简化操作，建议用户单击"更改文件夹"按钮。代码运行结果如图 2-5 所示。

当前文件夹窗口体现的是系统读取文件的当前路径，如果要调用其他文件，需要以当前路径为基础寻找文件。为了便于 MATLAB 对目标文件进行查找，通常会将当前文件夹定位至文件所在文件夹，这样文件夹内的其他文件就可以根据其和当前文件的关系进行定位。如果不想修改当前文件夹的位置，则需要将代码所在的文件夹添加至工作路径。当 MATLAB 需要

图 2-5　代码运行结果

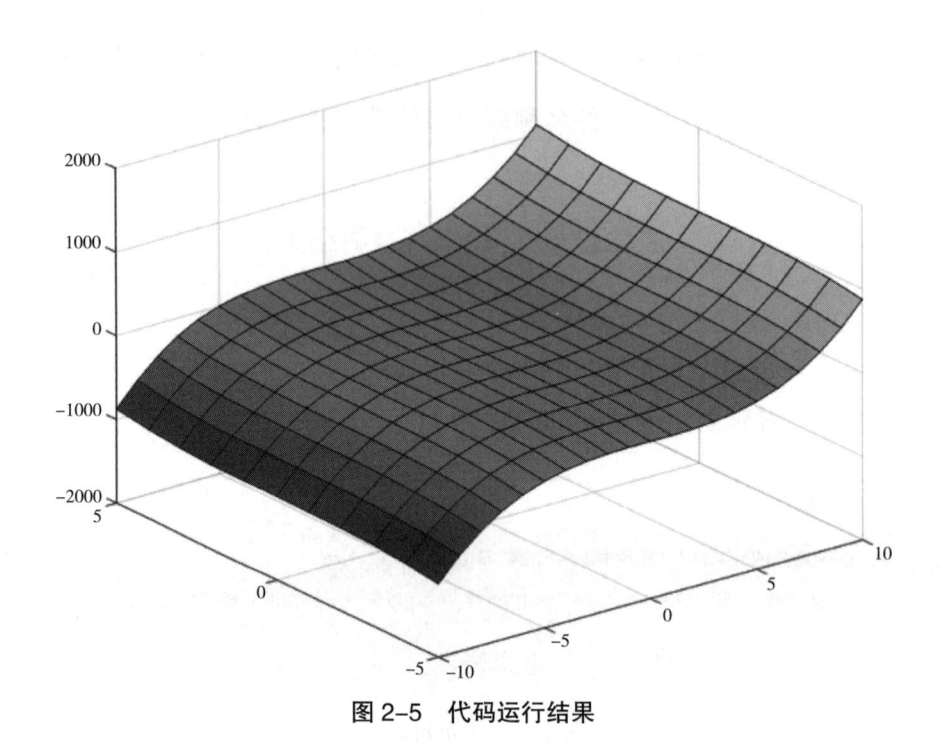

调用某个文件时，其会先从当前文件夹中寻找；如果找不到，则会在工作路径中寻找。但是，添加工作路径的方式过于烦琐，且容易造成函数冲突，所以通常选择更改路径方式运行文件。

2.2　编程实例

本节完成一个编程实例，并通过对实例代码的讲解简单介绍赋值运算和绘图函数。

【实例 2-1】绘制 sin(x) 函数的曲线。

创建一个脚本文件，并将文件命名为 cp2_2.m。要完成此实例，首先需要确定函数的横坐标范围，这里选择 [0,10] 为横坐标的数值范围，对应的代码如下：

```
x = 0:10;
```

其中,"="是赋值运算符,作用是将符号右侧的数值存储在符号左侧的变量中;":"是冒号运算符,是 MATLAB 中非常重要的运算符之一,用于创建向量和下标数组。0:10 表示创建一个 0~10 的数组,数组中的元素依次为 0、1、2、3、4、5、6、7、8、9、10。

在得到横坐标的数值后,使用 sin(x) 函数计算纵坐标的值,代码如下:

```
y = sin(x);
```

x 是一个数组,因此 y 的结果也是一个元素数量相同的数组,数组的值为 0 0.8415 0.9093 0.1411 −0.7568 −0.9589 −0.2794 0.6570 0.9894 0.4121 −0.5440。

在得到 x 和 y 的值后,即可使用 plot(x,y) 函数绘制 sin(x) 函数的图形,绘制代码如下:

```
plot(x,y);
```

绘制的 sin(x) 函数的图形如图 2-6 所示。

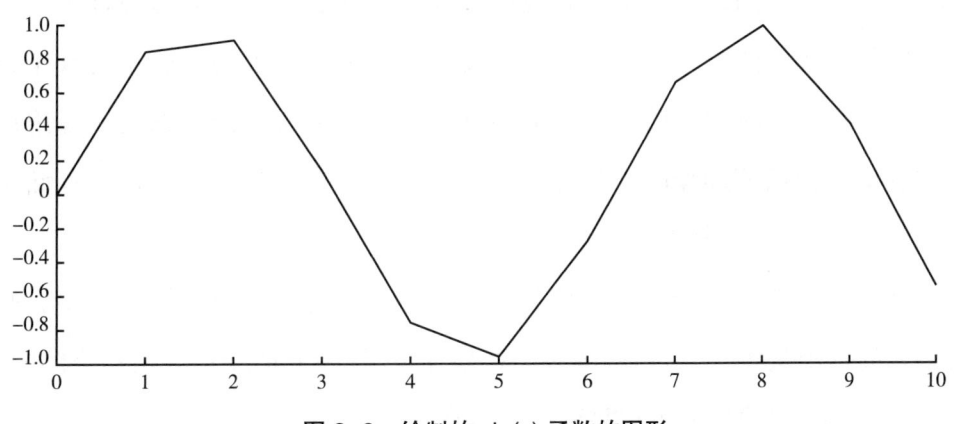

图 2-6 绘制的 sin(x) 函数的图形

2.3 变量

2.3.1 变量的作用

计算机程序一般由三个部分组成：输入（Input）、处理（Process）和输出（Output），简称 IPO，如图 2-7 所示。

图 2-7　IPO

输入是编写程序的第一个环节，负责将信息存储在计算机内，是程序工作的基础。程序设计语言一般采用变量进行信息的存储和传递。本质上信息被存储在内存的某个具体位置，但如何有效地对存储单元进行定位和操作是一个棘手的问题。早期的程序设计人员通过存储单元的地址进行操控，这种方式复杂且难以使用。使用变量机制，可以提高存储单元操作的便利性。变量机制的本质是为存储单元设置一个名称，即变量名，当用户通过变量进行赋值操作时，计算机会将数据存储在变量名所代表的存储单元中。

例如，赋值语句 a=3 代表将数值 3 存储在 a 所代表的存储单元中。赋值语句的作用是将"="右侧的数值存储在"="左侧的变量代表的空间中，所以有两种错误的赋值语句写法需要注意：

```
x + y = 3;
sin(x) = 0.5;
```

第一条语句中，x + y 不能表示一个具体的存储单元；同理，sin(x) 也无法表示一个具体的存储单元。所以，赋值语句的左侧必须表示一个具体的存储单元。

2.3.2 变量的命名

要正确使用变量，首先需为变量起一个名字。变量的命名需要遵循如下规则。

（1）变量名要有意义，最好是某些拼音或单词的缩写，避免使用 p、pp、aa、abc 这种无意义的名称。无意义的变量名对于理解和阅读程序会造成极大的障碍。

（2）变量名只能是字符、数字和下划线的组合，不能使用其他类别的字符。

（3）变量名不能以数字开头，如 a1 是正确的变量名，1a 则是错误的变量名。

（4）不能使用关键字作为变量的名称，如 if。如果变量名和关键字都是 if，系统将无法判断 if 所代表的正确含义是什么。

（5）变量名区分大小写，它们代表不同的变量。例如，stu 和 Stu 代表两个不同的变量名。

（6）一般根据应用目标对变量采用驼峰法进行命名，如对记录学生年龄的变量可以命名为 stuAge。

2.3.3 变量的申请

在 MATLAB 中，变量的使用比较简单，不需要提前进行声明，只需要使用赋值运算符即可完成变量的申请。变量申请即向计算机发起请求，并获批一个存储单元的过程。在传统的编程语言中，要使用变量，需要提前申请才能获得空间的使用权；而在 MATLAB 中，使用赋值语句即可完成存储单元使用权的获取。赋值语句左侧的名称即为变量名，所以当程序运行 a=3 时，即完成了变量的申请。

需要说明的是，后续如有读取变量的需要，变量必须已经完成赋值。如果没有提前为变量赋值，系统会提示变量未定义错误。例如：

```
b = a + 3;
a = 1;
```

在这段程序中，赋值在后使用在前，系统在运行第一条语句时，会因为变量 a 未定义而报错。所以，该段程序的正确写法应该如下：

```
a = 1;
b = a + 3;
```

2.3.4　表达式的书写

表达式是由变量、运算符和括号组成的程序语句，是程序设计语言实现数学运算的重要语句，所有表达式的运算结果通过赋值方式存储在某个变量中。在表达式的书写中涉及两个重要的内容：变量的书写和运算符的书写。变量的书写在 2.3.2 和 2.3.3 小节已经做了说明，本小节主要介绍运算符的书写。

运算符是一种表达数学运算意图的程序符号，一般和数学中的符号形式相同，如程序语句中的加法运算符和数学计算中的加法运算符都是"+"；有些运算符则和数学中的符号存在一定的差别，如乘法运算符在程序语句中为"*"，而在数学运算中为"×"。在 MATLAB 中，表达式的书写形式一般如下：

```
z = x + 3;
```

其中，x + 3 即为表达式，x 和 3 是参与运算的数值；"＋"是执行运算的符号，即运算符。

2.4 运算符

在 MATLAB 中，运算符可以被分为三个类别：算术运算符、关系运算符和逻辑运算符。

2.4.1 算术运算符

算术运算符是最基础的运算符，涉及的运算有加、减、乘、除、点乘、点除等，如表 2-1 所示。由于 MATLAB 可以面向矩阵编程，除了常规数学运算符，MATLAB 还包含关于矩阵的数学运算符。

表 2-1 MATLAB 中的算术运算符及其运算法则

算术运算符	运算法则	算术运算符	运算法则
A+B	A 和 B 相加	A^B	A 的 B 次幂
A-B	A 和 B 相减	A.*B	A 和 B 的点乘
A*B	A 和 B 相乘	A./B	A 和 B 的点除
A/B	A 和 B 相除	A.^B	A 和 B 的点幂指数运算

在表 2-1 所示的表达式中，当 A 和 B 是标量时运行数值乘法，当 A 和 B 中存在矩阵时运行矩阵乘法。其他运算符的规则与乘法相似。

【实例 2-2】矩阵的乘法。

输入：

```
x = [ 3 5 7
      1 2 3
      2 5 1];
y = [ 1 6 2
      3 4 1
      2 3 2];
z = x * y
```

输出：

```
z =
   32  59  25
   13  23  10
   19  35  11
```

注意：

（1）最后一行语句后无分号，作用是输出变量 z 的结果。如果最后一行语句后有分号，则不会输出 z 的数值。

（2）因为矩阵乘法不满足交换律，所以 A*B 不等于 B*A。

【实例 2-3】点幂指数运算。

输入：

```
x = [ 3 5 7
      1 2 3
      2 5 1];
y = [ 1 6 2
      3 4 1
      2 3 2];
z2 = x.*y
```

输出：

z2 =

   3 30 14

   3   8   3

   4 15   2

2.4.2 关系运算符

关系运算符用于书写关系表达式，可以判断输入的数值是否满足指定的逻辑关系。关系运算符 ">" 的作用是判断输入的数值是否满足左边大于右边这个要求，如关系表达式 "3>5" 用于判断 3 是否大于 5 这个逻辑关系。由于二者不满足指定的逻辑关系，此表达式的运算结果是 0。

输入：

x = 3;

y = 5;

z = x > y

输出：

z =

  logical

  0

MATLAB 中的关系运算符及其运算法则如表 2-2 所示。

表 2-2 MATLAB 中的关系运算符及其运算法则

关系运算符	运算法则	关系运算符	运算法则
<	小于	<=	小于或等于
>	大于	>=	大于或等于
==	等于	~=	不等于

需要说明的是，等于关系运算符的书写方式是"=="，赋值运算符的书写方式是"="，注意二者之间的区别。当等于关系运算符两侧的值相同时，计算结果为 1；当二者的值不相同时，计算结果为 0。

当待比较的变量值是矩阵时，要求两个矩阵的维度一致，表达式的运算结果是所有元素的计算结果。

【实例 2-4】输入矩阵维度不一致时，系统提示错误。

输入：

x = [3 5 7
　　 1 2 3
　　 2 5 1];
y = [1 6 2
　　 3 4 1];
z = x > y

输出：

矩阵维度必须一致。

【实例 2-5】输入矩阵维度相同。

输入：

x = [3 5 7
　　 1 2 3
　　 2 5 1];
y = [1 6 2
　　 3 4 1
　　 2 3 2];
z = x > y

输出:

z =

3×3 logical 数组

1　0　1

0　0　1

0　1　0

2.4.3　逻辑运算符

关系表达式的运算结果只有两个值:1 或 0,1 代表是,0 代表否。如果需要在一条语句中书写多个关系表达式,就需要使用逻辑运算符来判断最终的逻辑结果。

例如,表达式"a > 3 & a < 6"的作用是判断变量 a 的值是否同时满足大于 3 和小于 6 的关系,式中"&"表达的逻辑关系是与运算。当 a 的值是 5 时,表达式的运算结果是 1;当 a 的值是 2 时,运算结果是 0。

MATLAB 中的逻辑运算符有三个:与(&)、或(|)、非(~)(见表 2-3)。其中,"~"是一个单目运算符,只需要输入一个变量即可进行逻辑计算。

表 2-3　MATLAB 中的逻辑运算符及其运算法则

逻辑运算符	运算法则
&	与
|	或
~	非
&&	快捷与
||	快捷或

逻辑运算符可以对关系表达式进行运算,也可以对数值进行运算。数字 0 对应的逻辑值是假,非零数字对应的逻辑值是真。所以,两个数字进行逻辑运算的结果如下。

输入:

```
x = 3;
y = 5;
z = x & y
```

输出:

```
z =
  logical
   1
```

当输入的数值是矩阵时,逻辑运算结果也是一个矩阵,结果矩阵的维度和输入矩阵的维度一致。例如:

输入:

```
x = [3 5 7
     1 2 3
     2 5 1];
y = [1 6 2
     3 4 1
     2 3 2];
z = x & y
```

输出:

z =

  3×3 logical 数组

  1 1 1

  1 1 1

  1 1 1

与、或运算符的区别如下：前者要求运算符两侧的表达式必须都计算，后者在逻辑结果确定的前提下可以省略部分运算。例如：

输入：

x = 2;

计算：

z = x > 3 & x < 6;

上述表达式用于判断变量 x 的值是否在 3 和 6 之间。x 的值小于 3，因此无论运算符右侧表达式是什么，逻辑表达式的计算结果都是 0，MATLAB 程序会省略对 x < 6 的计算。为了提高效率，很多程序设计人员会使用快捷书写方式，读者可以根据自己的需要动态选择相应的运算符。

2.4.4 运算符的优先级

在数学运算法则中，数学运算符的计算顺序是有差异的，如先乘除后加减。在程序设计中，运算符的运算顺序也有类似的规定，即有优先级，如图 2-8 和表 2-4 所示。

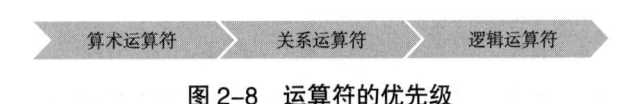

算术运算符 → 关系运算符 → 逻辑运算符

图 2-8　运算符的优先级

表 2-4 运算符的优先级

优先级	运算符
1	括号：()
2	转置和幂指数：'、^、.^
3	加减运算符和逻辑非运算符：+、-、~
4	乘除、点乘、点除：*、/、.*、./
5	冒号运算符：:
6	关系运算符：>、>=、<、<=、==、~=
7	逻辑与：&
8	逻辑或：|
9	快捷与：&&
10	快捷或：||

2.5 数组和矩阵

在 MATLAB 中，数组和矩阵是两个核心概念，它们在某些方面是相似的，但也存在一定的区别。

2.5.1 数组和矩阵的创建

1. 数组

数组是一个可以包含不同数据类型元素的数据结构，如数字、字符、字符串等。例如：

a1 = [1 2 3 4 5];

a2 = [1,2, 'a',4,5];

a3 = ['a','b','c','d','e'];

数组可以是一维的，也可以是多维的。数组的重要特点是其中的元素可以是多种类型。例如：

```
a = [65,2,3,'a'
     1,2,3,'b'];
```

数组元素之间可以使用空格,也可以使用逗号,二者没有差异,读者可以根据个人习惯书写代码。

2. 矩阵

矩阵是一种特殊的二维数组,其所有元素都为数值类型(整数和浮点)。矩阵的创建方式与数组相同,都使用方括号。例如:

```
b = [1 2 3;4 5 6];
```

创建矩阵元素时,需要区分行、列信息,可以使用分号或者分行的方式进行信息说明。例如:

```
A = [1 2 3; 4 5 6; 7 8 9];
A = [ 1 2 3
      4 5 6
      7 8 9];
```

矩阵包含两个维度的信息,在矩阵中进行元素读取时,需要同时提供行、列两个维度的信息。矩阵的读取方式如下:

```
A(1,2)
```

除了直接创建矩阵,MATLAB 还提供了一些快捷创建方法,如冒号运算符和 linspace。例如:

```
B = 1:5;                    % 使用冒号运算符创建 1~5 的行向量
B = 1:0.1:5;                % 使用冒号运算符创建 1~5 的行向量
C = linspace(0, 1, 5);      % 创建一个 0~1 的等间距的 5×1 向量
```

2.5.2 数组和矩阵的运算

MATLAB 支持基本的算术运算，包括加法、减法、乘法和除法。这里需要注意运算法则的不同，如果是矩阵对应元素的运算，则采用点乘或点除方式进行；如果是矩阵级运算，则直接采用运算符号进行。

1. 矩阵对应元素的运算

在该模式下，矩阵的数学运算同普通数值运算相同，都是元素级的运算。例如：

```
D = A .+ B;      % 加法
E = A .- B;      % 减法
F = A .* B;      % 矩阵乘法
```

2. 矩阵级运算

在该模式下，矩阵的秩的运算需要遵从矩阵运算法则，如乘法运算要求左边矩阵的列数与右边矩阵的行数相同。例如：

```
D = A + B;       % 加法
E = A – B;       % 减法
F = A * B;       % 矩阵乘法
```

3. 矩阵除法

在 MATLAB 中，矩阵除法通常指的是两种不同的操作：矩阵左除（\）和矩阵右除（/）。这两种操作都与线性方程组的求解有关，但它们的应用场景和结果不同。

（1）矩阵左除（\）。矩阵左除是解决线性方程组 Ax = b 的常用方法，求解代码如下：

```
x = A \ b;
```

其中，A 必须是一个方阵（行数和列数相等），并且是可逆的。如果 A 不是方阵或者不可逆（行列式为零），则 MATLAB 会报错。

（2）矩阵右除（/）。矩阵右除是解决线性方程组 xA = b 的常用方法，求解代码如下：

```
x = A / b;
```

在使用矩阵右除时，A 必须是一个方阵，并且是可逆的。如果 A 不是方阵或者不可逆，则 MATLAB 同样会报错。

（3）矩阵除法注意事项。

① 矩阵左除和右除都假设方程组有唯一解。如果方程组无解或有无穷多解，结果可能不准确或出现错误。

② 当 A 不是方阵时，可以使用矩阵左除或右除来解决 Ax=b 或 xA=b 的问题，这时 MATLAB 会使用最小二乘法找到最佳拟合解，即在等式两侧同时左乘一个 A 的转置，代码如下：

$$A^T A x = A^T b$$
$$x = (A^T A)^{-1} A^T b$$

（4）矩阵除法示例。

① 矩阵左除示例。

```
A = [1 2;3 4];        % 创建一个 2×2 矩阵
b = [5;11];           % 创建一个 2×1 矩阵
x = A \ b;            % 解线性方程组 Ax=b
```

② 矩阵右除示例。

```
A=[2 4;5 7];          % 创建一个 2×2 矩阵
b=[1 ; 2];            % 创建一个 2×1 矩阵
x=A / b;              % 解线性方程组 xA=b
```

在这些示例中，x 和 y 是解向量，满足给定的线性方程组。

2.6 字符和字符串

在 MATLAB 中，字符（Character）和字符串（String）是处理文本数据的两种基本类型，它们在处理和存储文本信息时具有不同的特点和用途。

2.6.1 字符

字符是指单个字母、数字、标点符号、特殊字符和其他不可显示的控制字符（如换行符 \n、制表符 \t 等）。在 MATLAB 中，字符使用单引号表示，如 'a'、'1' 和 '$' 等。字符是预先存储在操作系统中的，为了调用方便，需要对这些字符进行编码。目前普遍采用的编码方式是 ASCII（American Standard Code for Information Interchange，美国标准信息交换代码）编码，每个字符的编码占用 1 字节的空间。将字符存储在变量中，代码如下：

ch1 ='A';

ch2 ='7';

在字符和数字混排的数组中，所有数字都被视为一个 ASCII 编码值。如果该编码值对应的字符是控制字符，则输出的内容不可见。

以下是数组中包含字符的不同情况演示。

（1）数组中的元素都是数字：

输入：a=[1,2,3,4];

输出：1234

（2）数组中的元素含有字符，数字对应不可见编码：

输入：a=[1,2,3,'a'];

输出：a

1、2、3 对应的字符不可见，所以只输出 a。

（3）数组中的元素包含字符和数字，数字部分会被解释为字符的 ASCII 编码，在输出时是否可见取决于编码对应的字符是否可以显示：

输入：a=[65,2,3,'a'];

输出：Aa

65 对应的字符是 'A'，所以输出结果为 Aa。

2.6.2 字符串

字符串是由字符组成的序列，其中可以包含任意数量的字符。在 MATLAB 中，使用一对单引号创建字符串。例如：

str1 = 'Hello, World!';   % 使用单引号创建字符串

str2 = 'This is string'

针对字符串的操作主要有字符串连接、提取、查找和替换等，下面具体介绍。

1. 连接字符串

可以使用方括号"[]"或连接运算符"|"连接字符串。例如：

str3 = str1 | str2;   % 结果是 'Hello, World!This is a string.'

str4 = [str1 ' ' str2];   % 结果是 'Hello, World! This is a string.'

2. 提取字符串

可以使用括号"()"提取字符串中的特定部分。例如：

subStr = str1(8:end); % 提取从第 8 个字符开始到末尾的字符串，结果
                       % 是 'World!'

括号中的参数可以是单个数值、一维数组或用冒号书写的数组表达式。

3. 查找和替换字符串

MATLAB 提供了 findstr 和 strrep 函数来查找和替换字符串中的文本。例如：

```
position = findstr(str1, 'World');          % 查找 'World' 在 str1 中的位置
newStr = strrep(str1, 'World', 'MATLAB');   % 将 'World' 替换为 'MATLAB'
```

4. 比较字符串

可以使用 strcmp、strcmpi、strcmpn 和 strncmp 函数比较两个字符串是否相等。此项操作常用于判断输入的参数类型，从而确定需要进行的计算。例如：

```
isEqual = strcmp(str1, 'Hello, World!');    % 检查两个字符串是否完
                                              全相等
```

5. 计算字符串长度

计算字符串长度是字符串操作中最常用的操作，一般用于判断输入内容的合理性，以及输入信息的类型。例如，在判断输入学号信息是否合理时，可以使用字符串长度。使用 length 函数可以获取字符串的长度。例如：

```
len = length(str1);   % 获取 str1 的长度
```

6. 创建字符串数组

MATLAB 还支持字符串数组，可以使用 string 函数或者花括号"{}"创建字符串数组。例如：

strArray = string({'apple', 'banana', 'cherry'});	% 创建字符串数组
strArray = {'apple', 'banana', 'cherry'};	% 创建字符串数组

7. 其他函数

除以上分类外，MATLAB 还提供了一些其他操作函数来提高字符串的处理速度，具体如下。

（1）char：将其他数据类型转换为字符串。

（2）lower 和 upper：将字符串转换为小写或大写字母。

（3）deblank：删除字符串中的空白字符。

（4）trim：删除字符串前后的空白字符。

2.7 常用命令符号

MATLAB 中有一些常用命令符号，它们可以帮助用户进行变量内容的输出、历史命令的清除、当前窗口的显示等。

2.7.1 disp 命令

disp 命令常用于输出变量中的值，输出变量中的数值对于调试程序具有重要的作用。在编写程序时常常会遇到一些程序的逻辑错误，即编译时不提示错误，运行时报错，此时检查代码中逻辑错误的有效手段就是检查中间环节变量的值。disp 命令的用法如下：

```
x=5;
disp(x);
```

另一种输出变量值的方式是删除赋值语句后的分号 ";"，此时会在变量值前面输出 "x="。如果希望在一行输出多个变量的值，可以使用数组方式对变量的信息进行存储，并输出数组的内容。需要注意的是，数组中的元素应该是字符串，用 disp 命令输出多个变量的用法如下：

```
name='lilei';
age=18;
res=[name,'is',num2str(age)];
disp(res);
```

上述代码中，name 变量的值是字符串，age 变量的值是数字，使用 num2str(age) 将数字转换为字符串。

disp 命令还可以定制输出的内容，如在输出中增加对变量内容的说明信息。使用 disp 命令增加说明信息的方式如下：

```
X=rand(5,3);
disp('CornOatsHay');
disp(X);
```

代码运行结果如下：

```
CornOatsHay
0.8147  0.0975  0.1576
0.9058  0.2785  0.9706
0.1270  0.5469  0.9572
0.9134  0.9575  0.4854
0.6324  0.9649  0.8003
```

2.7.2 clc 命令

clc 命令用于清除命令行窗口中的所有历史命令和历史输出，有利于用户单独观察一个程序的所有输出,从而判断该程序正误。此时,虽然命令行窗口中不显示历史命令,但是可以使用方向键"↑"快捷输入历史命令。

2.7.3 dir 命令

dir 命令用于显示当前目录中的所有文件和文件夹,也可以在当前路径中进行文件和文件夹的查找操作。

(1)显示当前目录中的文件和文件夹:直接输入 dir 命令即可。

(2)在当前路径中查找文件和文件夹:只要为 dir 命令传递一个字符串参数,系统就可以显示与当前字符串相匹配的所有项目。例如:

```
dir('*myfile*');
```

即可显示目录中包含 *myfile* 的所有文件和文件夹。

2.7.4 whos 命令

在 MATLAB 中,whos 命令是一个非常有用的工具,用于输出当前工作空间中所有变量的信息。当用户需要了解当前有哪些变量以及它们的属性时,whos 命令特别有用。whos 命令提供了变量的详细列表,包括变量名、数据类型、尺寸、字节数以及类别等信息。

1. 基本用法

当在命令行窗口中输入 whos 命令并按 Enter 键时,系统会列出当前工作空间中的所有变量及其相关信息。

2. 输出示例

输出示例如表 2-5 所示。

表 2-5 输出示例

Name	Size	Bytes	Class	Attributes
A	1 × 3	24	double	
B	2 × 2	32	double	
C	1 × 1	8	uint8	

在该示例中，whos 命令输出了三个不同的变量——A、B 和 C，各变量的详细信息如下。

（1）Name：变量的名称。

（2）Size：变量的尺寸，对于矩阵来说，即矩阵的行数和列数。

（3）Bytes：MATLAB 为该变量分配的内存大小，以字节为单位。

（4）Class：变量的数据类型，如 double、uint8、char 等。

（5）Attributes：变量的额外属性。

使用 whos 命令可以帮助用户更好地管理和调试 MATLAB 中的变量，确保工作空间保持整洁，并且可以快速找到所需变量信息。

本章小结

本章介绍了 MATLAB 的基础知识，包括 MATLAB 的脚本编程方法、编程实例、变量和运算符的作用和使用方法、数组和矩阵操作、字符和字符串，以及常用命令符号。通过本章的学习，读者可以对 MATLAB 操作有一个直观的了解，能够编写一些简单的命令和语句。

第 3 章 MATLAB 程序设计

> **ର 内容提要**
>
> 本章对 MATLAB 的基础语法进行系统性介绍，包括数据类型、程序控制结构、函数、数据的导入与导出，以及图像文件的读取、修改和显示。

3.1 数据类型

在编程任务中，存储输入数据信息是最基础的编程工作，一般使用赋值语句完成。通过对计算机基础知识的学习，读者已经知道不同类型的数据在计算机中的存储方式是不一样的，如整数采用机器数的方式进行存储，浮点数采用 IEEE 754 标准进行存储，字符采用字节的形式进行存储。不同类型的数据有不同的存储方式，故明确知道变量的类型和数据的存储方式对于提高计算机的运算效率有重要意义。

严格的编程语言会要求用户在使用变量前对变量进行声明，并在声明的同时确定变量的类型。MATLAB 是一种弱类型语言，不需要声明就可以使用变量，但在使用变量前需要进行初始化工作，即需要使用赋值语句。准确了解 MATLAB 中涉及的数据类型对于提高程序运行效率和准确率意义重大，所以本章首先介绍数据类型的内容和使用方式。

3.1.1 数值类型

数值类型包括整型、浮点型和复数类型。

1. 整型数据

整型数据包括 int8、int16、int32、int64，它们分别表示使用 8 个、16 个、32 个、64 个二进制位进行数据存储。对于整型数据来说，由于符号位使用方式不同，其又分为有符号整型数据和无符号整型数据。二者的差别在于是否在存储空间的高位设置符号位，无符号整型数据只能表示正数，有符号整型数据可以表示负数。由于占用了左侧的一个二进制位，无符号整型数据可表示的正数比有符号整型数据可表示的正数要大一倍。有符号整型数据包括 int8、int16、int32、int64，无符号整型数据包括 uint8、uint16、uint32、uint64。每种类型可表示的数值范围如表 3-1 所示。

表 3-1 整型数据取值范围

整型数据	表示符号	取值范围
有符号 8 位	int8	$-2^7 \sim +2^7-1$
无符号 8 位	uint8	$0 \sim 2^8-1$
有符号 16 位	int16	$-2^{15} \sim +2^{15}-1$
无符号 16 位	uint16	$0 \sim 2^{16}-1$
有符号 32 位	int32	$-2^{31} \sim +2^{31}-1$
无符号 32 位	uint32	$0 \sim 2^{32}-1$
有符号 64 位	int64	$-2^{63} \sim +2^{63}-1$
无符号 64 位	uint64	$0 \sim 2^{64}-1$

2. 浮点型数据

浮点型数据类型包括单精度浮点型和双精度浮点型，分别使用 single

和 double 表示。单精度浮点型和双精度浮点型的差别在于存储数据占用的空间不同，单精度浮点型使用 4 字节存储信息，双精度浮点型使用 8 字节存储信息，显然双精度浮点型能够表示的数据精度更高。对于常用编程任务，单精度浮点型的精度范围已经可以满足。在默认情况下，系统采用双精度模型进行数据存储。例如：

```
ad = [2 5 −1];
```

其中，ad 就是一个双精度浮点型数组。也可以使用 single 函数将双精度浮点型数据转换为单精度浮点型数据。例如：

```
as = single(ad);
```

3. 复数类型数据

复数类型有两种：单精度（single）和双精度（double）。MATLAB 默认使用双精度数据创建复数。

3.1.2 逻辑类型

逻辑类型数据用于表示逻辑值，其取值只有 true 和 false 两种。一般在逻辑定义中，true 用 1 表示，false 用 0 表示。在 MATLAB 中，逻辑值和数字值可以直接相互转换，也可以相互计算。当使用逻辑值表示数字值时，true 表示数字 1，false 表示数字 0；当使用数字值表示逻辑值时，非 0 表示 true，0 表示 false。例如：

```
x = true;
y = 3;
disp(x+y);
```

当使用逻辑值进行加法运算时，运行结果是 4，可以看到 true 的初始值为 1。

再如：

```
x = -1;
if x
  disp('true');
else
  disp('false');
end
```

当使用数字值进行逻辑判断时，运行结果是 true，可以看到 x 中的值虽然是 -1，但在条件判断时仍判定该变量的逻辑结果是 true。

3.1.3 结构体类型

3.1.1 和 3.1.2 小节介绍的数据类型比较简单，只能用于记录单个数值。当需要记录某个对象的多个属性信息时，使用简单数据类型就会遇到变量数量过多、数据关联度低、容易出错等问题。为了解决这个问题，很多程序设计语言给出了对应的解决方案，基本思路都是创建一个包含多个简单类型的新类型，这种类型可以包含多个变量，每个变量记录目标对象不同的属性信息，即结构体类型。

以学生信息为例，学生信息包括学号、姓名、性别、年龄和籍贯。如果采用简单变量的形式记录学生信息，需要使用数量众多的变量。如果需要记录 1000 个学生的信息，程序中将会出现 5000 个变量，这不但会造成代码量异常增大，还会带来变量命名和记忆的困难。结构体类型支持用户自行定义一个新类型，该类型可以包含五个简单类型。使用结构体类型的变量进行数据存储，会使程序代码结构简洁，逻辑清晰，便于记忆。MATLAB 创建结构体的关键字是 struct，以学生信息为例，创建一个结构体的代码如下：

```
student.id ='s001';
student.name='lilei';
student.gender ='male';
student.age= 18;
student.native='beijing';
```

上述代码创建的结构体类型包含五个字段：id 记录学号、name 记录姓名、gender 记录性别、age 记录年龄、native 记录籍贯。这五个字段的数据类型并不一致。

对于结构体中字段的值，可以通过结构体名和字段名共同获取，具体方式如下：

```
disp(student.id);
```

结构体中字段的值可以通过结构体名和字段名共同修改，具体方式如下：

```
student.id ='s002';
```

也可以使用 struct 函数创建结构体，具体方式如下：

```
student2 = struct('id','s001','name','lilei','gender','male','age',18,'native','beijing');
```

此结构体类型的名字为 struct，其中的参数成对录入，前者表示字段的名称，后者表示字段的数值，字段值的修改方式和前文一样。需要说明的是，使用这种方式可以一次创建多个结构体。例如：

```
student3(2) = struct('id','s001','name','lilei','gender','male','age',18,'native','beijing');
```

上述语句一次性创建了两个用于记录学生信息的结构体，但仅提供了一个结构体的赋值，比需要创建的结构体数量少。一般会将数据存储于最后一个结构体中，前面的结构体字段中没有输入，所以输出第一个结构体时的运行结果如下：

```
disp(student3(1))
```

输出：

id: []

name: []

gender: []

age: []

native: []

输出第二个结构体时的运行结果如下：

```
disp(student3(2))
```

输出：

id: 's001'

name: 'lilei'

gender: 'male'

age: 18

native: 'beijing'

当需要记录1000个学生信息时，可以先使用 struct 函数创建1000个结构体，再分别输入学生的信息，这样可使代码量大幅减少，代码结构简单清晰。

3.1.4 单元类型

单元类型是一种广义矩阵类型，在标准矩阵类型中，所有元素只能是单值类型。在单元矩阵中，矩阵的元素既可以是单个元素，还可以是数值数组、字符串数组、结构体，每个元素可以占据不同的存储空间。单元类型一般不用计算，多用于信息记录。有关数值矩阵类型的内容会在第 4 章详述。

单元类型数组使用花括号"{}"定义，同一行的元素用逗号","间隔，不同行的元素用分号"；"间隔。

创建单元数组，代码如下：

```
c= {'hello',[1;2;3];7,'li'}
```

代码运行结果如下：

```
c =
    2×2 cell 数组
    'hello'   [3×1 double]
    [   7]    'li'
```

也可以在没有数据的情况下，使用 cell 函数创建指定维度的单元矩阵。例如：

```
cellname = cell(m,n)
```

cell 函数的作用是预先创建一个结构为 m×n 的单元矩阵，对应位置的数据可以在后期按需输入。例如：

```
a = cell(3,3)
```

代码运行结果如下：

a =

  3×3 cell 数组

  {[]}   {[]}   {[]}

  {[]}   {[]}   {[]}

  {[]}   {[]}   {[]}

可以看出单元矩阵的结构已经创建完成，但其内部的数据还没有填充。读取单元矩阵元素时使用的符号是花括号"{}"。例如：

C= {'hello',[1,2,3];7,'li'};

D = C{1, 2}; % 获取第一行第二列的元素

disp(D);

代码运行结果如下：

1 2 3

可以看到第一行第二列的元素被读出，对应的内容是一维数组 [1 2 3]。

3.2 程序控制结构

高级语言的程序控制结构一般包含三种：顺序结构、选择结构和循环结构。这三种程序控制结构代表三种程序语句的运行方式，在顺序结构中，所有程序语句采用自上向下逐条执行的方式；在选择结构中，程序设计语句被分为多个部分，程序根据某个表达式的运行结果决定哪个部分的语句会被执行；在循环结构中，某段程序指令会按照要求重复运行。在这三种程序控制结构的综合作用下，千变万化的业务功能都能够被程序设计语言表达出来。

3.2.1 顺序结构

顺序结构是最基础的程序控制结构，也是所有程序设计语言的最基本结构，其要求所有程序语句按照出现的顺序运行。这也就是前面介绍的变量的赋值语句必须在调用语句之前的原因。如果代码书写顺序不正确，程序调用变量时会发现该变量还没有定义，从而引发语法报错。例如：

```
y = sin(x);
x = 1;
```

系统在翻译第一条语句时，会因为没有找到 x 的定义而报错，这是因为程序在调用变量时只会在前面的语句中寻找定义，而不会在后面的语句中寻找。因此，在顺序结构中，正确的书写顺序是程序正确的重要保证。

3.2.2 选择结构

虽然使用顺序结构可以完成大部分功能，但不是所有功能都可以使用顺序结构进行描述，有时必须根据情况做出选择。例如，登录系统时需要根据用户的身份信息决定其是否可以正常使用系统，如果输入的身份信息正确，则可以使用系统；如果输入的身份信息错误，则不能使用系统，并给出错误提示。用户信息输入是否正确就是程序判断的条件。

选择结构一般可以分为双分支结构、单分支结构和多分支结构。

1. 双分支结构

双分支结构是最简单的选择结构，如果条件表达式计算结果为逻辑真，则运行第一部分语句；如果结果为逻辑假，则运行第二部分语句。以股票购买为例，假定某只股票的当前单价为 5.3 元，如果第二天的股价超过 5.5 元就卖出，如果股价没有超出 5.5 元则提示继续持有，代码如下：

```
gprice = 5.5;
ngprice = 5.3;
if ngprice >5.5
    disp(' 卖出 ');
else
    disp(' 继续持有 ');
end
```

从上面的语句中可以看出，if 分支语句的语法格式如下：

```
if 条件表达式
    表达式成立执行的语句
else
    表达式不成立执行的语句
end
```

综上，学习双分支语句时需要掌握两个方面的知识：语法结构的书写和条件的书写。以股票买卖为例，对输入的股价进行判断，如果当前的价格低于 15 元则购买，否则不购买。

书写双分支语句时，需要注意：

（1）代码结构要有缩进。

（2）if 后面没有括号。

（3）语句结束要有 end。

2. 单分支结构

不是所有的问题都需要给出回馈，如录取工作，当成绩不满足要求时可以不通知考生。在该语境下，可以不写 else 分支。所以，单分支结构就是删除 else 分支以后的分支结构。

3. 多分支结构

选择结构中的多分支结构通常是指在编程或算法设计中使用多个条件分支来执行不同的代码段。多分支结构允许程序根据不同的条件执行不同的操作。在 MATLAB 中，多分支结构可以通过 if、elseif、else 语句以及 switch 语句来实现，这些结构允许基于不同条件执行不同的代码块。

（1）if-elseif 的语法结构如下：

```
if condition1
    % 执行当 condition1 为真时的代码
elseif condition2
    % 执行当 condition2 为真时的代码
elseif condition3
    % 执行当 condition3 为真时的代码
    …
else
    % 如果所有条件都不为真，则执行这里的代码
end
```

（2）switch 语句根据表达式的值判断要执行的代码块。每个 case 后面跟着一个或多个可能的值，如果表达式与这些值中的任何一个匹配，就会执行对应的代码块。switch 语句的语法结构如下：

```
switch expression
   case value1
     % 执行当 expression=value1 时的代码
   case value2
     % 执行当 expression=value2 时的代码
   …
   otherwise
     % 如果 expression 不匹配任何 case，则执行这里的代码
end
```

其中，otherwise 子句在 MATLAB 中相当于 if 结构中的 else，表示在所有 case 都不匹配的情况下，该分支结构的处理方式。otherwise 是 switch 语句的一部分，但不是必需的。

【实例3-1】基本 switch 结构。

描述：输入一个整数 x，根据 x 的不同值输出不同的信息。

```
x = input(' 请输入一个整数 x = ');
switch fix(x)    % 使用 fix 函数确保 x 是整数
   case 2
     disp(' 你输入的是偶数 2。');
   case 3
     disp(' 你输入的是奇数 3。');
   case {4, 6}
     disp(' 你输入的是偶数 4 或 6。');
   otherwise
     disp(' 你输入的数不是 2、3、4 或 6。');
end
```

在 MATLAB 中，num2cell 函数用于将数值数组转换为单元数组（cell array）。单元数组是一种特殊的数据结构，其可以存储不同类型的数据，包括数值、字符串、数组、对象等。

该函数的调用方式如下：

```
C = num2cell(A)
```

其中，A 是一个数值数组，C 是转换后的单元数组。

【实例3-2】假设有一个数值数组 [5, 10, 15, 20]，使用 num2cell 函数将其转换为单元数组。

问题的求解代码如下：

```
x = [5, 10, 15, 20];
y = num2cell(x);
```

代码运行结果如下：

```
{
  [1,1] = 5
  [2,1] = 10
  [3,1] = 15
  [4,1] = 20
}
```

每个元素都是单元数组中的单独条目，并且它们都是单独的单元格。num2cell 函数在处理需要不同数据类型的数组时非常有用，尤其是在使用 switch 语句时。例如，如果想要在 switch 语句中匹配一系列的数值，而这些数值可能在数值数组中，则可以先使用 num2cell 函数将这些数值转换为单元数组，然后在 switch 语句中使用它们。例如：

```
values = num2cell([1, 2, 3, 4, 5]);
x = 3;
switch values
   case {1, 2}
    disp('x 是 1 或 2。');
   case 3
    disp('x 是 3。');
   case 4
    disp('x 是 4。');
   case 5
    disp('x 是 5。');
   otherwise
    disp('x 不在数组中。');
end
```

在该实例中，values 是一个单元数组，每个单元格包含一个单独的数值。switch 语句检查 x 是否与 values 数组中的任何一个单元格匹配，如果匹配，则执行相应的代码块。

【实例 3-3】商场打折销售。

描述：某商场对顾客购买的商品实行打折销售，根据商品价格 price 给出相应的折扣率。

问题的求解代码如下：

```
price = input(' 请输入商品价格：');
switch fix(price / 100)          % 将价格转换为百位编号
   case {0, 1}
    rate = 0;                    % 价格小于 200 元没有折扣
```

```
        case {2, 3, 4}
            rate = 3 / 100;              % 价格在 200~500 元享受 3% 折扣
        case num2cell(5:9)
            rate = 5 / 100;              % 价格在 500~1000 元享受 5% 折扣
        case num2cell(10:24)
            rate = 8 / 100;              % 价格在 1000~2500 元享受 8% 折扣
        case num2cell(25:49)
            rate = 10 / 100;             % 价格在 2500~5000 元享受 10% 折扣
        otherwise
            rate = 14 / 100;             % 价格大于 5000 元享受 14% 折扣
    end
    discountedPrice = price * (1 – rate);        % 计算打折后的价格
    disp(['打折后的价格是：', num2str(discountedPrice)]);
```

3.2.3 循环结构

在 MATLAB 中，循环结构主要用于指示计算机在条件允许的情况下，重复执行一系列的操作。这里的"条件允许"包含两个层面的含义：循环次数在允许范围内和循环条件在允许范围内。与这两个相对应的循环结构分别是 for 循环和 while 循环，其中 for 循环是按次数循环，while 循环是按条件循环。前者的特点是循环次数已知；后者的特点是循环条件已知，但是循环次数不确定。

例如在计算数组元素的数值之和时，使用下标逐一计算后才能得到结果。这种做法的效率低下且容易出错，使用循环语句则可以指示计算机按规律逐一计算。

1. for 循环

for 循环用于在已知迭代次数的情况下执行代码块。for 循环的基本语法格式如下：

```
for index = startValue : endValue
    % 循环体内的代码
end
```

或者，如果想要指定不同的步长，可以使用如下语法格式：

```
for index=startValue:step:endValue
    % 循环体内的代码
end
```

【实例 3-4】叫人起床，连续叫五次。

问题的求解代码如下：

```
for i=1:5
    disp(' 起床了 ');
end
```

【实例 3-5】借用循环变量，叫人起床。

问题的求解代码如下：

```
for i=1:5
    disp([' 这是我第 ', num2str(i), ' 次叫你起床了 ']);
end
```

【实例 3-6】计算 1~5 的整数和。

问题的求解代码如下：

```
sum=0;
for i=1:5
sum=sum+i;
end
disp('The sum is:',sum);
```

【实例 3-7】计算数组元素之和。

问题的求解代码如下:

```
A = [1 0 2 3 7 3 8];
he = 0;
for i = 1:7
    he = he + A(i);
end
disp(he);
```

2. while 循环

while 循环用于在不确定迭代次数,但条件为真时重复执行代码块。while 循环的基本语法格式如下:

```
while condition
% 循环体内的代码
end
```

【实例 3-8】人口每年增长 0.8%,若初始人口为 10 亿,则多少年后人口能够超过 20 亿?

问题的求解代码如下:

```
a=10;
p=0.008;
```

```
i=0;
while a<20
    a=a*(1+p);
    i=i+1;
end
disp([' 所需年份为 ', num2str(i)]);
```

【实例 3-9】计算从 1 开始的整数和，直到和大于 10。

问题的求解代码如下：

```
sum=0;
i=1;
while sum<=10
    sum=sum+i;
    i=i+1;
end
disp(['The sum is:',num2str(sum)]);
```

3.break 语句

break 语句用于提前退出循环，而无论循环条件是否为真。

【实例 3-10】在 for 循环中使用 break 语句，如果遇到数字 5，则退出循环。

问题的求解代码如下：

```
for i=1:10
    if i==5
        break;
    end
    disp(['Number',num2str(i)]);
end
```

4.continue 语句

continue 语句用于跳过当前循环的剩余部分,并开始下一次迭代。

【实例 3-11】在 for 循环中使用 continue 语句,跳过偶数,只累加奇数。问题的求解代码如下:

```
sum=0;
for i=1:10
    if mod(i,2)==0        % 检查是否为偶数
      continue;
    end
    sum=sum+i;
end
disp(' 奇数和为 :',sum);
```

以上循环结构是 MATLAB 编程中的重要组成部分,使用它们能够执行重复任务且使处理序列数据变得简单高效。通过结合使用这些循环和条件语句,用户可以构建解决复杂问题的 MATLAB 程序。

3.3 函数

在 MATLAB 中,函数是组织好的、可以重复使用的代码块,可以接收输入参数并返回输出结果。函数可以模块化代码,使其更加清晰和易于管理。MATLAB 中的函数通常保存在以 .m 为扩展名的文件中,文件名应与函数名相同。

1. 创建函数

MATLAB 中创建函数的基本语法格式如下:

```
function [output1,output2,…] = functionName (input1,input2,…)
output1=…;           % 计算并返回输出参数
```

```
        output2=…;              % 计算并返回输出参数
    end
```

参数说明如下：

（1）function：关键字，用于定义一个新的函数。

（2）functionName：函数的名称，应遵循 MATLAB 的命名规则。

（3）输入参数 input1, input2,…：传入函数的变量。

（4）输出参数 output1, output2,…：函数返回的结果。

（5）函数体内的代码定义了函数的具体操作。

【实例 3-12】无参数、无返回值函数，计算 1~100 的数值之和。

问题的求解代码如下：

```
function qihe()
    he = 0;
    for i = 1:100
        he = he + 1;
    end
    disp(he);
end
```

【实例 3-13】有单个参数、无返回值函数，根据输入的成绩判断是否及格。

问题的求解代码如下：

```
function cjpd(cj)
    if (cj >=60 )
        disp(' 成绩及格 ');
    else
        disp(' 成绩不及格 ');
    end
end
```

【实例3-14】有单个参数，无返回值函数，根据输入的矩阵信息求和。
问题的求解代码如下：

```
function juzhenhe(rm)
 [m,n] = size(rm);
 he = 0;
 for i = 1:m
  for j = 1:n
   he = he + rm(i,j);
  end
 end
 disp(he);
end
```

【实例3-15】有单个参数，有返回值函数，根据输入的矩阵信息求和。
问题的求解代码如下：

```
function res = juzhenhe(rm)
 [m,n] = size(rm);
 he = 0;
 for i = 1:m
  for j = 1:n
   he = he + rm(i,j);
  end
 end
 res = he;
end
```

注意：返回值的要点是函数名处增加一个赋值语句，用于接收返回值；在函数尾部对该返回值进行赋值，向外传递参数。

【实例 3-16】创建一个计算两点间距离的函数。

问题的求解代码如下：

```
function distance = calculateDistance(x1, y1, x2, y2)
    % 计算两点间的欧几里得距离
    distance = sqrt((x2 – x1)^2 + (y2 – y1)^2);
end
```

要使用该函数，可以在 MATLAB 的命令行窗口或其他函数中调用它，调用代码如下：

```
point1 = [1, 2];
point2 = [4, 6];
dist = calculateDistance(point1(1), point1(2), point2(1), point2(2));
disp([' 两点间的距离是：', num2str(dist)]);
```

在 MATLAB 中，可以为函数定义参数的默认值，这样当调用函数时，如果没有提供相应的参数，就会使用这些默认值。为参数设置默认值可以让函数调用更加灵活，同时也能够减少调用函数时的代码量。

可以使用在参数列表为参数直接赋值的方式完成默认值的定义，语法格式如下：

```
function myFunction(x, y, z = 10)
    % 函数体
    disp(['x: ' num2str(x) ', y: ' num2str(y) ', z: ' num2str(z)]);
end
```

需要注意的是，默认的参数必须置于参数列表末尾，所以带有默认值的函数调用方式可以是以下几种：

```
% 只提供第一个参数，使用 z 的默认值
myFunction(5);
% 提供前两个参数，使用 z 的默认值
myFunction(5, 7);
% 提供所有参数
myFunction(5, 7, 12);
```

【实例 3-17】判断参数的个数。

在 MATLAB 中，nargin 是一个内置函数，用于返回当前函数接收到的输入参数个数。nargin 函数在编写灵活和通用的函数时非常有用，因为其允许用户根据输入参数的数量来改变函数的行为。

需要注意的是，调用 nargin 函数时提供的参数数量需要和函数定义的参数数量一致。例如：

```
function varargout = myFunction(varargin)
    % 检查输入参数的数量
    if nargin < 2
        disp('Please provide at least two input arguments.');
        return;
    end
    …
end
```

varargin 是一个内置参数，其允许函数接收可变数量的输入参数。该功能特别适用于创建灵活的函数，可以处理不同数量和类型的输入，而不需要在函数定义中明确指定所有的输入参数。

在函数定义中使用 varargin，可以在调用函数时传递任意数量的参数，

这些参数将被存储在一个名为 varargin 的 cell 数组中，每个参数都作为 cell 数组中单独的元素。使用 varargin{i} 的形式可以逐一提取参数信息，参数的个数通过 nargin 函数提取。例如：

```
function output = myFunction(varargin)
  % 检查输入参数的数量
  if nargin < 2
    error('At least two input arguments are required.');
  end
  % 遍历所有的输入参数
  for i = 1:nargin
    % 将当前参数赋值给名为 arg 的局部变量
    arg = varargin{i};
    % 根据参数的类型和需求执行操作
    if isnumeric(arg)
      output = output * arg;              % 假设要进行数值乘法运算
    elseif ischar(arg)
      output = strcat(output, arg);       % 假设要连接字符串
    else
      error('Unsupported argument type.');
    end
  end
end
```

2. 匿名函数

除了命名函数，MATLAB 还支持匿名函数（Lambda Function）。匿名函数是一种没有名称的函数，其通常用作参数传递给其他函数，或者作为

即时执行的小型脚本。创建匿名函数的基本语法格式如下：

```
F = @(x) x^2 + 3;
```

其中，F 是一个匿名函数的句柄，其接收输入 x 并返回 $x^2 + 3$ 的结果。有关匿名函数的使用方法，会在 3.4 节进行简单介绍。

3.4 句柄函数

在 MATLAB 中，句柄函数是一类特殊的函数，其返回一个函数句柄，该句柄可以引用或调用一个函数。句柄函数在 MATLAB 中非常有用，尤其是在处理图形用户界面（Graphical User Interface，GUI）组件、创建回调函数或者在工作空间中动态地引用函数时。

1. 创建句柄函数

创建一个句柄函数时，通常会使用匿名函数或者使用"@"操作符。例如：

```
% 使用匿名函数创建句柄函数
myFunction=@(x)x^2+3*x+2;
```

其中，myFunction 是一个函数句柄，其指向一个匿名函数，该函数接收一个输入 x 并返回函数表达式的计算结果。

2. 使用句柄函数

在完成句柄函数的创建后，可以像调用普通函数一样调用该函数。例如：

```
result = myFunction(1);        % 调用句柄函数，传入参数 1
disp(result);                  % 输出结果 6(1^2+3*1+2)
```

3.5 数据导入

在 MATLAB 中，数据导入是一个重要的步骤，其允许用户将外部数据集加载到 MATLAB 工作空间中进行分析和处理。MATLAB 提供了多种方法来导入不同类型的数据，包括文本文件、图像、音频、视频等类型的数据。以下是一些常用的数据导入方法。

3.5.1 load 函数

load 函数用于加载存储在 mat 文件中的变量。mat 文件是 MATLAB 的数据保存格式，其内容可以是一个或多个变量，包括数组、图形、工作控件变量等。

当需要将变量保存在文件中时，可以使用 save 函数，保存命令如下：

```
save('d1.mat', 'x');
```

注意，变量 x 必须以字符串的形式传递给 save 函数。

如果需要从 mat 文件中加载数据，可以使用 load 函数，加载命令如下：

```
load('d1.mat');
```

如果只需要加载文件中的特定变量，可以使用以下命令：

```
load('d1.mat', x);
```

注意，数据经过 load 函数加载进入工作空间，不需要使用赋值形式进行数据读取。另外，load 函数的返回值是一个结构体，该结构体中包含文件中所有变量的信息，可以使用以下形式加载文件并输出文件中的所有变量名：

```
info = load('d1.mat');
disp(info);
```

代码运行结果如下：

```
x: 6
```

3.5.2　readtable 函数

readtable 函数用于读取多种格式的数据表文件，包括 CSV、TXT、Excel 和数据库文件。readtable 函数可以自动处理多种数据类型，并将其存储在一个表格数据结构中。其基本语法格式如下：

```
cc = readtable('filename.csv');
```

上述代码会将文件 filename.csv 中的数据读取到表格 cc 中。默认情况下，readtable 函数会尝试自动检测数据的格式和分隔符。如果数据文件使用了特定的分隔符（如逗号、制表符等），可以使用 Delimiter 参数进行指定：

```
cc = readtable('filename.xlsx', 'Delimiter', ',');
```

上述代码中，',' 指定了逗号作为分隔符，适用于 CSV 文件。注意，'Delimiter' 用于说明第三个参数的作用，这是一种常用的参数指定方式。

有时文本文件可能包含表示缺失值的特殊标记，如 NA、NULL 或 ?，此时可以使用 MissingData 参数进行指定：

```
T = readtable('filename.txt', 'MissingData', {'NA', 'NULL', '?'});
```

如果只需读取文件的某一部分，可以使用 Range 参数：

```
T = readtable('filename.csv', 'Range', 'A2:D10');
```

上述代码只读取从第 2 行第 A 列到第 10 行第 D 列的数据。

readtable 函数也可以用于读取 Excel 文件，使用方法如下：

```
T = readtable('filename.xlsx');
```

如果需要读取特定的工作表或范围，可以使用 Sheet 参数：

```
T = readtable('filename.xlsx', 'Sheet', 'Sheet1');
```

或者使用 Range 参数：

```
T = readtable('filename.xlsx', 'Range', 'A1:D10');
```

3.5.3 数据类型转换

readtable 函数会尽量自动推断每列的数据类型。如果需要，可以使用 TextType 参数指定字符串列：

```
T = readtable('filename.csv', 'TextType', 'char');
```

如果文件中的数据包含日期时间信息，readtable 函数可以自动识别并将其存储为 MATLAB 的 datetime 类型：

```
T = readtable('filename.csv', 'DateTimeFormat', 'yyyy-MM-dd HH:mm:ss');
```

在该示例中，'yyyy-MM-dd HH:mm:ss' 是日期时间的格式。

3.6 数据导出

在 MATLAB 中，数据导出通常指的是将工作空间中的数据保存到文件中，以便将来使用或与其他应用程序共享。以下是一些常用的 MATLAB 函数，用于将数据导出到不同类型的文件中。

3.6.1 writetable 函数

writetable 函数用于将表格数据以 CSV 文件形式进行保存，该函数需要 table 函数的支持。table 函数的前 n 个参数是元素数目相同的集合，这些集合的形式多样，既可以是数组，也可以是 cell。例如：

```
T = table(['M';'F';'M'],[45 ;41 ;40 ],{'NY';'CA';'MA'},[true;false;false]);
```

代码运行结果如下：

Var1	Var2	Var3	Var4
M	45	'NY'	true
F	41	'CA'	false
M	40	'MA'	false

在得到表格数据后，就可以使用 writetable 函数对数据进行保存，具体语法格式如下：

```
writetable(T,'myData.csv');
```

运行上述代码，会在当前路径下出现一个名为 myData.csv 的文件。经过观察可以发现，数据的标题为 var1,var2,…,var4，这种形式的标题非常不利于用户对数据的理解。如果需要添加标题，需要使用 VariableNames 参数进行指定，具体语法格式如下：

```
table(['M';'F';'M'],[45 ;41 ;40 ],{'NY';'CA';'MA'},[true;false;false],'VariableNames',{'sex','age','nation','status'});
```

3.6.2 writematrix 函数

writematrix 函数是 MATLAB 中用于将数据写入文件的函数，其可以将数值或逻辑矩阵写入各种格式的文件中，包括文本文件（如 TXT、CSV 等）和 MATLAB 数据文件（如 MAT）。该函数提供了灵活的选项来控制数据的写入方式，包括指定分隔符、指定数据格式和处理缺失值等。

1. 基本调用形式

writematrix 函数的基本调用形式如下：

writematrix(A, 'filename.txt');

上述代码会将矩阵 A 的内容写入文件 filename.txt 中。默认情况下，writematrix 函数会使用制表符（Tab）作为列分隔符。

2. 指定分隔符

如果需要使用不同的分隔符，可以使用 Delimiter 参数：

writematrix(A, 'filename.csv', 'Delimiter', ',');

在该示例中，逗号（,）被指定为分隔符，适用于 CSV 文件。

3. 指定数据格式

可以使用 Format 参数指定数值数据格式：

writematrix(A, 'filename.txt', 'Format', '%10.4f');

其中，'%10.4f' 指定了数值数据的格式，10 是总宽度，4 是小数点后的位数。

4. 处理缺失值

writematrix 函数允许指定一个字符来表示缺失值：

writematrix(A, 'filename.txt', 'MissingData', 'NA');

在该示例中，字符串 NA 用来表示矩阵中的缺失值。

5. 写入 Excel 文件

writematrix 函数也可以用于将数据写入 Excel 文件：

```
writematrix(A, 'filename.xlsx');
```

上述代码将创建一个 Excel 文件 filename.xlsx，并将矩阵 A 的内容写入第一个工作表。

3.7 图像数据的读取、修改和显示

对图像数据进行处理也是数据分析的一个重要研究目标，有关图像数据的操作主要有三种：图像数据的读取、修改和显示。

图像数据指的就是图像文件，可以使用 imread 函数从文件中读取图像数据，可以读取的格式有 JPEG、TIFF、BMP、PNG 等。imread 函数的调用形式如下：

```
img = imread('noiseimg.jpg');
```

此时变量 img 中存储的信息就是图像数据。如果图像是一个单通道灰度图像，则 img 是一个矩阵数据；如果图像是一个多通道彩色图像，则 img 是一个三维矩阵数据。

以单通道灰度图像为例，该图像数据可以直接使用乘除运算进行修改：

```
brightenedImage = image * 1.5;
```

如果需要显示图像，可使用如下代码：

```
imshow(img);
```

本章小结

本章内容覆盖了 MATLAB 程序设计的核心知识点。首先，本章从基础的数据类型入手，详细介绍了不同数据类型的特点及应用场景；其次，深入讲解了程序控制结构的语法和使用方式；再次，介绍了函数的创建和使用方式；最后，对数据的导入和导出函数以及图像操作进行了介绍。

第 4 章　数组与矩阵

> **◎ 内容提要**
>
> 数组与矩阵是 MATLAB 的核心内容，通过对矩阵运算的优化，可使 MATLAB 在进行矩阵运算时具有比拟编译程序的运算效率以及简洁的语句表达形式。

4.1　数组

数组是矩阵的特殊形态，是 $1 \times n$ 或 $n \times 1$ 形态的矩阵。数值数组是 MATLAB 的重要内建数据类型，基于数组的运算也是 MATLAB 高效运算的重要特征之一。

虽然使用简单变量可以完成单个数据的信息存储，但是当需要对批量信息进行存储时就会遇到很多问题。如果使用简单变量对批量信息进行存储，会因为变量数量过多而带来维护困难、易于出错等问题。为了提高信息存储效率，程序设计人员使用数组形式进行批量信息存储，即一次性分配一组存储空间用于信息存储，并为这组空间起一个名字（称为数组名），根据该数组名对每个存储空间进行信息的存入和读取操作。

以记录 1000 位学生的计算机成绩为例，可以首先声明一个包含 1000 个存储空间的数组，然后将成绩信息逐个输入存储单元中。对于数组元素，可以通过元素在空间中的位置进行访问。访问数组时，首先为这组变量起一个名字（数组名），然后根据数组名和下标确定元素的位置。例如，存储第三个学生的成绩时，可以表示为 a(3)=90。

4.1.1 数组的创建

在 MATLAB 中，创建数组的方式有三种：直接创建、使用冒号运算符创建和使用函数创建。

1. **直接创建**

可以直接使用方括号"[]"创建数组，其中的元素用空格或逗号分隔。例如：

```
A=[3 5 2 6 9];
B=[3,5,2,6,9];
```

注意：数组的元素类型必须保持一致，所有元素只能是数字或字符串。也就是说，数组中的元素可以是 35251，也可以是 abcde，但是二者不建议混合。例如，可以是：

```
A=[3 5 2 6 9];
C=['a','b','c'];
```

但不建议是：

```
D=[1,2,'a'];
```

如第 3 章所讲，当数组中同时存在数字和字符时，系统会将数字认定为和字符对应的 ASCII 码。ASCII 码 1 和 2 对应的字符是控制字符，因此不显示。

2. **使用冒号运算符创建**

直接创建数组效率相对较低，当遇到规律性强的数组元素时，可以使用冒号运算符提高数组创建效率。冒号运算符主要用于创建等差数列数组，使用时只需给定起始值、步长值和终点值，即可确定运算的变化范围。其

语法格式如下:

```
A= 起始值 : 步长值（间隔值）: 终点值；
```

例如，要创建一个包含 1、3、5、7、9 的数组，代码如下:

```
A=1:2:9;
```

当元素的步长值为 1 时，即元素的值连续变化时，可以不写步长值，对应的代码如下:

```
A=1:9;
```

需要注意的是，步长值可以是整数，也可以是浮点数。例如，步长值为 0.5 时，对应的代码如下:

```
a=1:0.5:5;
```

代码运行结果如下:

```
1.0000 1.5000 2.0000 2.5000 3.0000 3.5000 4.0000 4.5000 5.0000
```

3. 使用函数创建

除了冒号运算符，MATLAB 还支持使用函数创建数组。比较常用的两个创建数组的函数是 logspace 和 linspace，分别用于创建等比数列和等差数列。

（1）logspace 函数。

使用 logspace 函数创建的是一种特殊的等比数列，是以指数的幂次为基础构建的数列。首先指定幂次的起始值 a 和终止值 b，然后 logspace 函数会创建 50 个介于 $10^a \sim 10^b$ 的元素。例如:

```
d=logspace(1,2);
```

可以看出数列的起始值是 10^1（10），数列的终止值是 10^2（100）。

如果不希望创建太多元素，可以通过参数形式指定创建元素的个数，具体指定方式是为 logspace 函数提供第三个参数，代码如下：

```
d=logspace(1,2,3)
```

代码运行结果如下：

```
d=
 10.0000  31.6228  100.0000
```

（2）linspace 函数。

linspace 函数创建数组的效果和冒号运算符类似，只需要指定元素的起始值、终止值和元素数量，即可创建指定数量的等差元素序列。例如：

```
e=linspace(1,2,5)
```

代码运行结果如下：

```
e=
 1.0000  1.2500  1.5000  1.7500  2.0000
```

可以看出元素的起始值为 1，终止值为 2，创建元素的数量为 5。需要注意的是，第三个元素为元素数量，第二个元素为终止值。

4.1.2 数组的使用

1. 读取数组元素

在 MATLAB 中，数组元素通过圆括号"()"进行访问。以数组 [6 3 5 7 9] 为例，数组元素 3 的访问方式如下：

```
a=[6 3 5 7 9];
disp(a(2));
```

由于元素所在的存储单元位于所有单元中的第二位，该元素对应的存储位置为2，引用时使用的下标数值也为2。

MATLAB 也支持同时读取多个数组元素，只要在读取时给出所有待读取元素的下标即可。在描述下标时，既可以采用数组形式逐一给出下标，也可以采用冒号运算符有规律地给出一组下标。采用第一种形式读取多个数组元素的代码如下：

```
a=[6 3 5 7 9];
a1=a([1 5])
```

代码运行结果如下：

```
6 9
```

可以看出，上述代码用于读取数组中的第一个元素和第五个元素。

元素的下标不需要连续，可以任意指定。如果需要读取的元素下标连续，则可以通过冒号运算符简化书写。例如，读取第 2~4 个元素，使用数组方式读取时的代码如下：

```
a2=a([2 3 4]);
```

因为数组 [2 3 4] 可以由冒号表达式 2:4 生成，所以简化后的代码如下：

```
a2=a([2:4]);
```

如果目标元素的下标不连续，但是存在等差变化的规律，则可以通过增加步长值的方式指定。例如，读取第 1、3、5 个元素的代码如下：

```
a3=a([1:2:5]);
```

如连续的目标元素包含末尾元素，则末尾的下标可以用关键字 end 表示，代码如下：

```
a4=a([2:end]);
```

2. 修改数组元素

数组中元素的值不仅可以读取，还可以进行修改。逐一修改数组元素的代码如下：

```
a(1)=5;
```

如果需要修改多个元素，则需要使用数组方式给出多个元素的下标，并同时以数组形式给出各元素的新值。例如：

```
a([1 5])=[2 5];
```

4.1.3 数组的算术运算

数组是多个数值的集合，因此数组的算术元素与单个元素的算术运算有所不同。

1. 加减运算

在做数组的加减运算时，需对元素之间的值进行运算，并且要求参与运算的数组维度必须一致。例如：

```
a=[6 3 5 7 9];
b=[2 3 1 5 9];
c=a+b;
d=a-b;
```

特别需要注意的是，数组 a 和数组 b 的维度必须一致。

2. 乘除运算

对于数组的乘除运算，需要分为两种情况：数组与标量的运算、数组与数组的运算。数组与标量的运算模式为数组中的元素逐一和标量进行运算，数组与数组的乘法运算则遵从矩阵运算法则。前者的运算表达式如下：

```
c=a*3;
```

代码运行结果如下：

```
18 9 15 21 27
```

后者的运算表达式如下：

```
a=[6 3 5 7 9];
b=[2 3 1 5 9];
c=a*b';
```

其中，b' 表示数组 b 的转置。代码运行结果如下：

```
142
```

数组之间的乘除运算还包括点乘和点除，即数组之间的元素按位进行运算，运算表达式如下：

```
a=[6 3 5 7 9];
b=[2 3 1 5 9];
c=a.*b
d=a./b
```

代码运行结果如下：

```
c=
12 9 5 35 81
d=
3.0000 1.0000 5.0000 1.4000 1.0000
```

以上两种运算同样要求数组维度一致。

数组之间的点除运算分为左除和右除，左除运算法则为数组 a 的元素除数组 b 的元素，右除运算法则为数组 b 的元素除数组 a 的元素。其运算表达式如下：

```
a=[6 3 5 7 9];
b=[2 3 1 5 9];
c=a.\b        % 左除运算，a 乘 b 的逆
d=a./b        % 右除运算，b 乘 a 的逆
```

代码运行结果如下：

```
c=
0.3333 1.0000 0.2000 0.7143 1.0000
d=
3.0000 1.0000 5.0000 1.4000 1.0000
```

4.1.4　数组的指数运算

数组的指数运算只能针对每个元素进行，如果是两个数组之间的指数运算，则计算对应元素之间的指数结果。其运算表达式如下：

```
a=[6 3 5 7 9];
b=[2 3 1 5 9];
c=a.^b
```

代码运行结果如下：

```
c=
36 27 5 16807 387420489
```

4.1.5 数组的关系运算

关系运算符共有六种，分别是小于（<）、小于或等于（<=）、大于（>）、大于或等于（>=）、相等（==）和不等（~=）。

关系运算符用于判断符号两侧的元素是否满足指定的逻辑关系，如果满足则运算结果为1，不满足则运算结果为0。以小于运算符为例，3>5 表达式由于不满足左边大于右边的逻辑关系，运算结果为0。

关系运算符的运算涉及以下三种情况。

（1）若参与运算的元素都是标量，则直接按照元素的数值进行比较判断即可。

（2）若参与运算的元素一个是标量，一个是数组，则运算时将标量与数组中的每个元素进行比较，并给出所有元素的比较结果。

（3）若参与运算的元素都是数组，则要求两个数组的维度一致，运算时数组中对应位置的元素逐一进行比较运算，并给出所有元素的比较结果。

以下为三种情况示例代码：

```
a=[6 3 5 7 9];
b=[2 3 1 5 9];
c1=3>5;      % 运算结果为 0
d1=a>5;      % 运算结果为 10011
d2=5>b;      % 运算结果为 11100
e1=a>b;      % 运算结果为 10110
```

其他关系运算符的运算法则与大于运算符相同。

4.1.6 数组的逻辑运算

数组的逻辑运算符包含三种，分别是与（&）、或（|）、非（~）。逻辑运算结果有两种：0 和 1，逻辑结果为真时用 1 表示，逻辑结果为假时用 0 表示。逻辑运算符的运算情况也分三种，分别是标量之间的逻辑运算、标量和数组之间的逻辑运算、数组和数组之间的逻辑运算。例如：

```
a=[6 3 5 7 9];
b=[2 3 1 5 9];
c1=3&5;        % 运算结果为 11111
c2=3|a;        % 运算结果为 11111
c3=a&b;        % 运算结果为 11111
c4=~a;         % 运算结果为 00000
```

4.2 矩阵

4.2.1 矩阵大小的计算

矩阵的大小也就是矩阵的维度，是矩阵的重要信息，也是矩阵计算的重要标准。在实践中，矩阵中元素的数量是不确定的，为了有效地对矩阵进行遍历操作，需要了解矩阵的行列信息。在 MATLAB 中，矩阵的大小通过 size 函数获取，该函数有两种用法：①以数组的形式记录每个维度大小；②用两个变量分别记录每个维度大小。

size 函数的调用形式如下：

```
wd=size(A);              % 用数组的方式记录矩阵的维度
[m,n]=size(A);           % 用两个变量分别记录矩阵的行列信息
```

4.2.2 矩阵元素的访问

矩阵实际上是一个二维数组，访问矩阵元素时通过其行标和列标来确定位置。例如，A(3,5) 表示矩阵 A 中第 3 行第 5 列的元素。矩阵元素的访问分为四种情况：单个元素的访问、多个元素的访问、指定行或列元素的访问和交叉位置元素的访问。

1. 单个元素的访问

矩阵有两个维度：行和列。在访问矩阵元素时需要分别给出元素在矩阵中的行标和列标。例如：

```
A=[ 2 3 6 1 3
    2 4 6 2 3];
c=A(2,3);
```

2. 多个元素的访问

多个元素的访问是指用户同时提供多个元素的下标，并一次性得出这些下标对应的元素。例如：

```
A=[ 1 0 2
    7 5 8
    3 4 8];
B=[3 5 7];
A=(B);
```

3. 指定行或列元素的访问

如果需要读取多行元素或多列元素，只需要在行标和列标的位置给出

所需的行下标或列下标，并使用冒号表示另一个维度的下标即可。例如：

```
A=[ 2 3 6 1 3
    2 4 6 2 3
    2 1 3 5 2
    2 4 2 1 7];
c1=A(2:4,:)
c2=A(:,3:5)
```

代码运行结果如下：

```
c1=
    2 4 6 2 3
    2 1 3 5 2
    2 4 2 1 7
c2=
    6 1 3
    6 2 3
    3 5 2
    2 1 7
```

4. 交叉位置元素的访问

例如：

```
A=[ 2 3 6 1 3
    2 4 6 2 3
    2 1 3 5 2
    2 4 2 1 7];
c=A(2:3,2:3)
```

代码运行结果如下:

```
c=
4 6
1 3
```

可以看出读取数组时需要同时给出涉及所需的行坐标和所需列坐标，系统会根据行标和列标交叉位置的元素进行读取。

4.2.3 矩阵的拼接

拼接矩阵的目的是将多个小矩阵拼接为一个大矩阵，一般用于数据复制和样本数量扩充。拼接矩阵时有以下两种情况。

（1）使用 [A, B] 或 [A; B] 水平或垂直拼接矩阵。

（2）使用 horzcat 和 vertcat 函数进行较复杂的矩阵拼接。

例如:

```
% 水平拼接矩阵 A 和 B
C = [A, B];
% 垂直拼接矩阵 X 和 Y
D = [X; Y];
```

4.2.4 矩阵元素的统计计算

统计性数据是描述矩阵特征的重要依据，其中求和、均值、最大值和最小值是较常用的统计性指标。

（1）使用 min 和 max 函数求矩阵中的最小值和最大值。

（2）使用 sum 函数对矩阵的行或列求和。

（3）使用 mean 函数计算矩阵的行或列的平均值。

其中，sum 函数用于矩阵元素的求和，该函数并不是对所有元素进行求和，而是沿着某个维度对元素进行求和，如计算每列元素之和或计算每行元素之和。

1. 计算矩阵中各列元素之和

例如：

```
A=[ 1 2
    3 4];
B=sum(A);
```

2. 计算矩阵中所有行之和

例如：

```
A=[ 1 2
    3 4];
B=sum(A,2);
```

sum 函数默认计算各列元素之和。如果需要改变计算轴，需要对第二个参数进行指定，其中 1 表示按列求和，2 表示按行求和。

3. 计算矩阵中所有元素之和

例如：

```
A=[ 1 2
    3 4];
B=sum(A);
C=sum(B);
```

虽然 sum 函数不能直接对所有元素进行求和，但是可以通过嵌套使用 sum 函数的方式完成计算任务。如上述代码所示，首先使用 sum 函数对矩阵中所有列进行求和，再使用sum函数对所有列进行求和，最终得到计算结果。

mean函数、max函数和min函数的使用方法和sum函数相同，它们的计算示例如下：

```
% 找到矩阵 E 中的最大值
maxValue = max(E);
% 对矩阵 F 的每一列求和
columnSums = sum(F, 1);
% 计算矩阵 G 每一行的平均值
rowMeans = mean(G, 2);
```

4.2.5 矩阵的逻辑运算

MATLAB提供了三种矩阵逻辑运算符，即与（&）、或（|）、非（~），逻辑运算法则同数学中的法则一致。MATLAB使用1表示逻辑结果真，用0表示逻辑结果假。在进行矩阵逻辑运算时，有以下几种情况。

（1）矩阵和数值进行逻辑运算时，将矩阵中的元素逐个与给定数值进行运算，运算结果与矩阵维度相同。

（2）矩阵和矩阵进行逻辑运算时，将两个矩阵位置对应的元素逐一进行运算，要求两个矩阵的维度相同。

例如：

```
A=[1 0 2; 7 3 8];
B=[2 3 5; 2 0 5];
C=A&B
D=A|B
E=~A
```

代码运行结果如下：

C=

1 0 1

1 0 1

D=

1 1 1

1 1 1

E=

0 1 0

0 0 0

4.3　特殊矩阵的生成

特殊矩阵在求解线性方程时具有重要的作用，使用命令函数快速创建一些特殊形式的矩阵是提高计算效率的重要方法。MATLAB 中使用率比较高的特殊矩阵生成函数如下。

（1）zeros 函数：用于创建零矩阵。

Z=zeros(m,n);　　　% 创建一个 m 行 n 列的零矩阵

（2）eye 函数：用于创建单位矩阵。

I=eye(n);　　　% 创建一个 n 行 n 列的单位矩阵

（3）rand 函数：用于创建随机矩阵，矩阵中的元素通过在 [0,1] 均匀采样获得。

R=rand(m,n);　　　% 创建一个 m 行 n 列的矩阵

（4）randn 函数：用于创建随机矩阵，矩阵中的元素满足正态分布（Normal Distribution）。

```
R=randn(m,n);          % 创建一个 m 行 n 列的矩阵，其元素在标准正态
                       % 分布中随机抽取
```

（5）ones 函数：用于创建元素值全是 1 的矩阵。

```
O=ones(m,n);           % 创建一个 m 行 n 列的全 1 矩阵
```

（6）blkdiag 函数：用于创建以给定矩阵为基础的块对角矩阵。

```
A=[1 2;3 4];
B=[5 6;7 8];
blkDiag=blkdiag(A,B);  % 创建一个块对角矩阵，由 A 和 B 组成
```

代码运行结果如下：

```
1 2 0 0
3 4 0 0
0 0 5 6
0 0 7 8
```

4.4 高维矩阵的数据存储形式

MATLAB 的高维矩阵的数据存储形式和读取规则比较特殊，需要特别注意。以三维矩阵为例，矩阵的第一个维度表示行，第二个维度表示列，第三个维度表示深度，这与其他语言的规则稍有不同。以 rand 函数为例，创建一个包含随机数的三维矩阵，代码如下：

```
a=rand(2,3,4)
```

代码运行结果如下：

a(:,:,1)=

0.0855 0.8010 0.9289

0.2625 0.0292 0.7303

a(:,:,2)=

0.4886 0.2373 0.9631

0.5785 0.4588 0.5468

a(:,:,3)=

0.5211 0.4889 0.6791

0.2316 0.6241 0.3955

a(:,:,4)=

0.3674 0.0377 0.9133

0.9880 0.8852 0.7962

4.5 数值计算函数

数值计算函数主要用于对矩阵中的每个元素进行数值计算，此类操作用于对矩阵中的元素进行数值预处理。

（1）round 函数：用于对矩阵中的每个元素进行四舍五入取整计算。

```
A=[1.2,2.5,3.7;4.9,5.3,6.8];
rounded_A=round(A);
```

（2）ceil 函数：用于对矩阵中的每个元素进行向上取整计算。

```
A=[1.2,2.5,3.7;4.9,5.3,6.8];
ceil_A=ceil(A);
```

（3）floor 函数：用于对矩阵中的每个元素进行向下取整计算。

A=[1.2,2.5,3.7;4.9,5.3,6.8];

floor_A=floor(A);

（4）fix 函数：用于对矩阵中的每个元素进行截断取整计算。

A=[1.2,2.5,3.7;4.9,5.3,6.8];

fix_A=fix(A);

（5）abs 函数：用于对矩阵中的每个元素进行取绝对值计算。

A=[-1,2,-3;4,-5,6];

abs_A=abs(A);

（6）sqrt 函数：用于计算数值的平方根。

root = sqrt(16);

（7）power 函数：用于计算幂指数。

pv = power(2,4);

（8）exp 函数：用于计算 e 的指数。

exp_value=exp(3);

（9）log 函数：用于计算自然对数。

log_value=log(5);

4.6 矩阵的处理

矩阵的处理主要涉及对角线元素的提取、对角矩阵的构造、上下三角阵的提取等，本节重点介绍矩阵常用形态构造和常用信息提取方式。

4.6.1 对角线元素的提取

矩阵对角线上的元素可以表示很多内容，如图结构数据的度、矩阵的迹。很多问题的计算需要根据对角线元素开展。MATLAB 中关于矩阵对角线元素的提取函数如下。

（1）diag(A)：提取矩阵 A 主对角线元素，产生一个列向量。

（2）diag(A,k)：提取矩阵 A 第 k 条对角线的元素，产生一个列向量。

【实例 4-1】主对角线计算。

问题的求解代码如下：

```
A=[ 2 3 6 1
    2 4 6 2
    2 1 3 5
    2 4 2 1];
c=diag(A)
```

代码运行结果如下：

```
c=
2
4
3
1
```

如果需要其他对角线元素，则需要在参数中给出对角线的序号，向下排布的斜对角线序号为负值，向上排布的斜对角线元素为正值。所以，向上移动一次的次对角线元素提取代码可以表示如下：

```
c=diag(A,1)
```

代码运行结果如下:

```
c=
3
6
5
```

可以看出3、6、5是向上偏移的对角线元素。

4.6.2 对角矩阵的构造

对角线元素可以提供很多信息,但其在参与运算时仍需使用矩阵形式进行。为此,需要根据已有的对角线元素构建对角矩阵。构建对角矩阵的函数为diag,其调用形式如下:

```
diag([1,2,3,5])
```

代码运行结果如下:

```
1  0  0  0
0  2  0  0
0  0  3  0
0  0  0  5
```

也可以指定对角线的位置,此时矩阵大小会发生一定的变化。例如:

```
diag([1,2,3,5],3)
```

代码运行结果如下:

0	0	0	1	0	0	0
0	0	0	0	2	0	0
0	0	0	0	0	3	0
0	0	0	0	0	0	5
0	0	0	0	0	0	0
0	0	0	0	0	0	0
0	0	0	0	0	0	0

可以看出指定的对角线元素在新矩阵中向上偏移了三个位置，矩阵大小也随之发生了改变。

4.6.3 上下三角阵的提取

提取矩阵的上下三角阵是进行线性方程求解的重要途径。一个矩阵可以被划分为两个区域：上三角区域和下三角区域，前者是指从对角线向上的元素，后者是指从对角线向下的元素。上下三角阵信息提取的函数分别为 triu(A) 和 tril(A)。同对角线元素的提取函数使用方式一样，上下三角阵信息也可以进行偏移，triu(A,k) 表示矩阵 A 的对角线向右上方平移 k 次后对应的元素，tril(A,k) 表示矩阵 A 的对角线向左下方平移 k 次后对应的元素。

提取上三角阵的代码如下：

```
A=[ 2    3    6    1
    2    4    6    2
    2    1    3    5
    2    4    2    1];
c1=triu(A)
c2=triu(A,2)
```

c1 的运行结果如下:

2	3	6	1
0	4	6	2
0	0	3	5
0	0	0	1

c2 的运行结果如下:

0	0	6	1
0	0	0	2
0	0	0	0
0	0	0	0

提取下三角阵的代码如下:

```
A=[ 2   3   6   1
    2   4   6   2
    2   1   3   5
    2   4   2   1];
c1=tril(A)
c2=tril(A,-1)
```

c1 的运行结果如下:

2	0	0	0
2	4	0	0
2	1	3	0
2	4	2	1

c2 的运行结果如下:

0	0	0	0
2	0	0	0
2	1	0	0
2	4	2	0

4.6.4 矩阵的转置与旋转

1. 矩阵的转置

矩阵的转置是指将矩阵中所有元素的位置按照行列信息对调的方式进行变化，即以对角线为准进行行列信息的对调。

假设矩阵 A 的维度为 $m \times n$，则其中的元素可以表示如下：

$$A = \begin{bmatrix} a_{11} & a_{12} & \cdots & a_{1n} \\ a_{21} & a_{22} & \cdots & a_{2n} \\ \vdots & \vdots & \ddots & \vdots \\ a_{m1} & a_{m2} & \cdots & a_{mn} \end{bmatrix}$$

矩阵 A 转置后的结果如下：

$$A^T = \begin{bmatrix} a_{11} & a_{21} & \cdots & a_{m1} \\ a_{12} & a_{22} & \cdots & a_{m2} \\ \vdots & \vdots & \ddots & \vdots \\ a_{1n} & a_{2n} & \cdots & a_{mn} \end{bmatrix}$$

矩阵的转置有以下基本性质：

$$(A \pm B)^T = A^T \pm B^T$$

$$(A \cdot B)^T = B^T \cdot A^T$$

$$(A^T)^T = A$$

如果矩阵 $A \times A^T = E$，E 表示同 A 维度相同的单位矩阵，则矩阵 A 被称为正交矩阵。正交矩阵的一个重要性质是其转置矩阵是它的逆矩阵，此性质在求解方程组时具有重要的作用。

在 MATLAB 中，转置的运算符号为单引号。例如：

```
A=[ 2 3 6 1
    2 4 6 2
    2 1 3 5
    2 4 2 1];
c=A'
```

代码运行结果如下：

2	2	2	2
3	4	1	4
6	6	3	2
1	2	5	1

2. 矩阵的旋转

矩阵的旋转就是将矩阵顺时针旋转 90°，也可以通过参数指定旋转几个 90°。此操作用于构造正确的矩阵形态以进行乘法运算。例如：

```
A=[57, 19,  38
   -2, 31,  8
    0, 84,  5];
rot90(A)
```

矩阵 A 的初始形态如下：

57	19	38
-2	31	8
0	84	5

旋转后的结果如下：

38	8	5
19	31	84
57	−2	0

将矩阵 A 旋转两个 90° 的代码如下：

rot90(A,2)

旋转后的结果如下：

5	84	0
8	31	−2
38	19	57

4.6.5　矩阵的翻转

矩阵的翻转函数是 flipud(A) 和 fliplr(A)，前者用于将矩阵 A 中的元素沿着行方向上下调换，后者用于将矩阵 A 中的元素沿着列方向左右调换。

1.flipud 函数

flipud 函数的调用形式如下：

```
A=[57   19   38
   -2   31   8
    0    8   45];
flipud(A)
```

代码运行结果如下：

0	8	45
−2	31	8
57	19	38

2.fliplr 函数

fliplr 函数的调用形式如下:

```
A=[57   19   38
   -2   31   8
    0   8    45];
fliplr(A)
```

代码运行结果如下:

```
38   19   57
8    31   -2
45   8    0
```

可以看到 flipud 函数对矩阵 A 的第一行和第三行元素进行了交换，fliplr 函数对矩阵 A 的第一列和第三列进行了交换。

4.6.6 矩阵的逆和伪逆

1. 矩阵的逆

若 A 为非奇异矩阵，则线性方程组 $Ax=b$ 的解为 $x=A^{-1}b$，其中的 A^{-1} 表示 A 的逆矩阵。如果 A 是奇异矩阵或者不是方阵，则该矩阵无法直接求逆。为了对该矩阵进行求解，通常会在方程两侧同时左乘一个 A 的转置，可以得到:

$$A^{\mathrm{T}}Ax = A^{\mathrm{T}}b$$

线性方程组的形式可以转换为

$$x = (A^{\mathrm{T}}A)^{-1}A^{\mathrm{T}}b$$

其中，$(A^{\mathrm{T}}A)^{-1}$ 称为 A 的广义逆矩阵。

矩阵的逆使用 inv 函数进行计算，其调用形式如下：

```
A=[57   19   38
   -2   3    18
    0   8    45];
inv(A)
```

代码运行结果如下：

0.0145	-0.0868	0.0288
-0.0003	-0.0080	0.0149
0.0047	0.1343	-0.0506

2. 矩阵的伪逆

当矩阵 A 不是一个方阵时，或者 A 的秩不是满秩时，无法对此矩阵进行求逆操作，此时只能使用广义矩阵对 A 进行求逆，即伪逆。

计算矩阵伪逆的函数为 pinv，其调用形式如下：

```
A=[3   1   1   1
   1   3   1   1
   1   1   3   1];
pinv(A)
```

代码运行结果如下：

0.3929	-0.1071	-0.1071
-0.1071	0.3929	-0.1071
-0.1071	-0.1071	0.3929
0.0357	0.0357	0.0357

【实例 4-2】计算以下线性方程组的解。

$x+2y+3z=5$

$x+4y+9z=-2$

$x+8y+27z=6$

问题的求解代码如下：

```
A=[1    2    3
   1    4    9
   1    8    27];
b=[5,-2,6];
x=inv(A)*b'
```

代码运行结果如下：

23.0000

−14.5000

3.6667

4.6.7 矩阵的变形

矩阵的变形就是改变矩阵的形状，如将一维数组转换为形式不同的二维数组，或基于现有矩阵构造维度更大的矩阵。

1.reshape 函数

reshape 函数主要用于将一维数组转换为二维矩阵，也可以将其转换为高维矩阵。在 MATLAB 中，数据是按照行优先的顺序逐行进行存储的，所以矩阵可以按照元素的数量进行转换，只要目标矩阵的维度和元素数量一致即可。虽然使用矩阵可以更加便捷地对元素进行操作，但是在数据生成和数据读取时，使用数组会更加便捷、高效。例如，使用冒号运算符可以快速创建一维数组的元素，并将其转换为矩阵。因此，在实际操作时，首先使用一维数组进行数据创建或数据读取，然后将其转换为矩阵，并进行下一步操作。

reshape 函数在转换矩阵时，要求目标矩阵中包含的元素数量和数组中的元素一致。对于一个包含 12 个元素的数组，可以将其转换为 3×4、2×6 等形状的矩阵，而不可以转换为 3×5、2×4 等形状的矩阵。reshape 函数的语法格式如下：

B=reshape(A,[m,n]);

或者：

B=reshape(A,m,n);

其中，A 表示待转换的数组，其后的参数表示转换后矩阵的维度。参数有两种表示形式：一种是以数组的形式给出，另一种是通过多个参数的形式给出矩阵形状。例如：

A=1:12;
B=reshape(A,[3,4])

代码运行结果如下：

1 4 7 10
2 5 8 11
3 6 9 12

除了以上方式，reshape 函数还支持以指定列维度的方式进行转换，语法格式如下：

B=reshape(A,[],3);

以上代码的作用是将矩阵 A 转换为列维度为 3 的矩阵。

除了将数组转换为矩阵，reshape 函数还可以将高维矩阵转换为二维矩阵，语法格式如下：

```
A=rand(3,2,3);
B=reshape(A,9,2)
```

代码运行结果如下：

```
0.7922  0.0357  0.6787  0.3922  0.7060  0.0462
0.9595  0.8491  0.7577  0.6555  0.0318  0.0971
0.6557  0.9340  0.7431  0.1712  0.2769  0.8235
```

2.repmat 函数

repmat 函数主要基于已有数据生成一个大矩阵，这些数据可以是一个数、一个数组或一个矩阵。repmat 函数的使用形式如下：

```
B=repmat(A,r1,…,rn);
```

其中，A 表示矩阵，r1,…,rn 表示待扩充的矩阵维度。常见的操作只关注创建二维矩阵和三维矩阵。

（1）创建基于元素的大矩阵：

```
A=10;
B=repmat(A,2,3)
```

代码运行结果如下：

```
B=
10 10 10
10 10 10
```

（2）创建基于数组的大矩阵：

```
A=1:3;
B=repmat(A,2,3)
```

代码运行结果如下：

```
B=
  1 2 3 1 2 3 1 2 3
  1 2 3 1 2 3 1 2 3
```

（3）创建基于矩阵的大矩阵：

```
A=[ 2 3 5
    3 2 6
    1 2 4];
B=repmat(A,2,3)
```

代码运行结果如下：

```
B=
  2 3 5 2 3 5 2 3 5
  3 2 6 3 2 6 3 2 6
  1 2 4 1 2 4 1 2 4
  2 3 5 2 3 5 2 3 5
  3 2 6 3 2 6 3 2 6
  1 2 4 1 2 4 1 2 4
```

（4）基于矩阵创建高维矩阵：

```
A=[ 2 3 5
    3 2 6
    1 2 4];
B=repmat(A,2,3,2)
```

代码运行结果如下:

B(:,:,1)=

2 3 5 2 3 5 2 3 5

3 2 6 3 2 6 3 2 6

1 2 4 1 2 4 1 2 4

2 3 5 2 3 5 2 3 5

3 2 6 3 2 6 3 2 6

1 2 4 1 2 4 1 2 4

B(:,:,2)=

2 3 5 2 3 5 2 3 5

3 2 6 3 2 6 3 2 6

1 2 4 1 2 4 1 2 4

2 3 5 2 3 5 2 3 5

3 2 6 3 2 6 3 2 6

1 2 4 1 2 4 1 2 4

3.permute 函数

permute 函数用于按照指定的顺序重新排列矩阵的元素。例如，permute(A,[2,1]) 表示将矩阵元素按照先列后行的形式进行重新排布，运行结果就是对矩阵 A 进行了转置运算，代码如下:

A=[2 3 5

3 2 6

1 2 4];

B=permute(A,[2,1])

代码运行结果如下:

MATLAB 应用与科学计算

```
B=
 2 3 1
 3 2 2
 5 6 4
```

高维矩阵的示例代码如下：

```
A=rand(3,5,4)
B=permute(A,[3,1,2])
```

4.6.8 矩阵的排序

矩阵排序是一种常见的操作，通过排序可以使数据结构更加清晰，且更容易进行可视化，极大地方便了后续处理。

sort 函数用于对矩阵进行排序，主要分为以下几种情况。

（1）如果 A 是一个数组，则对数组的行进行排序。

（2）如果 A 是一个矩阵，则根据其后的参数进行列排序或行排序。

（3）默认排序方式为升序，如果需要使用降序方式排序，则需使用 direction 参数进行修改。

sort 函数的语法格式如下：

```
B=sort(A)
B=sort(A,dim)
B=sort(A,direction)
```

其中，direction 的可选值为 descend 和 ascend。

sort 函数的具体应用案例如下。

（1）当 A 是一个数组时：

```
A=[90 -75 38 -10 42];
B=sort(A)
```

代码运行结果如下:

```
B= -75 -10 38 42 90
```

(2) 当 A 是一个矩阵时,对列向量进行升序排序:

```
A=[ 2 3 5
    3 2 6
    1 2 4];
B=sort(A,1)
```

代码运行结果如下:

```
B=
1 2 4
2 2 5
3 3 6
```

可以看到 sort 函数对矩阵中的每个列向量进行了升序排序。

(3) 当 A 是一个矩阵时,对行向量进行升序排序:

```
A=[ 2 3 5
    3 2 6
    1 2 4];
B=sort(A,2)
```

代码运行结果如下:

```
2 3 5
2 3 6
1 2 4
```

可以看到 sort 函数对矩阵中的每个行向量进行了升序排序。该案例与上一案例的差别在于将 sort 函数的第二个参数设置为 2，即为矩阵的第二个维度列。

（4）当 A 是一个矩阵时，对行向量进行降序排序：

```
A=[ 2 3 5
    3 2 6
    1 2 4];
B=sort(A,2,'descend')
```

代码运行结果如下：

```
B=
5 3 2
6 3 2
4 2 1
```

4.6.9　矩阵的合并

矩阵的合并是指将两个矩阵合并为一个矩阵，此操作在数据复制或数据扩充时具有重要的作用。在训练模型时，若有个别类别的样本数量偏少，则需要使用样本复制方式对样本进行扩充，使用的函数为 cat。

cat 函数的语法格式如下：

```
C=cat(dim,A,B)
C=cat(dim,A1,A2,A3,A4,…)
```

其中，dim 表示拼接的维度，用于确定是使用行向量的方式叠加还是使用列向量的方式叠加；其后的字母表示待拼接的向量。

对于给定的两个矩阵，沿着不同维度的拼接结果如图 4-1 所示。

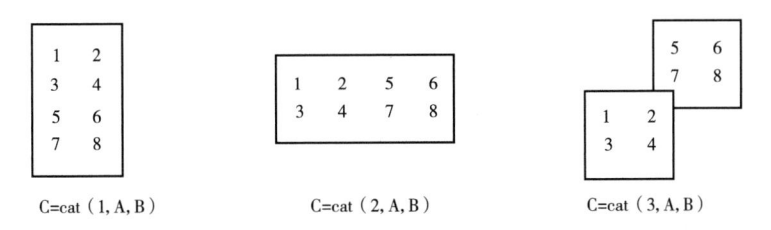

图 4-1 沿着不同维度的拼接结果

从图 4-1 可以看出，1 表示行维度，2 表示列维度，3 表示 z 维度。

4.7 矩阵元素差值

4.7.1 any 和 all

any 和 all 是两个非常有用的函数，用于检查数组中的元素是否满足特定的条件。

any(A) 函数用于检查数组 A 中是否至少有一个元素为非零值或逻辑值为 true。如果找到至少一个非零元素，则 any 函数返回 true；否则，返回 false。例如，any([0,1,0]) 返回 true，因为数组中有一个非零元素。

all(A) 函数用于检查数组 A 中的所有元素是否都是非零值或逻辑值为 true。如果所有元素都是非零元素，则 all 函数返回 true；如果矩阵中存在零元素，则返回 false。例如，all([0,1,0]) 返回 false，因为数组中存在零元素。

4.7.2 矩阵元素的查找

find 函数用于在矩阵中查找满足条件的元素下标，计算时可以根据该函数的差值结果进行数据筛选。find 函数的语法格式如下：

```
k=find(A)              % 查找矩阵 A 中非零元素的下标
k=find(A,n)            % 查找矩阵 A 中前 n 个非零元素的下标
k=find(A,n,direction)  %direction 用于描述查找的方向：从前向后或从
                       % 后向前
```

find 函数的具体应用案例如下。

（1）查找所有非零元素的下标：

```
A=[ 1
    2
    4
    5
    6
    8
    9];
B=find(A)
```

代码运行结果如下：

```
1
2
4
6
8
9
```

（2）查找前 n 个非零元素的下标：

```
A=[ 1 3 0
    2 5 4
```

```
    0 1 2];
B=find(A,3)
```

运算结果为:

```
1
2
4
```

(3) 由于矩阵关系运行结果也是一个同型矩阵,可以使用关系表达式找出所有满足条件的元素下标。例如,查找矩阵中大于 2 的元素下标:

```
A=[ 1 3 0
    2 5 4
    0 1 2];
B=find(A>2)
```

代码运行结果如下:

```
4
5
8
```

(4) 根据矩阵元素的访问规律,可以根据查找的结果进行元素提取。例如,提取矩阵中大于 2 的元素:

```
A=[ 1 3 0
    2 5 4
    0 1 2];
B=find(A>2);
C=A(B)
```

代码运行结果如下：

3

5

4

基于以上规律，还可以进行以下矩阵问题的求解。

（1）找出矩阵中元素值为 3 的元素下标。

（2）将矩阵中等于 0 的元素改为 10。

本章小结

本章详细介绍了 MATLAB 数组和矩阵的操作，并详细解释了相关操作函数的使用方法。熟练地创建矩阵和使用矩阵操作函数是开展后续科学计算的重要前提。

第 5 章 可视化

> **◎ 内容提要**
>
> 在日常研究中，常规的信息记录方式是数值形式，但通过数值信息很难看出潜藏在数据中的规律。如果把这些数据转换成图形，实现数据的图形化展示，则可以比较容易地看出数据中蕴含的规律。
>
> MATLAB 的绘图功能强大、丰富，借助该软件可以方便地绘制多种图形，包括二维图形、三维图形，以及一些特殊图形，如四维图形、动画等；还可以对图形要素进行调整和控制，如线条、颜色、标注、视角、光线等，从而对图形进行丰富的处理和渲染，增强图形的表现效果。

5.1 二维曲线

二维曲线是 MATLAB 最常用的绘制方式，也是数据趋势展示的首选形式，只要给定曲线所需的横纵轴坐标数据，即可绘制出对应的二维曲线。在绘制二维曲线时，要注意两方面问题：一要确保图形的准确性，二要确保图形说明信息的完整性。

5.1.1 plot 函数

二维曲线的绘制函数为 plot，该函数有多种使用方式，主要如下。

1.plot(x,y)

双参数形式是 plot 函数最常用的调用形式，plot(x,y) 函数中的参数 x 和 y 以向量形式记录曲线的横纵坐标信息。

【实例 5-1】现有一组关于产量和成本的实验数据（见表 5-1），试使用 plot(x,y) 函数绘制对应的曲线。

表 5-1　产量与成本的实验数据

产量	1	2	3	4	5	6
成本	3.5	3.1	2.2	1.3	1.7	2.6

曲线绘制代码如下：

```
x = [1 2 3 4 5 6];
y = [3.5 3.1 2.2 1.3 1.7 2.6];
plot(x,y);
```

代码运行结果如图 5-1 所示。

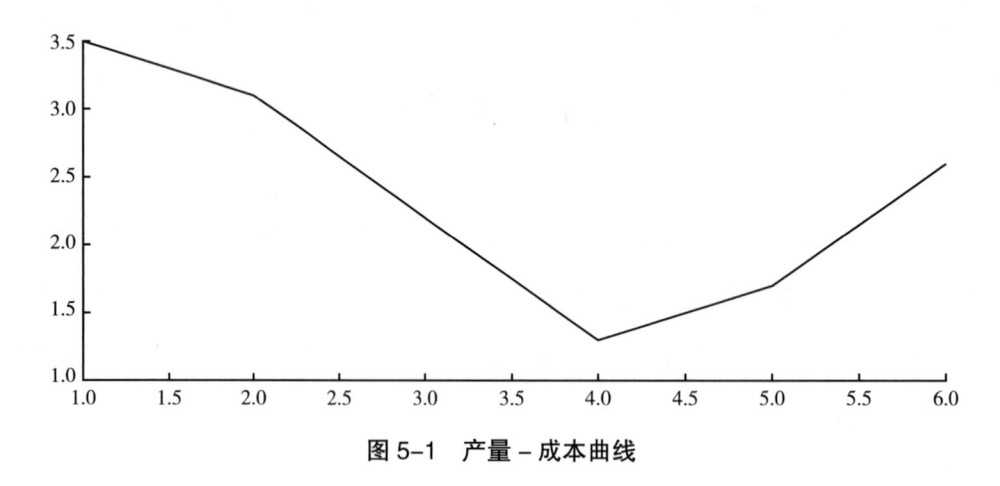

图 5-1　产量 – 成本曲线

从图 5-1 所示的结果可以看出，初期产品的单位成本会随产量的增加而降低，但是当产量超过某个阈值后，产品成本会大幅上升。这是因为当产品的数量超过设备的最大生产能力后，就需要建设新的生产线，从而导

第 5 章 可视化

致产品成本大幅上升。

2.plot(x)

plot 函数还提供了单参数形式的调用形式,即只需要提供一个参数即可完成图形的绘制。这是因为有些问题不关注横坐标的信息形式,只要在图形中能够对不同数据进行区分即可。以温度变化数据为例,绘制温度变化曲线时可以只提供温度信息。

【实例 5-2】使用 plot（x）函数对近七天温度变化曲线进行绘制,具体数据如表 5-2 所示。

表 5-2 近七天温度变化数据

日期	18 日	19 日	20 日	21 日	22 日	23 日	24 日
温度 /℃	1	5	9	4	3	2	5

日期信息无法用数值向量进行表示,因此只为 plot 函数提供纵坐标信息,对应代码如下:

```
y = [1 5 9 4 3 2 5];
plot(y);
```

代码运行结果如图 5-2 所示。

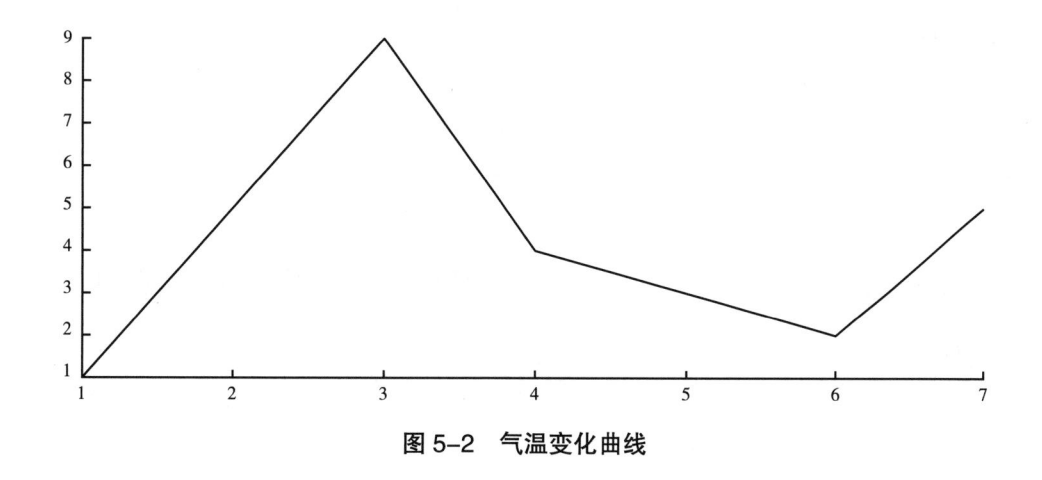

图 5-2 气温变化曲线

可以看出 plot 函数为图形自动增补了横坐标信息，内容为数据的序号。

3. plot(x1,y1,x2,y2,x3,y3,…)

除了以上两种形式，plot 函数还支持一次绘制多条曲线。按顺序依次、成组给出曲线的横纵坐标信息，即可使用 plot 函数完成多条曲线的绘制，绘制代码如下：

```
x = 0:0.2:6;
y1 = sin(x);
y2 = cos(x);
y3 = sin(x)+cos(x);
plot(x,y1,x,y2,x,y3);
```

在上述代码中，通过冒号表达式构建了一个取值范围为 0~6、间隔为 0.2 的数值向量。其中，y1、y2、y3 分别为三条曲线的纵坐标，x 和 y1、y2、y3 组成三对坐标信息；除此之外，也可以将坐标信息构造成一个矩阵，矩阵的行向量为每个函数的纵坐标向量，对应代码如下：

```
x = 0:0.2:6;
y1 = sin(x);
y2 = cos(x);
y3 = sin(x)+cos(x);
y = [y1;y2;y3];
plot(x,y);
```

代码运行结果如图 5-3 所示，可以看出三条曲线被同时绘制在同一图形内。

图 5-3 多曲线绘制结果

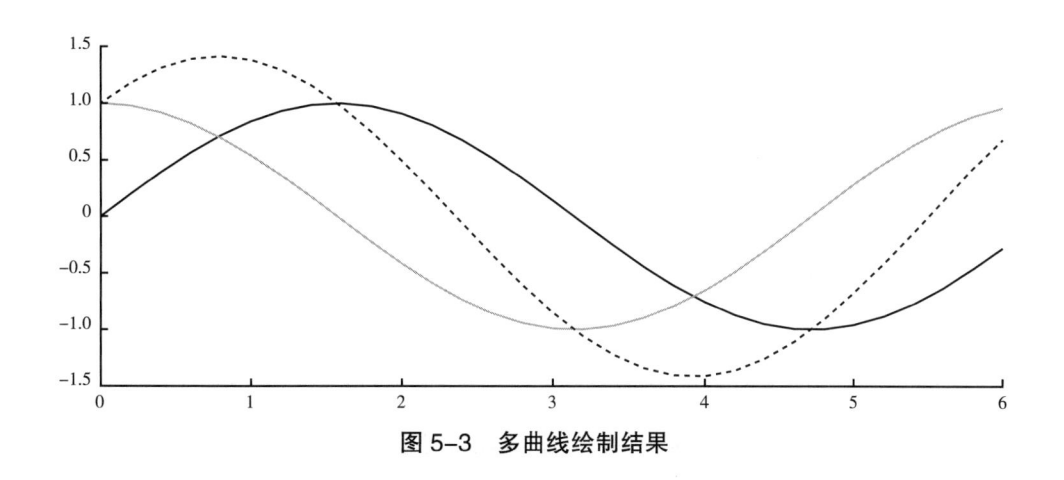

5.1.2 fplot 函数

使用 plot 函数绘制曲线时需要明确给出纵坐标的间隔值,但有时函数曲线变化形式复杂,使用等间隔的横坐标无法体现数据的真实变化情况。以 cos(1/x) 函数为例,函数的变化信息密集体现在 [0,0.05] 范围内,在其他区域的变化则比较平坦。如果要准确地绘制函数曲线,需要在 [0,0.05] 密集增加采样点,在其他区域进行常规采样。然而,预先知晓函数的变化形态是一件困难的事情,错误地采用间隔设置会得到错误的曲线形式。为了简化计算,fplot 函数允许用户在只提供表达式的情况下进行曲线绘制,MATLAB 会根据表达式的形态自动构建对应的横坐标。在不同的坐标区域采用不同的采样频率:在纵坐标值变化多的区域多设置采样点,在变化少的区域少设置采样点,这样就可以在资源消耗最少的情况下实现曲线的平滑绘制。

在采用间隔为 0.01 的前提下,使用 plot 函数绘制的曲线如图 5-4 所示,使用 fplot 函数绘制的曲线如图 5-5 所示。从绘制结果可以看出,使用 plot 函数时,由于在曲线变化密集区域采样数量不足,图形信息缺失严重;fplot 函数则比较完整地反映了图形的形态,并保证了曲线的平滑性。

图 5-4　使用 plot 函数绘制的曲线

图 5-5　使用 fplot 函数绘制的曲线

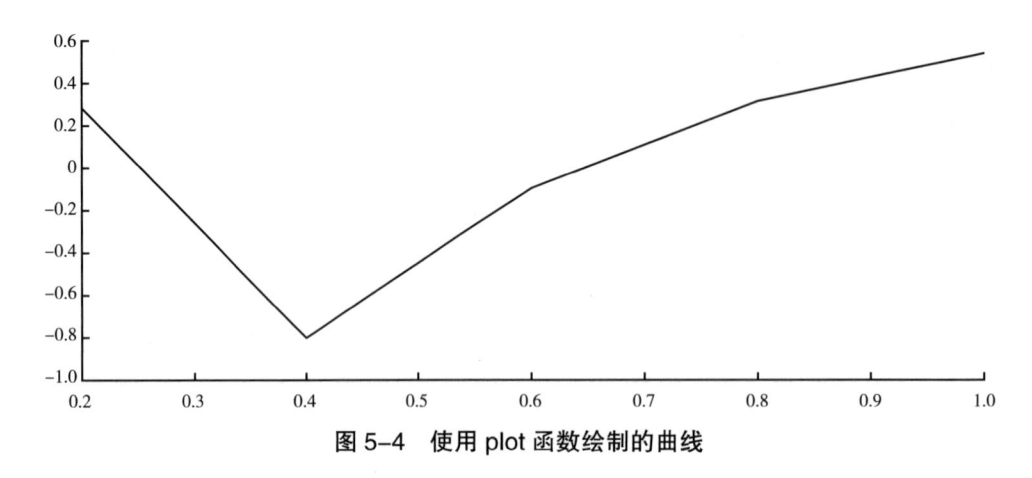

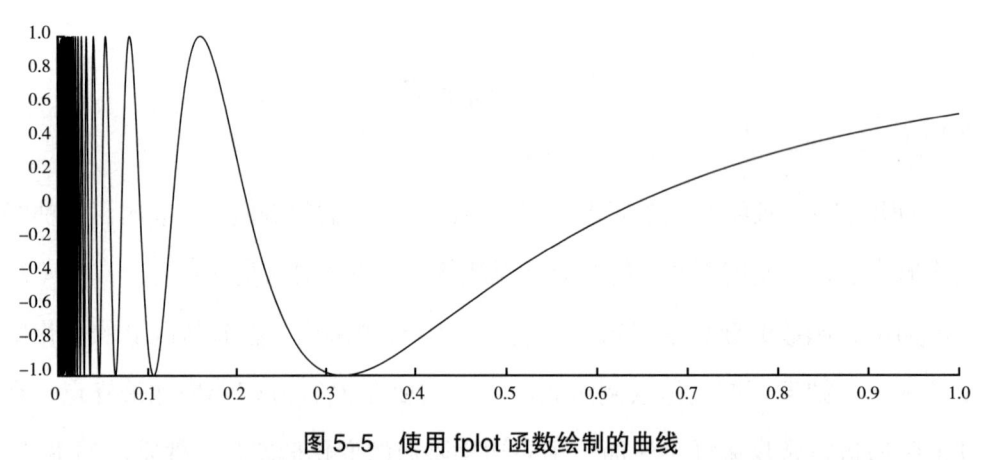

使用 fplot 函数绘制图形的代码如下：

fplot(@(x)cos(1./x),[0,1]);

其中，@(x)cos(1./x) 为函数的句柄表达式，[0,1] 为横坐标的取值范围。@ 是句柄函数，该函数最大的作用是使用一行代码表示函数。这是一种比较新颖的函数表达形式，在其他语言中也有类似的语法，如 Python 语言中的 lambda 表达式。以此为基础，还可以绘制 e^x 和 sin(x) 的图形。

以 e^x 为例，图形绘制代码如下：

fplot(@(x)(exp(x)),[0,1]);

代码运行结果如图 5-6 所示。

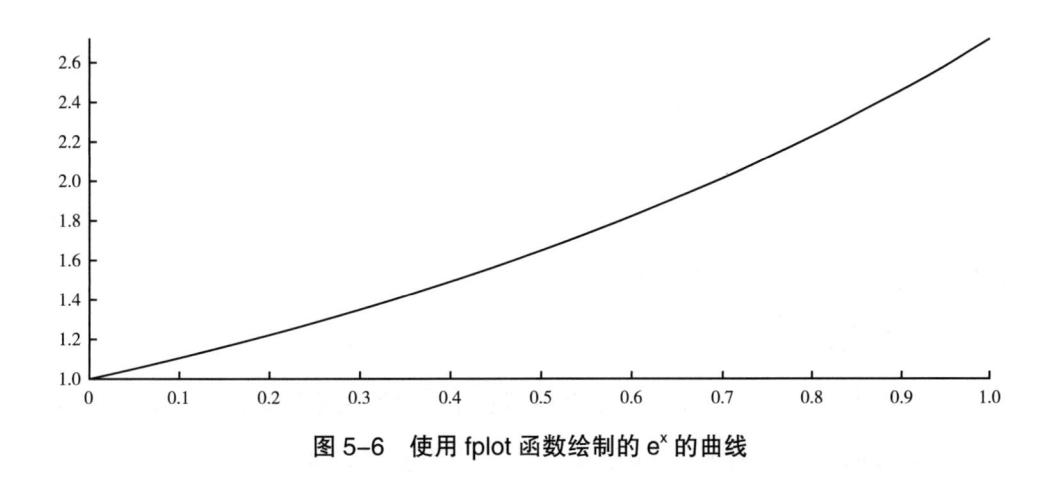

图 5-6 使用 fplot 函数绘制的 e^x 的曲线

5.1.3 ezplot 函数

ezplot 函数允许用户以字符串的形式指定函数,而无须显式地定义函数的范围和变量。该函数操作简便,绘制元素丰富,但不具备进一步指定参数的能力。同样以 cos(1/x) 函数为例,使用 ezplot 函数绘制曲线的代码如下:

```
ezplot('cos(1./x)',[0,1]);
```

代码运行结果如图 5-7 所示。

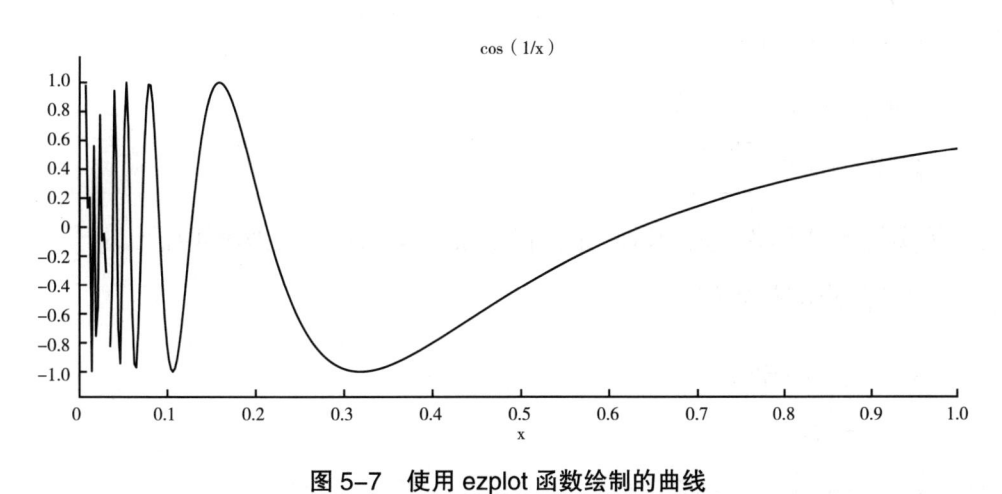

图 5-7 使用 ezplot 函数绘制的曲线

可以看到,图形中自动添加了横坐标轴标题和图形标题。

5.2 图形格式的设置

除了图形绘制，在进行图表展示时还应该增加一些说明性信息和格式设置，以便增加图形的可读性。

1. 设置曲线颜色

当同时绘制多条曲线时，可以通过颜色区分不同的曲线。曲线颜色通过 plot 函数的第三个参数进行设置，具体的语法格式如下：

```
plot(x , y , s);
```

其中，s 表示需要设置的颜色。

当需要绘制多条曲线时，可以使用如下语法格式设置颜色：

```
plot(x1 , y1 , s1 , x2 , y2 , s2 , …);
```

【实例 5-3】绘制红色曲线。

问题的求解代码如下：

```
theta = 0:pi/10:10*pi;
x = (theta-sin(theta));
y = (1 - cos(theta));
plot(x,y,'r');
```

【实例 5-4】将正弦函数和余弦函数曲线同时绘制在图形中。

问题的求解代码如下：

```
x = 0:pi/10:5*pi;
y1 = sin(x);
y2 = cos(x);
plot(x,y1,'r',x,y2,'b');
```

代码运行结果如图 5-8 所示，可以看出 sin(x) 和 cos(x) 函数分别使用不同颜色进行绘制。

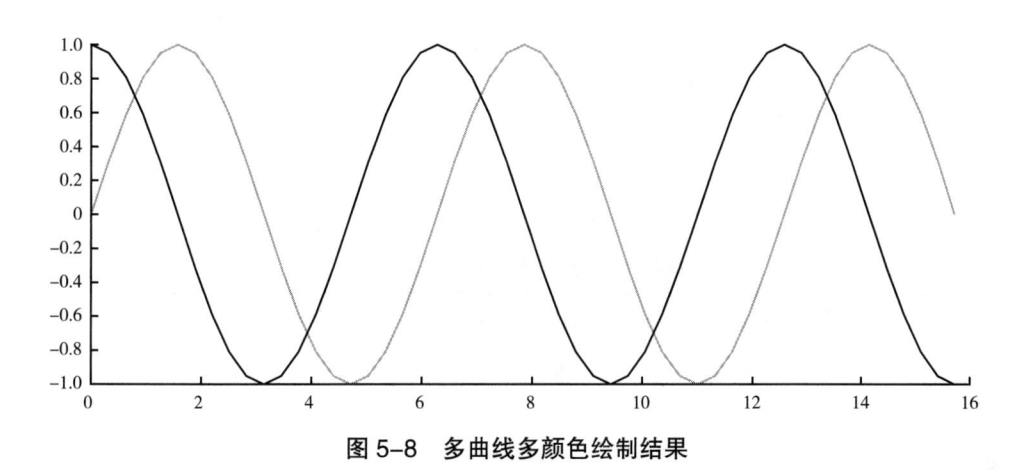

图 5-8　多曲线多颜色绘制结果

与颜色相关的参数如表 5-3 所示。

表 5-3　与颜色相关的参数

颜色	黄色	黑色	白色	蓝色	绿色	红色	亮青色	梦紫色
参数	y	k	w	b	g	r	c	m

2. 设置线条粗细

通过设置曲线线条粗细，可以让图像的表现效果更好。例如：

plot(x,y1,' LineWidth',2);

3. 设置线条类型

在黑白颜色的情况下，无法通过颜色区分线条，此时可以修改线条类型以便区分。

与线条类型相关的参数如表 5-4 所示。

表 5-4　与线条类型相关的参数

线条类型	点线	圈线	X 线	十字线	星形线	实线	虚线	点划线
参数	.	o	x	+	*	-	:	-.

注意,绘制圈线的字符是字母 o 而不是数字 0。

例如:

plot(x,y1,':');   %" : " 表示绘制虚线

4. 设置标签形状

与标签形状相关的参数如表 5-5 所示。

表 5-5　与标签形状相关的参数

标签形状	正方形	菱形	五角星	六角形	下三角形	上三角形	右三角形	左三角形
参数	s	d	p	h	v	^	>	<

例如:

plot(x,y1,'marker', 'd');

5. 指定属性组合

除了前文所述的单项属性指定方式,还可以使用组合方式一次指定曲线的多种属性。

(1)同时指定颜色、线条和标签:

x = 0:pi/10:2*pi;

y2 = sin(x−0.25);

plot(x,y2,'b−−o')

(2)同时指定线条和标签:

x = linspace(0,10);

y = sin(x);

plot(x,y,'−o');

5.3 图形元素的设置

1. 设置坐标轴刻度

用于设置坐标轴刻度的函数为 xticks 和 yticks，它们的调用形式分别如下：

```
xticks(0:0.1:3);
yticks(-1:0.1:1);
```

注意：如果 y 没有负值，则只显示 0 以上的绘制结果。如果要强行显示负值坐标，需要配合使用 ylim 或 xlim 函数。

【实例 5-5】以上面的问题为例，如果需要显示 -1~0 的坐标，则需要使用 ylim 函数指定变化的范围。

问题的求解代码如下：

```
x = 0:0.1:3;
y1=sin(x);
y2=cos(x);
plot(x,y1);
xticks(0:0.1:3);
yticks(-1:0.1:1);
ylim([-1,1]);
```

运行上述代码，即可看到 -1~0 的坐标。

2. 设置网格线

网格线一般用于辅助用户对曲线位置进行精准定位。设置网格线的函数为 grid，其有两种使用方式，分别如下。

（1）grid on：在图中增加坐标网格线。

（2）grid off：在图中隐藏坐标网格线。

3. 显示和隐藏坐标轴

有时图形不需要显示坐标轴信息，此时可以使用相关函数将坐标轴信息隐藏。设置坐标轴显示和隐藏的函数为 axis，该函数的调用形式如下：

```
axis('on')          % 显示坐标轴
axis('off')         % 隐藏坐标轴
```

4. 设置图表标题

图表标题是对图表信息进行说明的重要方式。默认的图表不包含标题，需要使用专门的语句进行图表标题绘制。绘制图表标题的函数是 title，该函数的调用形式如下：

```
title(' 此处填写图表标题 ');
```

5. 设置坐标轴的轴标题

坐标轴标题包括横坐标轴标题和纵坐标轴标题，用于说明坐标轴的信息。设置横纵坐标轴标题的函数为 xlabel 和 ylabel，它们的调用形式分别如下：

```
xlabel(' 横坐标轴标题 ');
ylabel(' 纵坐标轴标题 ');
```

6. 设置图例

图例是图表的重要组成部分，可以标识图表中不同数据系列或类别。当图表中有多条曲线时，使用颜色表示数据类型的方式在黑白印刷的场景下会失效，所以短线类型是数据展示常用的表示形式。例如：

```
legend(' sin(x)');
```

注意：只有多条曲线使用一个 plot 函数，或者绘制在同一个图形中时，才可以使用该种方式。例如：

```
x = 0:pi/36:2*pi;
y1=sin(x);
y2=cos(x);
plot(x,y1,x,y2);
legend('sin(x)','cos(x)');
```

7. 设置标注

图表虽然能够对数据的变化形式进行展示，但是无法准确得到样本采样的数值，需要借助数据表才能看出。为了便于查看数据，可以在样本点位置进行数据标注，提高曲线数据的可读性。设置标注的函数为 text，其调用形式如下：

```
text(x,y,' 提示信息举例 ');
```

其中，x 和 y 表示存储坐标点横纵坐标信息的数据。例如：

```
x = 0:pi/36:2*pi;
y1=sin(x);
y2=cos(x);
plot(x,y1,x,y2);
legend('sin(x)','cos(x)');
text(0.5,0.5,' 提示信息举例 ');
```

8. 设置坐标轴范围

通常情况下不需要设置坐标轴范围，系统会根据样本点的取值自动给出最恰当的坐标轴范围。但有时系统自行选择的坐标轴范围不能满足表述需求，故需要对坐标轴范围进行自定义设置。设置坐标轴范围的函数为 xlim 和 ylim，这两个函数的调用形式分别如下：

xlim([10,30]);	% 设置 x 轴的范围是 10:30
ylim([10,30]);	% 设置 y 轴的范围是 10:30

5.4 绘制形式的设置

1. 多条曲线绘制在同一个窗口内

在一个窗口中绘制多条曲线有两种方法：一是使用 plot 函数，二是使用 hold on 语句。使用 plot 函数绘制多条曲线的方式已经在 5.1.1 小节介绍过，本节介绍 hold on 语句的使用方法。绘制多条曲线时，只需要将 hold on 语句书写在第一条曲线绘制命令之后即可。当绘制结束后，可以附加一个 hold off 语句，表示多重绘制结束。例如：

```
x = 0:pi/36:2*pi;
y1=sin(x);
y2=cos(x);
plot(x,y1);
hold on
plot(x,y2);
hold off
legend('sin(x)','cos(x)');
```

2. 创建多个图形窗口

有时一个程序需要绘制多个图形，如果不进行设置，后面绘制的图形会把前面绘制的图形覆盖，即多次绘制后结果只得到一个图形。要想保留所绘的多个图形，就需要进行特殊设置。创建多个图形窗口的命令如下：

figure(n);	% 创建第 n 个图形窗口

默认情况下，系统会自动指定 figure(1)，用户只需要从第二个窗口开始指定。

【实例 5-6】两次绘制只显示一个图形。

问题的求解代码如下：

```
x = 0:pi/10:2*pi;
y = sin(x);
z = cos(x);
plot(x,y);
plot(x,z);
```

【实例 5-7】两次绘制可以显示两个图形。

问题的求解代码如下：

```
x = 0:pi/10:2*pi;
y = sin(x);
z = cos(x);
plot(x,y);
figure(2);
plot(x,z);
```

注意：figure(1) 不用指定，只指定 figure(2) 即可。

3. 建立子窗口

如果希望把多张图绘制在同一个窗口内，那么可以使用 subplot 函数。subplot 函数的调用形式如下：

```
subplot(m,n,p);
```

其中，m 表示行数，n 表示列数，p 表示序号，排序顺序为从左到右、从上到下。

【实例5-8】在同一个窗口内绘制四条函数曲线。

问题的求解代码如下：

```
x = 0:pi/36:2*pi;
y1=sin(x);
y2=cos(x);
y3=x.^2;
y4=log(x);
subplot(2,2,1);
plot(x,y1);
subplot(2,2,2);
plot(x,y2);
subplot(2,2,3);
plot(x,y3);
subplot(2,2,4);
plot(x,y4);
```

4. 显示图形指定位置的坐标

ginput 函数的作用是帮助用户获取二维曲线上任意点的坐标，具体的操作方法如下：在图形上单击，在 console 窗口输出对应的结果。ginput 函数的调用形式如下：

```
[x,y] = ginput(n);
```

其中，n 表示需要记录的点的数量，如 n=3 时表示记录三个点，此时需要连续单击三次函数才能执行完毕。需要说明的是，该指令只适合于二维图形，且需要用鼠标操作。例如：

```
x = 0:pi/36:2*pi;
y1=sin(x);
plot(x,y1);
[x,y]=ginput(3);
```

5.5 其他二维图形

5.5.1 直方图

直方图是一种显示样本数据在各区间数量的图形。绘制直方图前,首先将数据的取值分割为若干个区间,然后统计每个区间内的样本数量,最终以条状形式进行图形绘制。根据条状的方向,可以将直方图分为垂直直方图和水平直方图。在 MATLAB 中,直方图的绘制分为两种形式。

(1)根据统计结果绘制直方图,该结果需要用户自行编码解决。

(2)根据数据取值情况和区间数量自行统计并绘制直方图,该方式不需要编写统计代码,只提供数据即可。在 MATLAB 中,此类方法称为频数直方图。

根据前面的描述,可知直方图有三种:垂直直方图、水平直方图和频数直方图。

1. 垂直直方图

绘制垂直直方图的函数为 bar,该函数的调用形式有以下几种。

(1) bar(y):y 表示每个区域的样本点。

(2) bar(x,y):x 表示每个区域的数据说明。

(3) bar(x,y,'red'):red 参数用于指定直方图的颜色。

【实例 5-9】绘制某企业的利润直方图(见表 5-6)。

表 5-6　企业利润

月份	1	2	3	4	5	6
利润	2.3	2.6	2.8	3.2	3.6	3.9

问题的求解代码如下：

```
x = [1 2 3 4 5 6];
y = [2.3 2.6 2.8 3.2 3.6 3.9];
bar(x,y);
```

代码运行结果如图 5-9 所示。

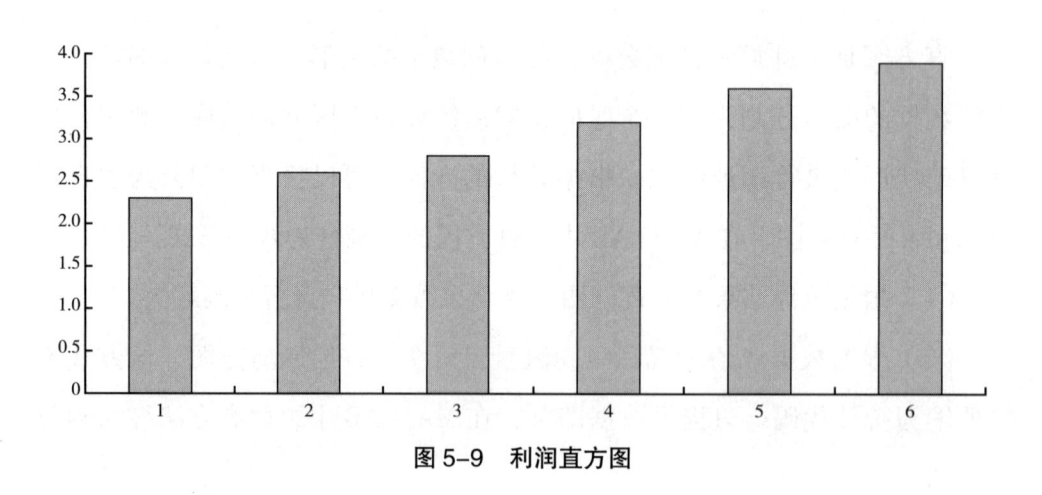

图 5-9　利润直方图

2. 水平直方图

水平直方图的柱状图是水平排列的，纵轴坐标代表数据值，横轴坐标代表频率或概率。例如：

```
x = [1 2 3 4 5 6];
y = [2.3 2.6 2.8 3.2 3.6 3.9];
barh(x,y);
```

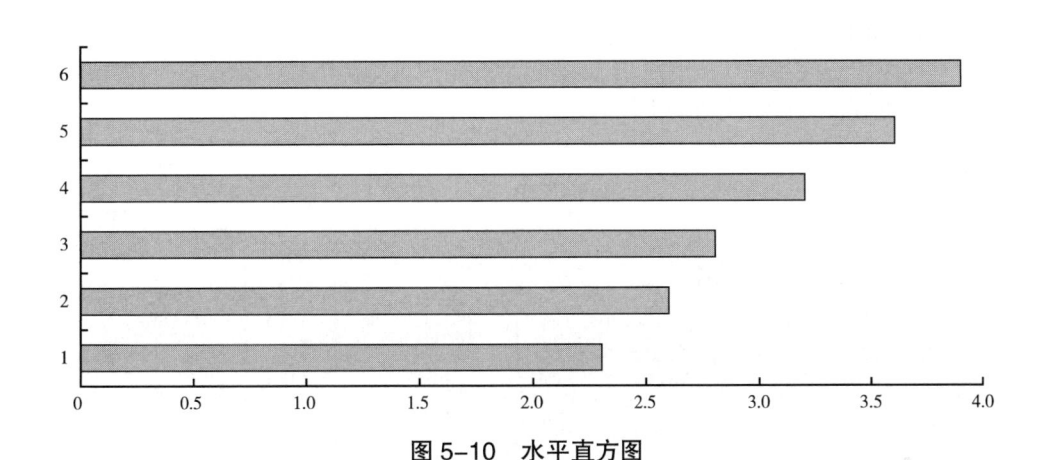

代码运行结果如图 5-10 所示。

图 5-10 水平直方图

3. 频数直方图

在 MATLAB 中，频数直方图的绘制效果同垂直直方图相似，差别在于柱状图的排列形式，即频数直方图的柱状图之间没有间隔。绘制频数直方图的函数是 hist，该函数的主要调用形式如下。

（1）n = hist(y)：将向量 y 中的元素按数值将其放在 10 等分（函数默认将向量 y 中的元素进行 10 等分）的区域中，函数的返回值是每个区域中的元素数量。

（2）n = hist(y,x)：当 x 是一个向量时，x 的每个元素说明了每个柱状区间（bin）的中心。

（3）n = hist(y,bins)：bins 指定了柱状图的数量。

使用 hist 函数绘制直方图时，不需要对数据进行分区域统计，hist 函数可以根据指定的分组数量或分组中心自动进行数量统计。

【实例 5-10】使用 hist 函数对 100 个随机值进行频数直方图绘制，并且柱状图的数量为 10。

问题的求解代码如下：

```
data = rand(1000,1);
hist(data, 10);
```

代码运行结果如图 5-11 所示。

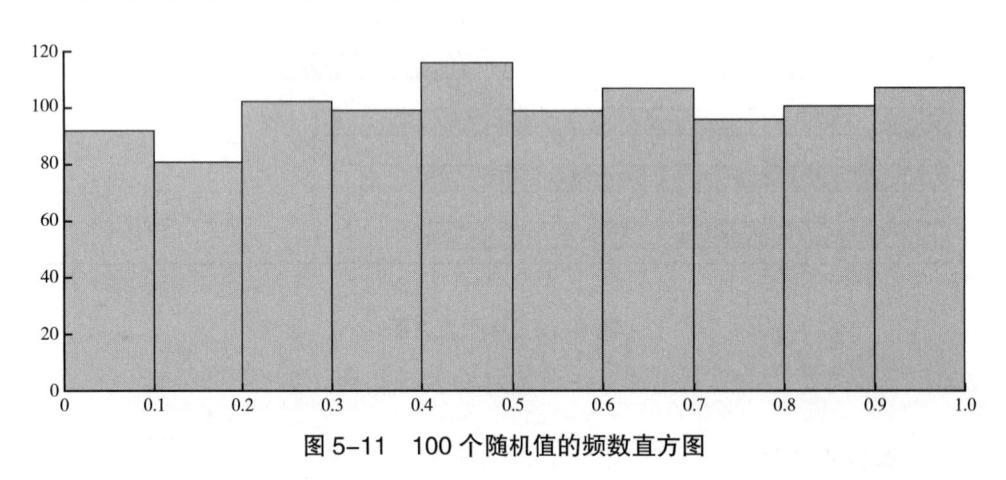

图 5-11　100 个随机值的频数直方图

5.5.2　饼图

在统计领域，饼图用来表示不同要素的构成比例。绘制饼图的函数为 pie，该函数的调用形式如下。

（1）pie(x)：各部分数据标签显示百分比。

（2）pie(x,labels)：各部分数据标签显示标签名。

（3）pie(x,e)：将各个饼分开，绘制有偏离度的饼图。

【实例 5-11】绘制员工类别比例的饼图。

问题的求解代码如下：

```
a = [2 3 2 1];
pie(a);
```

代码运行结果如图 5-12 所示。

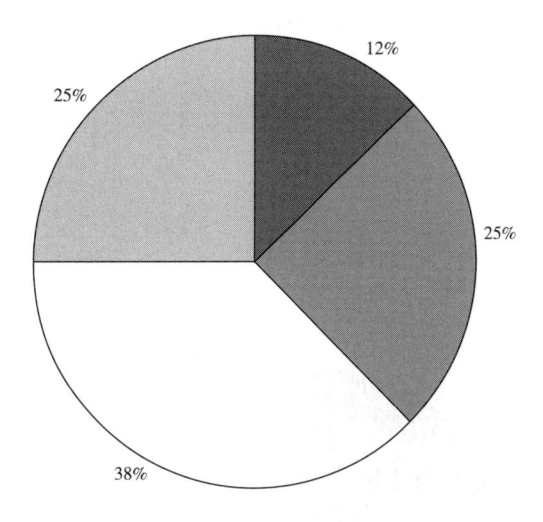

图 5-12 员工类别比例

【实例 5-12】为饼图设置数据标签。

问题的求解代码如下：

```
x = 1:3;
labels = {'Taxes','Expenses','Profit'};
pie(x,labels);
```

代码运行结果如图 5-13 所示。

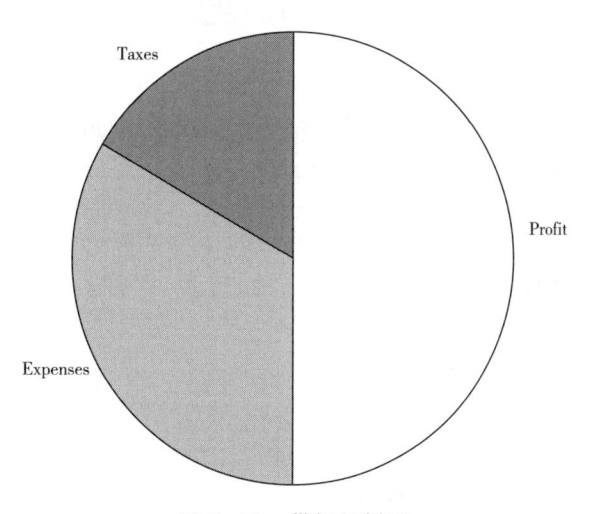

图 5-13 带标签饼图

【实例 5-13】为饼图设置分离程度。

问题的求解代码如下：

```
a = [2 3 2 1];
pie(a,[1 0 1 0]);
```

代码运行结果如图 5-14 所示。

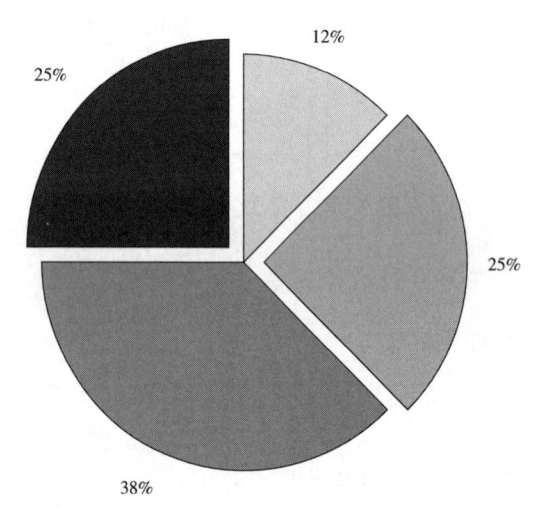

图 5-14　有分离程度的饼图

5.5.3　阶梯图

绘制阶梯图的函数为 stairs，该函数的调用形式如下：

```
stairs(y);
```

具体的代码应用方式如下：

```
y = [2.3 2.6 2.8 3.2 3.6 3.9];
stairs(y);
```

代码运行结果如图 5-15 所示。

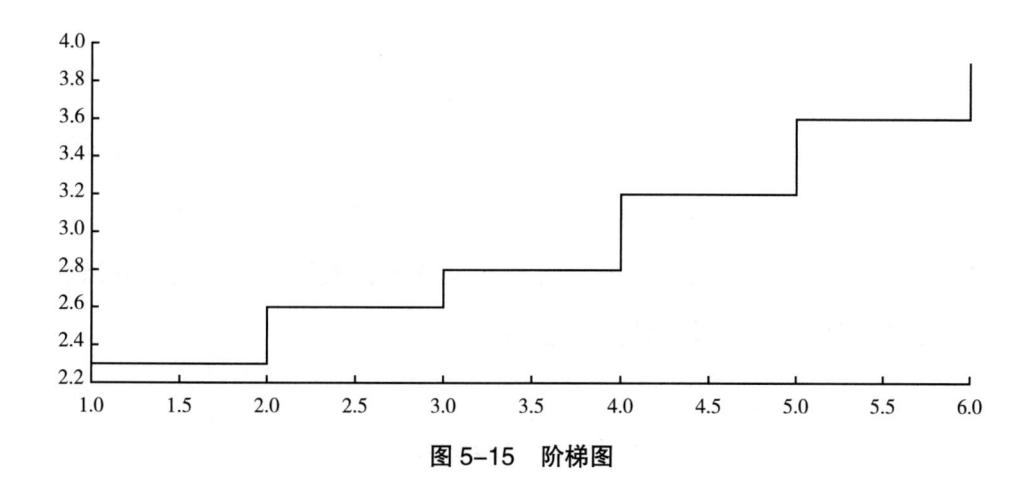

图 5-15 阶梯图

5.5.4 散点图

绘制散点图的函数为 scatter，该函数的调用形式如下：

scatter(x,y);   %x、y 为表示坐标信息的数组

例如：

x = 1:10;

y = rand(1, 10);

scatter(x,y);

代码运行结果如图 5-16 所示。

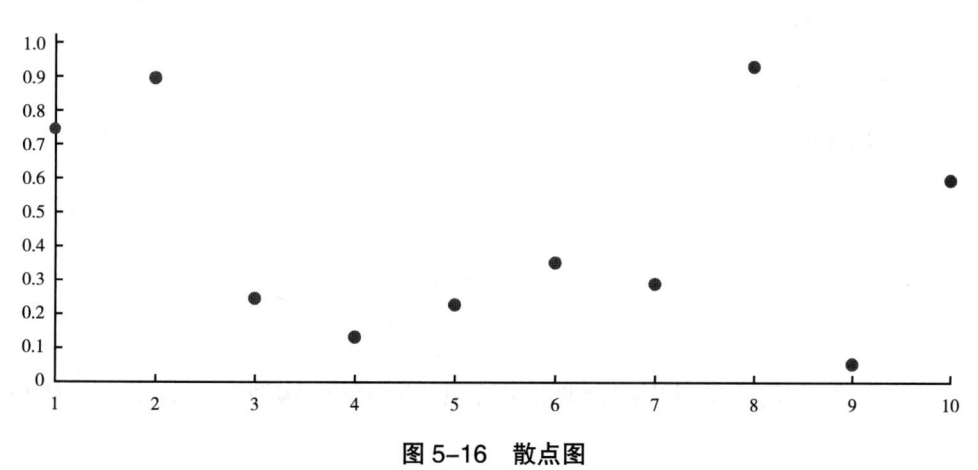

图 5-16 散点图

5.6 三维图形

三维图形能够在三维空间显示数据，表达数据间的关系和信息。三维图形立体、有真实感、层次分明，表达形象鲜明、效果好，给人印象深刻。绘制三维图形是科学计算软件的重要功能之一。

5.6.1 三维曲线

三维曲线是一种基本的三维图形，形式简单，能够比较简明、直观地表达数据信息。绘制三维曲线常用的函数是 plot3，其主要调用形式如下。

（1）plot3(x,y,z)：如果 x、y、z 是向量，则它们的元素数量应相同；如果是矩阵，则维数也应相同。

（2）plot3(x,y,z,s)：s 是图形要素控制开关。

（3）plot3(x1,y1,z1,s1,x2,y2,z2,s2,⋯)：可以绘制多条曲线。

【实例 5-14】绘制 y=sin(x),z=cos(x) 的三维曲线。

问题的求解代码如下：

```
x = 0:pi/10:100;
y = sin(x);
z = cos(x);
plot3(x,y,z);
```

5.6.2 螺旋线

使用 plot3 函数也可以绘制螺旋线，其核心是要构造出函数形态。螺旋线的函数形态为（x cos(x),x sin(x),2x），则螺旋线绘制代码如下：

```
x = 0:0.1:20*pi;
h = plot3(x.*cos(x),x.*sin(x),2.*x,'b');
grid on
set(h,'markersize',22);
title(' 静态螺旋曲线 ')
```

其中，set 函数用于设置图形对象的属性，其第一个参数是图形句柄，第二个参数是属性名称，第三个参数是属性的值。set 函数在 MATLAB 中用于设置图形对象显示效果，其可以根据图形句柄对图形进行修改。

代码运行结果如图 5-17 所示。

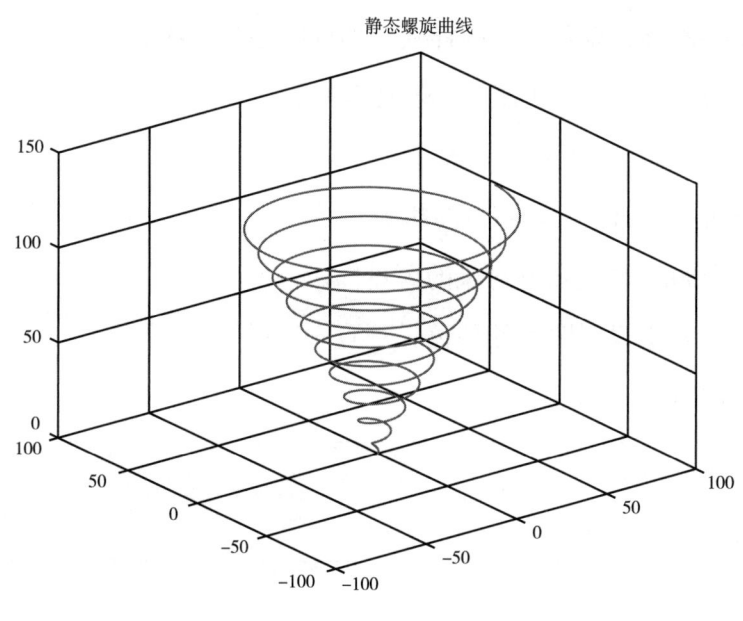

图 5-17 螺旋线

图形句柄是图形对象的表示变量，通过该变量可以对相应的图形进行操作。图形的获取方式比较简单，只要使用赋值语句对 plot3 函数的返回结果进行保存即可，具体用法如下：

```
h = plot3(x.*cos(x),x.*sin(x),2.*x,'b');
```

其中，h 表示所绘制图像的句柄。

set 函数的调用形式如下：

```
set(handle,property,value);
```

其中，handle 表示图形的句柄，property 表示要设置的属性名，value 表示要设置的属性值。property 和 value 都可以是数组，用于同时设置多个属性的值。常见的属性和作用如下。

（1）Color：设置图形的颜色。

（2）Marker：设置数据点的标记。

（3）LineWidth：设置线条的宽度。

（4）LineStyle：设置线条的样式，即虚线还是实线。

（5）MarkerSize：设置数据点标记的大小。

（6）FontSize：设置字体的大小。

（7）FontWeight：设置字体的粗细。

（8）Visible：设置图形对象的可见性。

【实例 5-15】设置图形的颜色。

问题的求解代码如下：

```
p = plot(1:10);
set(p,'Color','red');
```

5.6.3 三维饼图

与饼图不同，三维饼图的绘制效果是三维的。绘制三维饼图的函数为 pie3，其调用形式如下：

```
x = [32 45 11 76 56];
explode = [0 0 1 0 1];
pie3(x,explode);
```

其中,explode 用于提示哪个饼切可以突出显示。代码运行结果如图 5-18 所示。

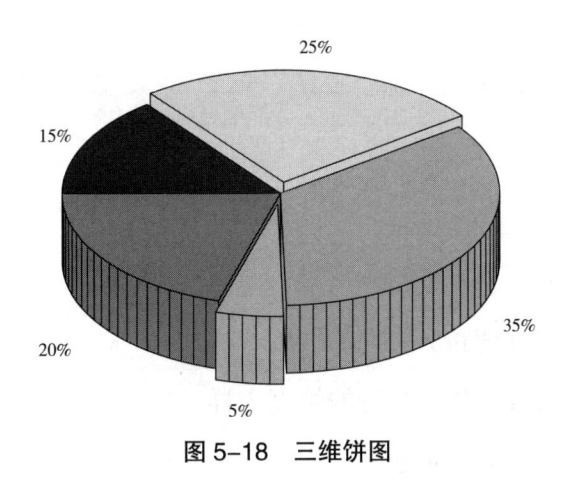

图 5-18 三维饼图

5.6.4 三维网格线

三维网格线以网格的形式表示数据信息。绘制网格线的函数是 mesh,该函数的调用形式有以下几种。

1.mesh(z)

(1) z 表示三维空间中所有点的高度值,对应的平面坐标是 x、y 索引值构建的坐标。

(2) z 是一个矩阵,行数是 y 轴的尺度,列数是 x 轴的尺度。

(3) 可以只给出 z 值,x 和 y 的坐标范围由系统自定。x 的坐标范围是列数,y 的坐标范围是行数。

(4) 如果不指定 x 和 y,则 x 和 y 是 1~m 或 1~n 的向量。假如 z 是一个 5×3 的矩阵，如果不指定 x，则 x 的取值是 1、2、3、4、5；如果指定为 3、4、5、6、7，则为 3、4、5、6、7。z 表示坐标轴 x 和 y 刻度线交点对应的值，所以如果 x 和 y 元素值是均分的，那么曲面是一个均匀的三维网格线。

例如：

z = [1 1 1 1 1
　　　1 10 10 10 1
　　　1 1 1 1 1];
mesh(z);

2.mesh(x,y,z)

（1）向量 x 的维度和 z 的列的维度一样。

（2）向量 y 的维度和 z 的行的维度一样。

（3）x 和 y 的交点对应的值是 z。

（4）在 mesh 函数生成的网格中，每个网格点都位于三维空间内，并且具有三个坐标信息：x、y、z。因此，为了表示这些坐标，x、y、z 必须是三个维度相匹配的矩阵。每个矩阵的对应元素 x_{ij}、y_{ij}、z_{ij} 分别代表网格中第 i 行第 j 列点的 x、y、z 坐标。这样，每个网格点的坐标就可以由这三个矩阵中的相应元素唯一确定。

例如：

x = 1:5;
y = 1:10;
z = [　ones(1,5)*1
　　　ones(1,5)*2
　　　ones(1,5)*3
　　　ones(1,5)*4

```
        ones(1,5)*5
        ones(1,5)*6
        ones(1,5)*7
        ones(1,5)*8
        ones(1,5)*9
        ones(1,5)*10  ];
mesh(x,y,z);
```

【实例 5-16】绘制 x^3+y^3 的三维网格线。

问题的求解代码如下：

```
x = -10:1:10;
y=-5:1:5;
[x,y]=meshgrid(x,y);  % 生成网格点 x、y 坐标
z = x.^3+y.^3;
mesh(x,y,z);
```

【实例 5-17】绘制 z=sinx+siny 的三维网格线。

问题的求解代码如下：

```
x = -15:1:15;
y=-5:1:5;
[x,y]=meshgrid(x,y);  % 生成网格点 x、y 坐标
z = sin(x)+sin(y);
mesh(x,y,z);
```

其中，meshgrid 函数用于生成网格采样点，其在 3D 绘图中有着广泛的应用。在生成绘制 3D 图形所需要的数据时，需要准备每个采样点的坐标值，每个坐标值由三个部分组成，每个点都为二维矩阵形式。

例如，要在"3 ≤ x ≤ 5，6 ≤ y ≤ 9，z 不限制区间"这个区域内绘制一个 3D 图形，如果只需要整数坐标为采样点，则可能需要一个由以下坐标构成的矩阵：

(3,9),(4,9),(5,9);

(3,8),(4,8),(5,8);

(3,7),(4,7),(5,7);

(3,6),(4,6),(5,6);

【实例 5-18】绘制 Rastrigin 函数的三维网格线。

问题的求解代码如下：

```
x = −5:0.01:5;
y = −5:0.01:5;
[x,y]=meshgrid(x,y);
z = 20 + x.^2 + y.^2 − 10 *(cos(2*pi*x)+cos(2*pi*y));
mesh(x,y,z)
```

【实例 5-19】绘制 Schaffer 函数的三维网格线。

问题的求解代码如下：

```
x = −100:0.1:100;
y = −100:0.1:100;
[x,y]=meshgrid(x,y);
z = 0.5 + (sin(sqrt(x.^2+y.^2)).^2−0.5)./(1+0.001*(x.^2+y.^2)).^2;
mesh(x,y,z);
```

【实例 5-20】绘制 Ackley 函数的三维网格线。

问题的求解代码如下：

```
x = −30:0.01:30;
y = −30:0.01:30;
[x,y]=meshgrid(x,y);
A = sqrt(x.^2+0.5*y.^2);
B = cos(2*pi*x) + cos(2*pi*y);
z = −20 * exp(−0.2*A) −exp(0.5* B)+20;
mesh(x,y,z);
```

【实例 5-21】绘制 Griewank 函数的三维网格线。

问题的求解代码如下：

```
x = −30:0.1:30;
y = −30:0.1:30;
[x,y]=meshgrid(x,y);
z = −1 + (x.^2 + y.^2)/4000 −cos(x).*cos(sqrt(2)*y./2);
mesh(x,y,z);
```

5.7 三维曲面

5.7.1 surf

绘制三维曲面常用的函数是 surf，该函数的调用形式有以下两种。

（1）surf(z,c)。

① z 表示曲面的高度，与之对应的横纵坐标取对应的元素索引值。

② 以矩阵 z 元素的下标为 x、y 轴坐标，以元素 z 为曲面高度，

以 c 为颜色值。

（2）surf(x,y,z,c)：由 n 维向量 x、m 维向量 y 和 m×n 矩阵 z 绘图，网格节点的 x、y 坐标由两个向量组合构成，矩阵 z 的元素值作为 z 的坐标。

【实例 5-22】绘制 $z=x^3+y^3$ 的三维曲面。

问题的求解代码如下：

```
x = -10:1:10;
y = -5:1:5;
[x,y] = meshgrid(x,y);
z = x.^3 +y.^3;
surf(x,y,z);
```

5.7.2 柱面图

柱面图的创建原理和车削原理类似，首先绘制一个侧面轮廓，然后围绕中心轴旋转，完成图形的创建。绘制柱面图的前提是构建轮廓线函数。绘制柱面图的函数为 cylinder，该函数的调用形式如下：

```
[x,y,z] = cylinder(r,n)    %r 表示母线；n 表示分段数量，默认分段数是 20
```

【实例 5-23】绘制轮廓线函数为 r=sin(t) 的柱面图。

问题的求解代码如下：

```
t = 0:pi/10:2*pi;
r = sin(t);
subplot(1,2,1);
```

```
[x,y,z] = cylinder(r,10);        % 10 分段
mesh(x,y,z);
subplot(1,2,2);
[x,y,z] = cylinder(r,50);        % 50 分段
mesh(x,y,z);
```

代码运行结果如图 5-19 所示。

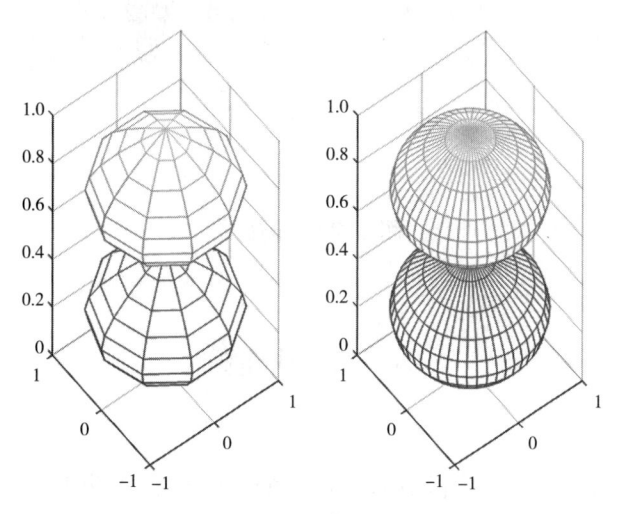

图 5-19　柱面图

【实例 5-24】绘制锥形图。

问题的求解代码如下：

```
z = 1:10;        % 表示空间中的一条直线，直线的起点是坐标原点
subplot(1,2,1);
[x,y,z] = cylinder(1:10,10);        % 10 分段
mesh(x,y,z);
subplot(1,2,2);
[x,y,z] = cylinder(1:10,50);        % 50 分段
mesh(x,y,z);
```

代码运行结果如图 5-20 所示。

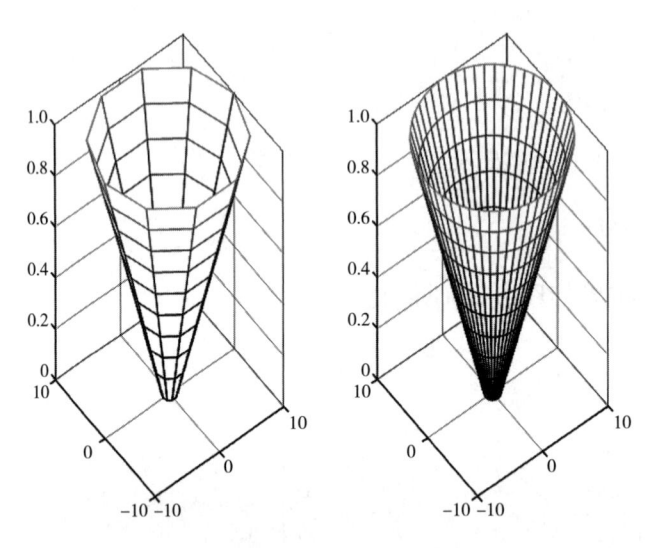

图 5-20 锥形图

5.7.3 球面图

绘制球面图的函数是 sphere，该函数的调用形式如下：

```
[x,y,z] = sphere(50);
```

【实例 5-25】绘制球面。

问题的求解代码如下：

```
[x,y,z] = sphere(50);        % sphere 函数也可用来产生点
surf(x,y,z);
```

5.7.4 截面图

截面图是一种常用的数据可视化手段。使用截面图，可以在三维绘图的基础上，查看图像的内部结构。所以，要使用截面图函数，前提是图像

数据完备。

绘制截面图的函数是 slice，其调用形式如下：

slice(x,y,z,xi,yi,zi,n)

【实例 5-26】绘制函数 v=x^2+y^2+z^2 的截面图。

问题的求解代码如下：

```
% 定义 x、y、z 的范围
[x, y, z] = meshgrid(linspace(-2, 2, 50));  % 创建三维网格
% 计算函数值 v = x^2 + y^2 + z^2
v = x.^2 + y.^2 + z.^2;
% 定义截面的位置
xslice = [-1.5, 0, 1.5];        % x 方向的截面位置
yslice = [-1.5, 0, 1.5];        % y 方向的截面位置
zslice = [-1.5, 0, 1.5];        % z 方向的截面位置
% 创建图形窗口
figure;
% 使用 slice 函数绘制截面图
slice(x, y, z, v, xslice, yslice, zslice);
% 设置图形属性
xlabel('x');
ylabel('y');
zlabel('z');
title(' 函数 v = x^2 + y^2 + z^2 的截面图 ');
shading interp;                 % 平滑着色
colorbar;                       % 添加颜色条
grid on;
```

代码运行效果如图 5-21 所示：

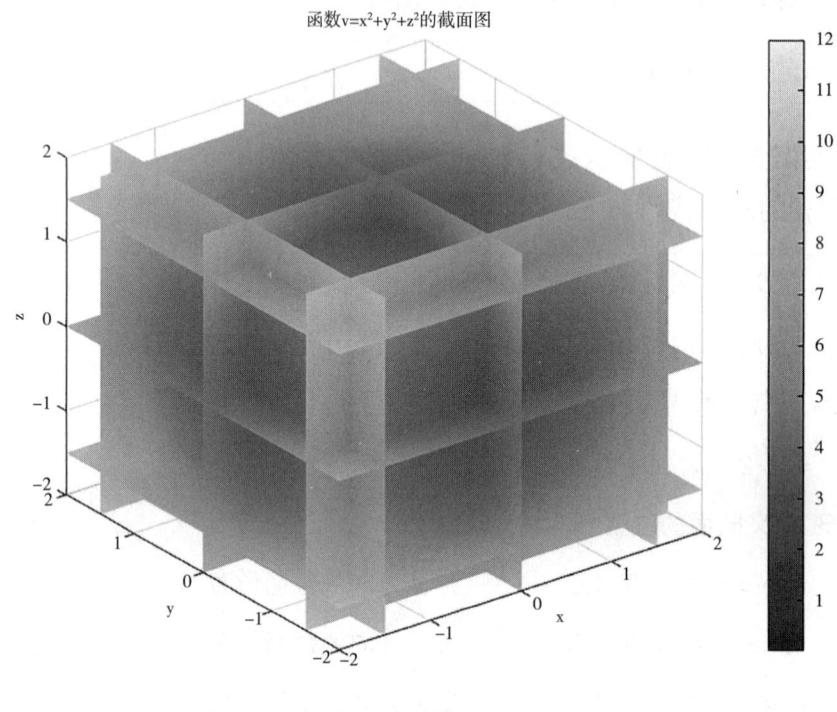

图 5-21　截面图

5.8　其他操作的设置

1. 设置视角

观察一个物体时，视角的选择特别重要。可以使用 view 函数绘制不同视角下的图形，该函数的调用形式如下：

```
view([x,y,z]);    % [x,y,z] 用于确定视角
```

【实例 5-27】绘制视角位置为 [3 6 5] 的 Rastrigin's 函数的三维网格线。
问题的求解代码如下：

```
x = –5:0.1:5;
y = –5:0.1:5;
[x,y]=meshgrid(x,y);
z = 20 + x.^2 + y.^2 – 10 * (cos(2*pi*x) + cos(2 * pi * y));
subplot(1,2,1);
mesh(x,y,z);
subplot(1,2,2);
mesh(x,y,z);
view([3 6 5]);
```

2. 设置图形重叠

在同一个坐标系中绘制多个图形时，可以通过 MATLAB 命令控制图形的重叠部分，使其消隐或透视。用于设置图形重叠的函数是 hidden，该函数的调用形式如下：

```
hidden on;      % 消隐
hidden off;     % 透视
```

【实例 5-28】对网格线和伪彩色图进行消隐和透视。

问题的求解代码如下：

```
t = 0 : pi/10 : 2*pi;
r = sin(t);
[x,y,z] = cylinder(r,30);
mesh(x,y,z);
hold on;
pcolor(x,y,z);
hold off;
mesh(x,y,z);
```

```
hold on;
pcolor(x,y,z);
hidden off;        % 网格线与其后的伪彩色图重叠部分透视
grid off;
```

本章小结

本章介绍了 MATLAB 的图形绘制方式，主要包括二维曲线绘制、三维曲线绘制、三维曲面绘制、特殊二维和三维图形绘制，以及图像的参数和属性信息设置等。通过本章的学习，读者可以对 MATLAB 操作有一个直观的了解，能够编写一些简单的命令和语句。

第 6 章　图形用户界面设计

> **內容提要**
>
> 本章基于 App Designer 工具介绍了 MATLAB 图形用户界面的设计方法。本节首先阐述了图形用户界面的作用，接着详细讲解了 App Designer 的使用方法，包括空白 App 创建、组件添加与属性设置、回调函数设置等。此外，本章还介绍了常见组件（如按钮组件、文本框组件、轴组件、标签组件、单选按钮组组件、多选按钮组件等）的创建和使用技巧，以及如何通过菜单组件实现窗体菜单的创建和命令绑定。

图形用户界面是提高系统可用性的重要形式，也是 MATLAB 的核心应用之一。程序交互方式属于命令行交互方式，用户需要手动运行代码才能得到结果。这种方式虽然简单易用，但是向他人呈现研究成果和开展交互计算时会遇到操作不便的问题。为了提高结果展示的便利性和直观性，人们通常将编写的程序结果通过窗口方式进行展示。图形用户界面就是包含图标、输入框、菜单、按钮等交互组件的窗口。

6.1　图形用户界面简介

目前，使用 MATLAB 创建图形用户界面时使用的工具有两种，即 GUIDE 工具和 App Designer 工具，后者是前者的更新换代产品。目前 App

Designer 工具是 MATLAB 重点开发和推广的工具，GUIDE 工具将在未来的版本中被删除。因此，本章重点介绍 App Designer 工具的使用方法。使用 App Designer 工具，通过调用一系列的函数，用户可以完成窗口的创建和命令的关联。MATLAB 通过容器的理念来管理众多的图形用户对象，所有空间都隶属于窗口这一顶层容器，用户可以在窗口内放置任何组件，包括文本框、按钮、单选按钮、菜单等。为了便于管理，也可以先在窗口中放置用于区域管理的区域组件，然后在这些组件上放置常规组件。这些用于管理区域的组件被视为子容器。大容器套小容器的方式为窗口的组件管理构建了一个有机的树形结构。

6.2 图形用户界面的创建

在 MATLAB 中，打开 App Designer 工具的方式有两种，一种是命令行方式，另一种是菜单方式。

1. 命令行方式

在命令行输入 appdesigner 命令，即可打开 App Designer 窗口，如图 6-1 所示。

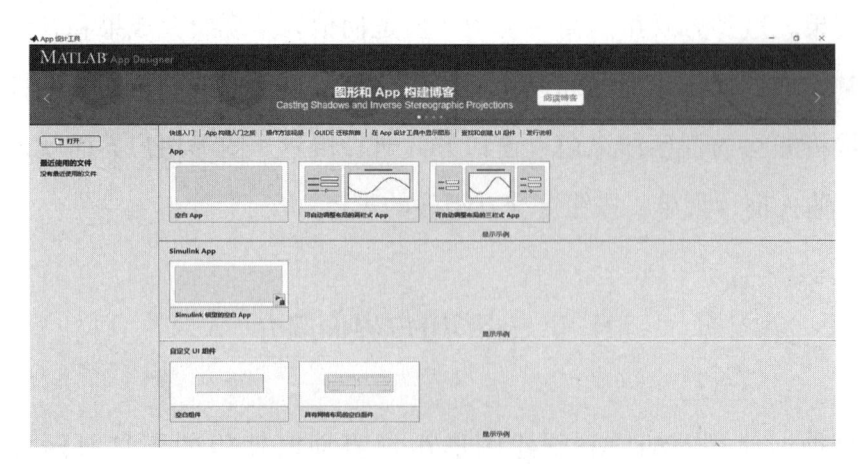

图 6-1 命令行方式打开窗口

在图 6-1 所示窗口中，用户可以根据业务需要选择要创建的 App 类型。当前版本的 MATLAB 提供了三种 App 模板：空白 App、可自动调整布局的两栏式 App、可自动调整布局的三栏式 App。人们一般选择空白 App 模板进行窗体创建。

2. 菜单方式

使用菜单方式打开 App Designer 窗口的方法如下：在"主页"选项卡中单击"新建"下拉按钮，在弹出的下拉列表中选择"App"选项，打开的窗口如图 6-2 所示，该窗口为空白 App 的编辑窗口。

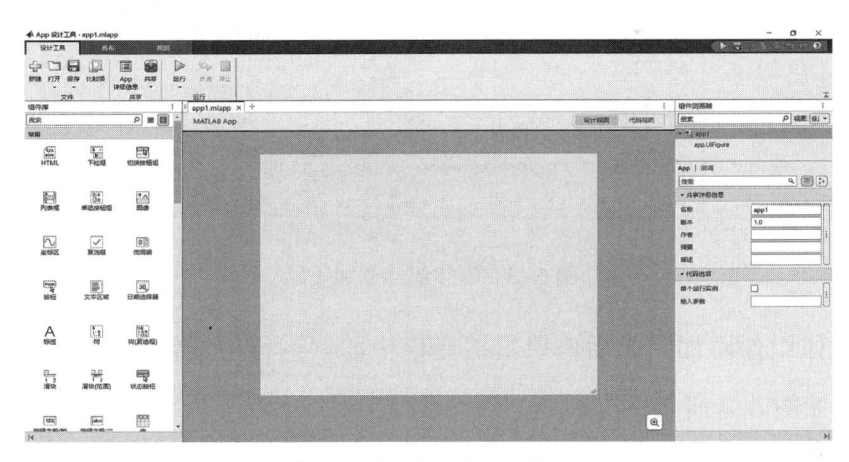

图 6-2 菜单方式打开窗口

二者的差别在于工具应用所处的阶段不一样。在命令行方式下，工具应用处于预设窗体选择阶段，在此阶段用户可以根据工作需要选择已经完成一定内容创建的窗体。在菜单方式下，工具应用处于窗体设计阶段，系统为用户打开空白窗体的设计界面，用户可以基于一个空白窗体进行 App 设计。在这里，只关注基于空白 App 的窗体创建阶段即可。

在空白 App 设计窗体中，左侧区域的按钮是窗体设计的常用组件；中间区域的空白板是 App 的窗口设计区域；右侧区域是组件的属性设置区域，用于显示用户选定组件的属性。在添加窗体组件时，首先在组件区域选择所需的组件，然后采用拖拽的方式将其拖动到窗口设计区域即可。添加窗体组件后,用户即可根据需要对组件的位置和大小进行设置,效果如图 6-3 所示。

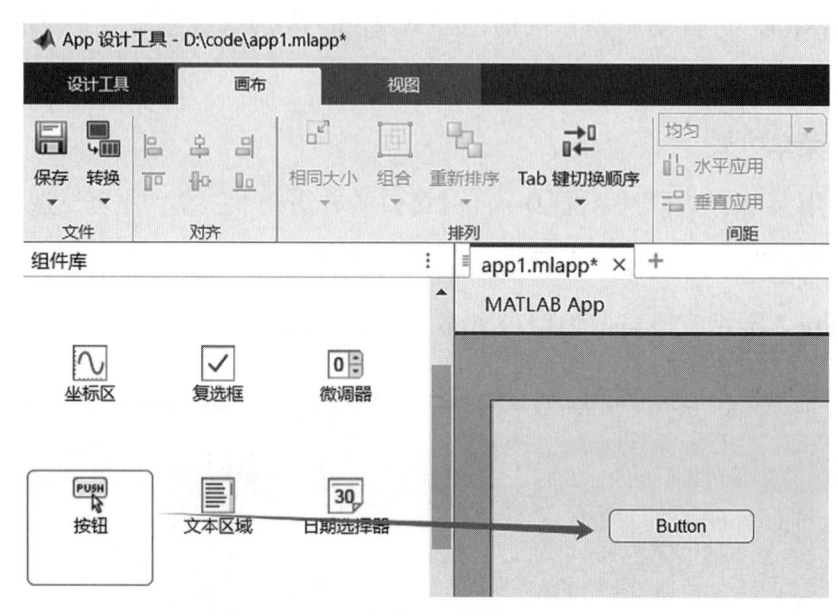

图 6-3 窗体组件添加效果

窗体组件添加完成后,单击工具栏中的"运行"按钮,查看窗体运行效果,如图 6-4 所示。

图 6-4 窗体运行效果

6.3 组件的创建及使用

图形界面由窗口和窗口中的组件共同组成。其中,窗口是一个容器,用于承载各种组件；组件用于完成同用户交互的任务，如提供按钮组件和文本框组件接收用户的输入，使用轴组件显示图形和图像。

在 App Designer 工具中，常用的组件包括按钮（接收用户单击指令）、切换按钮（Toggle Button 开关键形式的按钮）、单选按钮、多选按钮、可编辑文本框（接收用户输入的信息）、静态文本框、滑块、列表框、弹出式菜单等。

在窗体中单击目标组件，按住鼠标左键，将组件拖动至设计窗体，即可创建一个组件。组件创建完成后，需对组件的大小、位置、名称等属性进行设置，从而提高界面的美观性、可读性和程序的可用性。组件位置可以通过拖动方式进行调整，组件大小可以通过单击和拖动组件控制点的方式进行设置。

除了对组件的位置和大小进行设置，还需要对组件上的文字信息和组件功能进行设置，即对组件属性进行设置。组件属性的设置需要在右侧的属性区域完成。在窗体区域选择所需设置的组件，在右侧的属性区域就可以看到和所选组件相关的属性信息，按需对其进行设置即可，如图 6-5 所示。

图 6-5　组件的属性

组件的属性包括组件标题、回调函数、字体大小等，具体如下。

（1）Text：组件标题，即组件上显示的提示文字，用于说明组件的功能。

（2）Font：字体大小，用于设置组件标题的字体大小。

（3）Tag：组件的标识，用于编程时对组件进行调用。

（4）Enable：组件的可用性，用于在某些条件下对组件的禁用。

（5）Callback：回调函数，用于指定组件被单击后负责响应的函数。

6.3.1 按钮组件

1. 修改按钮组件标题

本小节以图 6-5 所示的按钮组件为例进行介绍。图 6-5 中，按钮组件默认的标题是"Button"，若要修改该标题，可单击该按钮组件，此时属性区域会显示和该组件相关的属性，将 Text 属性修改为"计算"，结果如图 6-6 所示。可以看到，按钮组件的标题被成功修改为"计算"。

图 6-6　修改组件标题

2. 设置回调函数

在完成按钮组件的视觉效果设置后，需要为其添加回调函数，才能在单击按钮组件时完成一个计算任务。回调函数是指系统在用户单击按钮组件时调用的一个预先编写好的函数。组件的回调函数需要在属性区域手动添加，如果没有添加回调函数，则单击按钮时不会有任务计算动作。单击按钮组件，在属性设置区域选择"回调"选项卡，会打开图 6-7 所示的属性面板，在其中可对回调函数进行设置。

图 6-7 回调函数属性面板

在对回调函数进行设置前，需要先修改组件的名称，该名称不同于组件的标题属性，其是用于系统内部的唯一性标识。单击"计算"按钮，可以看到图 6-7 所示的控件名称"app.Button"。这是一个组合名，其中 app 表示当前窗体，Button 表示控件名称，修改时只需改控件名称。为了便于代码解读，需要对组件的默认名进行修改。例如，Word 文件的默认名是"文档 1"，为了方便管理，一般会对 Word 文件进行重命名。重命名组件名称的方式如下：右击组件名称，在弹出的快捷菜单中选择"重命名"命令即可，如图 6-8 所示。

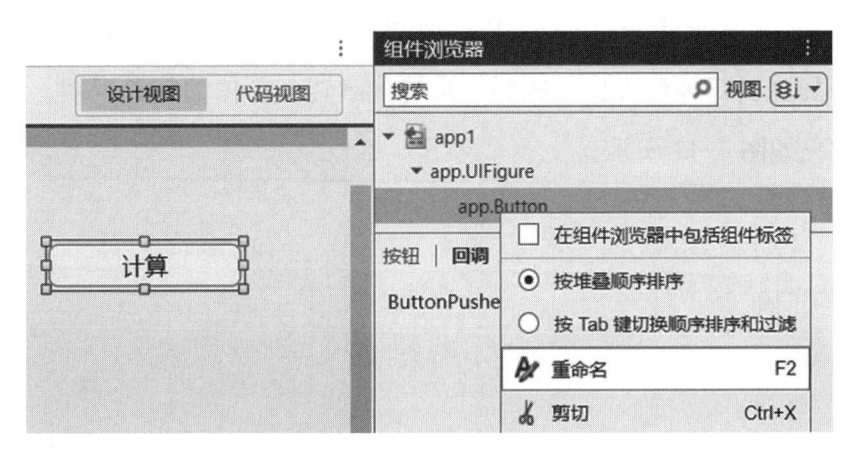

图 6-8 组件重命名

这里将按钮组件的名称修改为"btnCalc"，如图 6-9 所示。

图 6-9 重命名结果

选择"回调"选项卡，单击"ButtonPushedFcn"右侧的下拉按钮，弹出下拉列表，内容如图 6-10 所示。

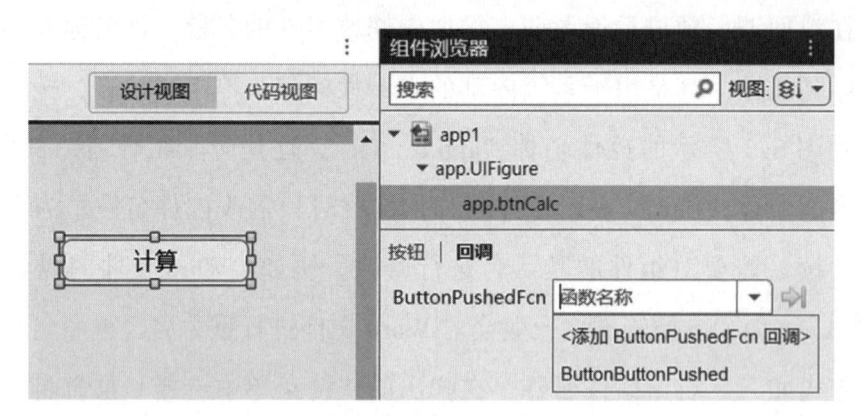

图 6-10 "ButtonPushedFcn"下拉列表

选择"< 添加 ButtonPushedFcn 回调 >"选项，完成对按钮组件回调函数的添加。回调函数添加完成后，系统将跳转到窗体的代码视图，回调函数的代码如图 6-11 所示。

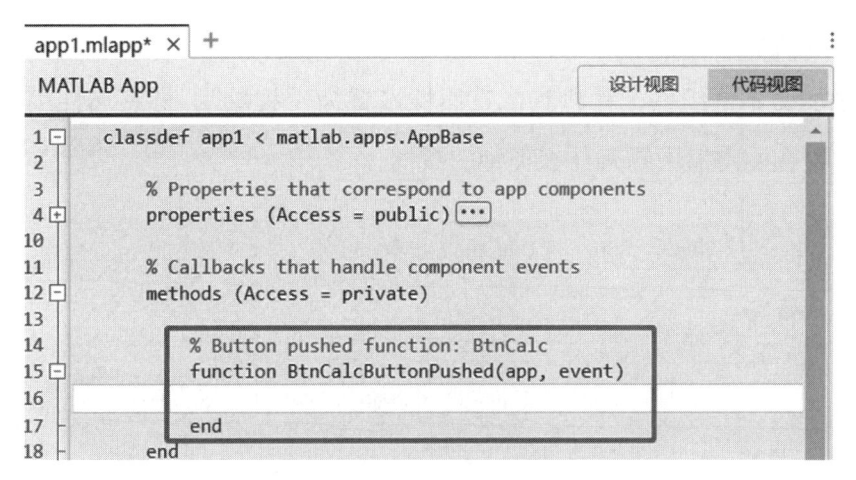

图 6-11 回调函数的代码

由图 6-11 可知回调函数的名称为 BtnCalcButtonPushed，该名称的前半部分是为组件设置的名称。线框内的白色长条为代码书写区域，灰色区域为不可修改区域。可以在白色区域中书写如下代码：

x = 1:0.1:10;

y = sin(x);

plot(x,y);

运行上述代码并单击窗体中的"计算"按钮，即弹出一个绘制了正弦函数曲线的窗口，说明已为按钮组件添加了一个回调函数。

6.3.2 文本框组件

1. 创建文本框组件

文本框是窗体接收用户输入的重要组件。在 App Designer 工具中，有两个文本框组件可以选择：一个是"编辑字段（数值）"，另一个是"编辑字段（文本）"。其中，前一个组件将输入的信息视为数字，后一个组件将输入的信息视为文本。在进行数值计算时，应选择"编辑字段（数值）"文本框组件。本节将仅使用"编辑字段（数值）"文本框组件。在窗体中图 6-12 所示位置添加文本框组件，并将其标签属性设置为"数量"。标签属性用于提示用户需要在文本框中输入什么类型的数据。

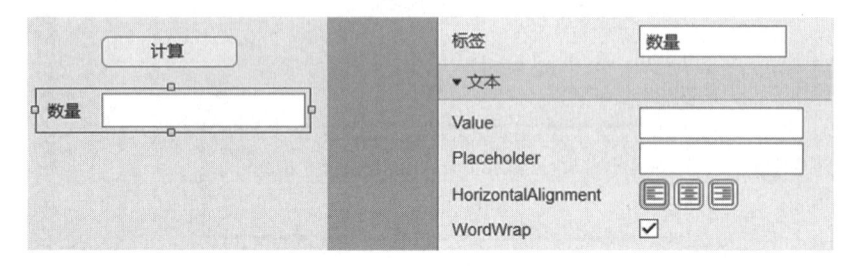

图 6-12 设置标签属性

2. 获取文本框组件中的信息

如果希望在回调函数中获取文本框组件中的信息，则可以使用 value 属性。

在编写代码前，需要先对文本框组件进行重命名，即修改为"txtCount"，如图 6-13 所示。

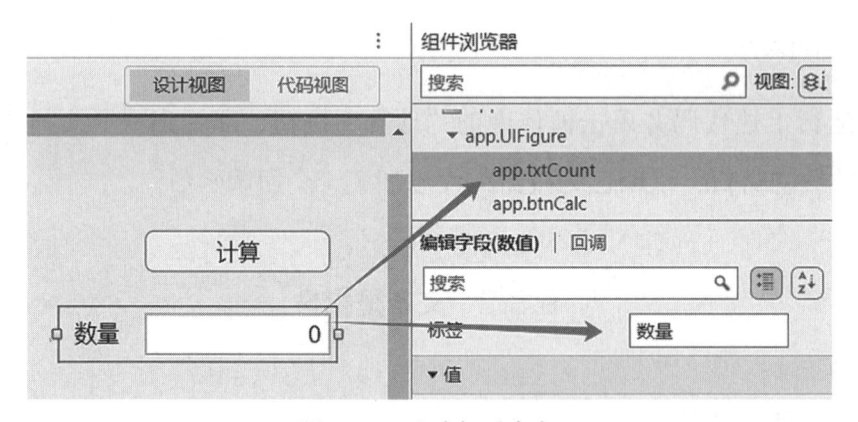

图 6-13 文本框重命名

可以看到，系统为文本框组件设置了默认值 0（一般不需要修改该信息）。与该信息相对应的属性就是 value，如有需要，可以在属性面板中修改其值。名称是组件在系统内通信的唯一标识，在回调函数中对文本框内容的调用就是通过组件的名称完成的，语法格式如下：

```
value = app.txtCount.Value;
disp(value);
```

其中,第一行代码用于获取文本框组件中的信息,第二行代码用于输出获取结果。需要注意的是,结果输出的位置在 MATLAB 主窗口的命令行窗口。为了验证代码的有效性,可以先在运行后的窗口内输入 1,然后单击"计算"按钮,若输出如下内容:

```
1
```

则说明代码的功能正常,窗体已成功获取文本框中的信息,并在主窗口进行了输出。

如果需要输入的信息是文本,则可以选择"编辑字段(文本)"文本框,信息的获取代码不变。

3. 获取文本区域组件中的信息

如果在窗体中输入矩阵数据,则需要使用文本区域组件。文本区域组件用于接收多行数据,一般又将其称为多行文本框。

在窗体中插入一个文本区域组件,并将其名称修改为"ArrInfo",如图 6-14 所示。使用 Value 属性可以获取该组件中的信息,但需要使用 cell2mat 函数对数据进行转换,原因是文本区域组件会将所有输入数据视为文本。获取文本区域组件中的信息的代码如下:

```
arrValue = app.ArrInfo.value;
arrValue2no = cell2mat(arrValue);
disp(arrValue2no);
```

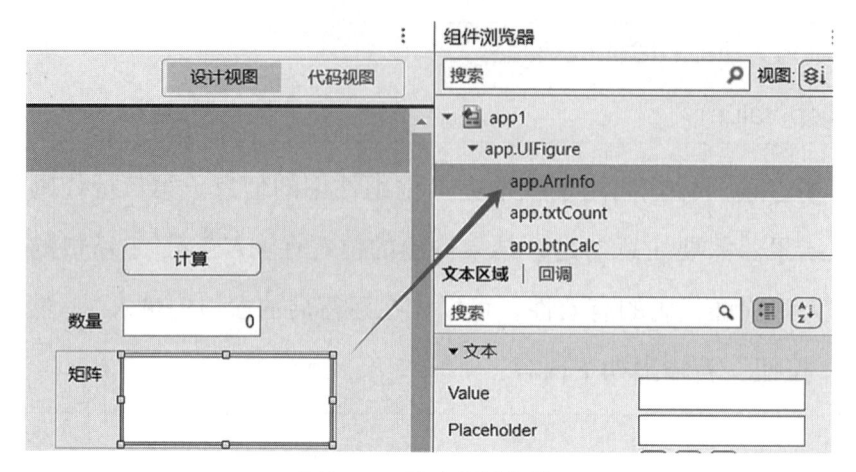

图 6-14　文本区域组件

运行代码，在文本区域组件中输入图 6-15 所示的矩阵信息，单击"计算"按钮，即可在命令行窗口中看到输出的矩阵信息。

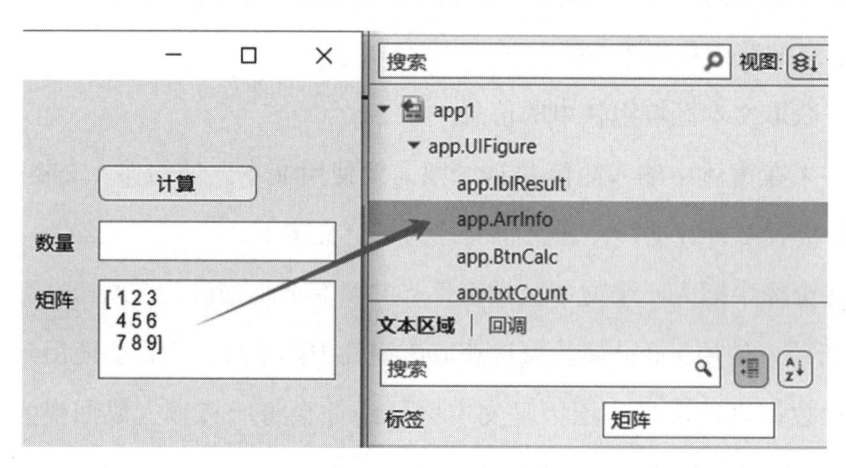

图 6-15　矩阵信息

6.3.3　标签组件和轴组件

虽然通过 Value 属性可以获取文本框中的数据，但是回调函数的运行结果并不能在窗体中显示，这极大地影响了窗体的可用性。如果需要在窗体中显示文字信息，可以借助两个组件：标签组件和轴组件。其中，标签组件可以用来显示文字信息，轴组件可以用来显示绘图信息。

1. 标签组件

使用标签组件显示文字信息的方式如下：首先创建一个标签组件，并将标签的 Text 属性设置为空；然后重命名标签组件，并在回调函数中将计算结果保存在标签组件的 Text 属性中。

【实例 6-1】根据本文框中的数值生成一个 1~n 的数组，并将其显示在窗体中。

在窗体中创建一个标签组件，将其 Text 属性设置为空，并将其名称修改为"lblResult"，如图 6-16 所示。

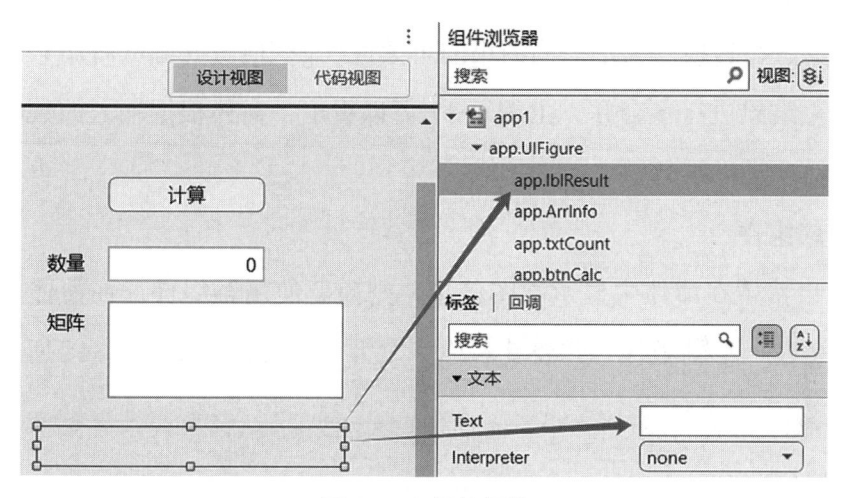

图 6-16 标签组件

单击"计算"按钮，在回调函数中输入如下代码：

```
no = app.txtCount.Value;
res = 1:no;
app.lblResult.Text= strcat(' 计算结果是： ',num2str(res));
```

代码运行结果如图 6-17 所示。

图 6-17 文字信息显示结果

Text 属性要求赋值的信息必须是文本,所以需要使用 num2str 函数对计算结果进行转换。为了提高结果的可读性,使用 strcat 函数将结果说明信息和计算结果进行了合并。由图 6-17 可以看出,窗体根据输入的数值构建了一个简单的一维数组。

2. 轴组件

如果希望在窗体中显示绘图信息,则需要使用轴组件。在窗体中的恰当位置创建一个轴组件,并将其名称修改为"axeSin",如图 6-18 所示。

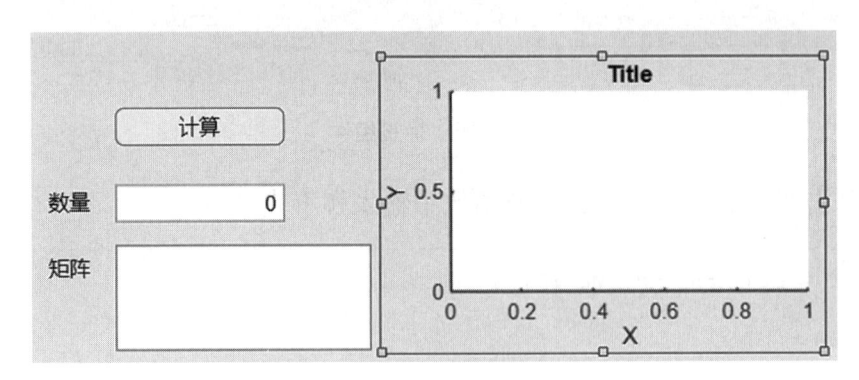

图 6-18 轴组件

单击"计算"按钮,在回调函数中输入如下代码:

```
x = –10:0.1:10;
y = sin(x);
plot(app.axeSin, x, y);
title(app.axeSin, 'Sine Wave');
xlabel(app.axeSin, 'X-axis');
ylabel(app.axeSin, 'Y-axis');
```

代码运行结果如图 6-19 所示。

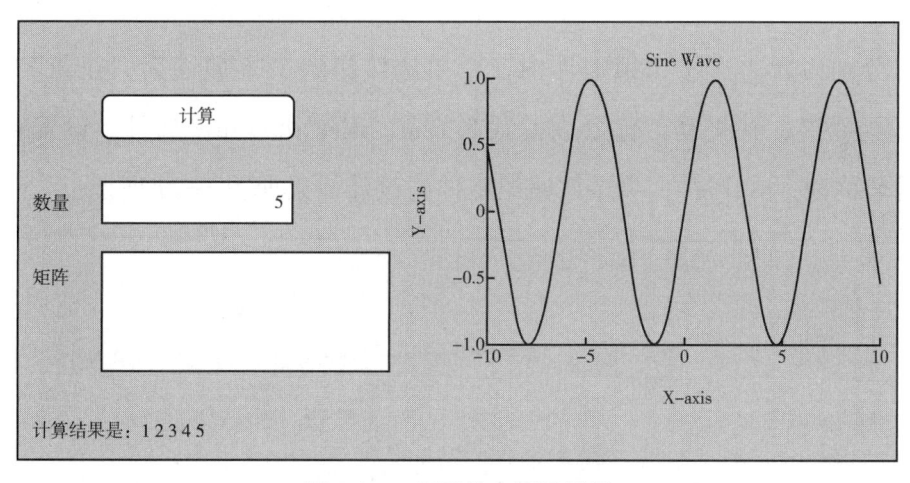

图 6-19 图形信息显示结果

可以看到，只要将轴组件的名称放在 plot 函数和其他相关绘图函数的第一个参数位置，即可实现图形信息在窗体中的显示。

6.3.4 单选按钮组组件

单选按钮是窗体中的常用组件，常用于多选一操作。单选按钮一般会为用户提供多个选项，这些选项之间是互斥的，用户每次只能从其中选择一项。

重新创建一个窗口，以提供函数绘制方式选择功能。在窗口中添加单选按钮组组件和轴组件。单击单选按钮组组件边框，将 Title 属性修改为"可视化"，如图 6-20 所示。

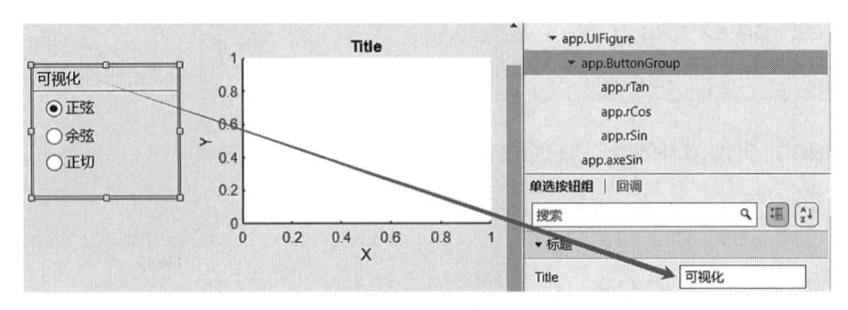

图 6-20　设置单选按钮组组件标题

分别设置单选按钮组组件内三个单选按钮的 Text 属性为"正弦""余弦""正切"，并将其名称分别设置为 rSin、rCos 和 rTan。另外，设置轴组件的名称为"axeFig"。单选按钮组组件的设计效果如图 6-21 所示。

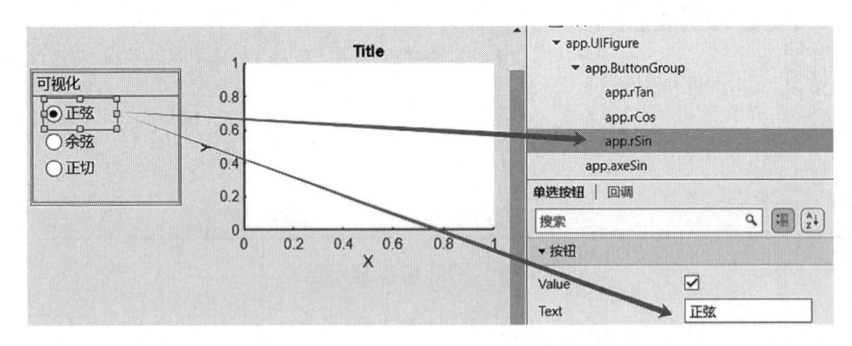

图 6-21　单选按钮组组件的设计效果

单击单选按钮组组件边框，选择属性区域的"回调"选项卡，在"SelectionChangedFcn"下拉列表中选择"＜添加 SelectionChangedFcn 回调＞"选项，系统会自动为其添加对应的回调函数，如图 6-22 所示。

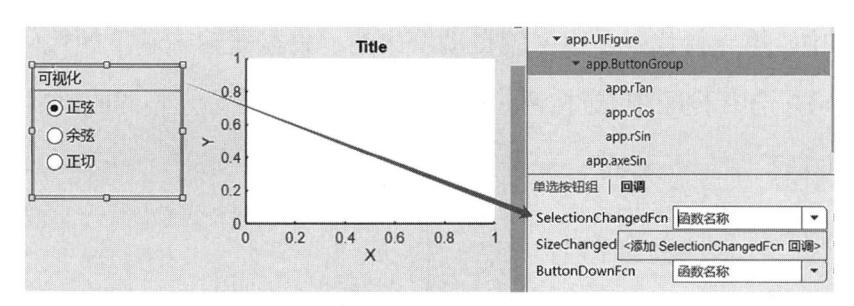

图 6-22 添加单选按钮组组件的回调函数

在回调函数中输入如下代码：

selectedButton = app.ButtonGroup.SelectedObject;

x = −10:0.1:10;

xlabel(app.axeFig, 'X−axis');

ylabel(app.axeFig, 'Y−axis');

switch selectedButton.Text

    case ' 正弦 '

       y = sin(x);

       plot(app.axeFig, x, y);

       title(app.axeFig, 'Sine Wave');

    case ' 余弦 '

       y = cos(x);

       plot(app.axeFig, x, y);

       title(app.axeFig, 'Cos Wave');

    case ' 正切 '

       y = tan(x);

       plot(app.axeFig, x, y);

       title(app.axeFig, 'Tan Wave');

end

其中，第一行代码是由系统自动给出的，只需要输入其下的代码即可。运行代码并选中不同的单选按钮，可以看到轴组件中会显示不同的绘制结果。

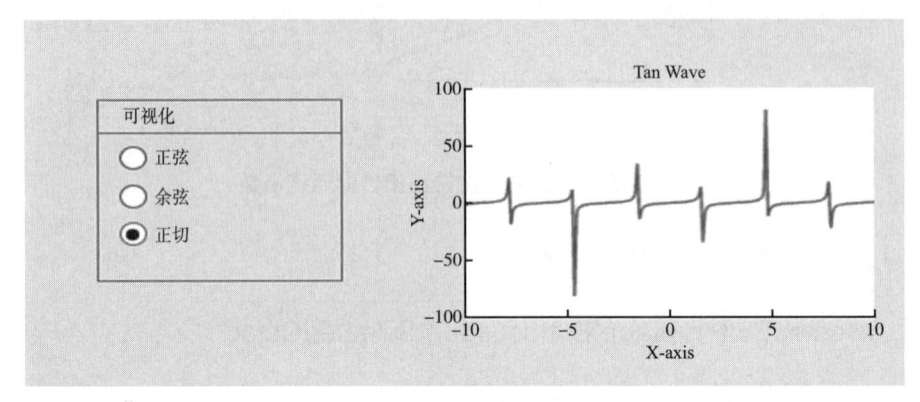

图 6-23 单选按钮组组件运行结果

6.3.5 多选按钮组件

多选按钮又称复选按钮，多选按钮组件用于支持用户在窗体中进行多项选择，其展示形式一般是方框。在 6.3.4 小节所绘图案基础上增加两项属性设置：图像网格线和图像边框，设计效果如图 6-24 所示。

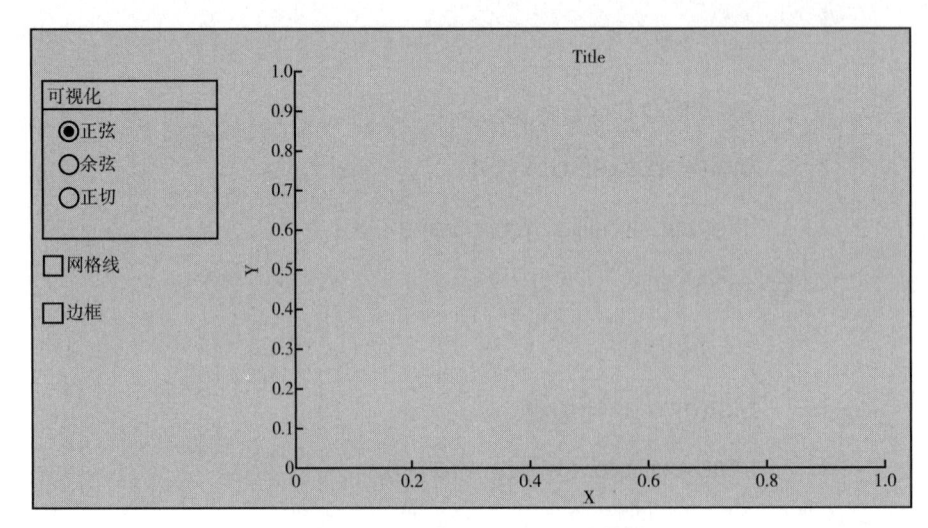

图 6-24 多选按钮组件设计效果

将两个多选按钮组件的名称分别设置为"chkGrid""chkBorder",单击每个多选按钮组件,添加回调函数。对轴组件网格线的设置需要通过 XGrid 属性和 YGrid 属性完成,需要显示时,将其属性值设置为 on;不需要显示时,将其属性值设置为 off。其回调函数代码如下:

```
value = app.chkGrid.Value;
if value ==1
    app.axeFig.XGrid = 'on';
    app.axeFig.YGrid = 'on';
else
    app.axeFig.XGrid = 'off';
    app.axeFig.YGrid = 'off';
end
```

对轴组件边框的设置需要通过 Box 属性完成,其回调函数代码如下:

```
value = app.chkBorder.Value;
if value ==1
    app.axeFig.Box = 'on';
else
    app.axeFig.Box = 'off';
end
```

运行代码并依次选中两个多选按钮,可以看到轴组件中的网格线和边框将依次出现,如图 6-25 所示。

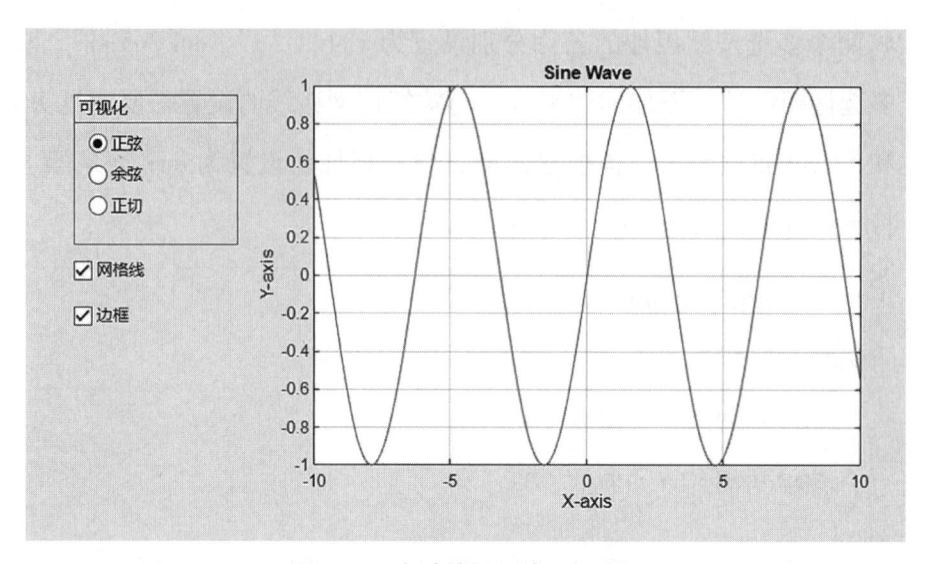

图 6-25　多选按钮组件运行结果

6.4　菜单的创建及使用

菜单是位于窗体顶部的选择列表，是人们最常使用的命令选择方式。在菜单中放置命令不但可以让窗体更加简洁，还可以根据命令的不同功能对其进行分组，所以用户经常会看到窗体顶部有多个主菜单，每个主菜单中又有很多菜单项。以图形用户界面编辑窗口为例，其顶部的主菜单有"文件""编辑""视图""布局""工具"等，每个主菜单中又有很多菜单项，如"文件"菜单中有"新建""打开""关闭"等菜单项。另外，在功能差别较大的菜单项之间还添加了分割线。

在 App Designer 中，菜单的创建方法如下：使用拖拽方式在窗体中创建一个菜单，并将第一个菜单项的 Text 属性设置为"文件"，如图 6-26 所示。

第 6 章 图形用户界面设计

图 6-26 菜单编辑器窗口

可以看到"文件"右侧和下侧各有一个加号，其中右侧加号用于创建主菜单，下侧加号用于创建菜单列表。在窗体中创建三个主菜单，为"文件"主菜单创建一个菜单列表，其中包含一个子菜单"退出"，如图 6-27 所示。

图 6-27 创建主菜单和子菜单

为"退出"子菜单添加回调函数，使得单击该子菜单时，窗口自动退出。关闭窗体的命令如下：

close(app.UIFigure);

其中，app 表示当前窗体名称。属性窗口最上面的名称即窗体名称，如图 6-28 所示。

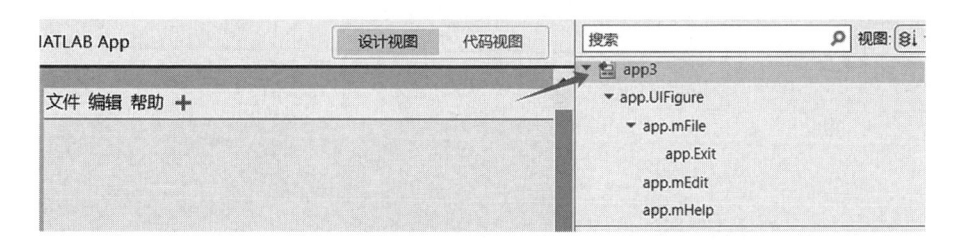

图 6-28 窗体名称

"退出"子菜单的回调函数代码如下:

```
close(app3.UIFigure);
```

运行代码并选择"退出"子菜单,可以发现窗体被正常关闭。

本章小结

本章首先介绍了 App Designer 工具,并在其基础上详细介绍了窗口及其中组件的创建方式;其次,介绍了各组件的属性和其回调函数的编写方法;最后,基于菜单组件介绍了窗体中菜单的创建方法和回调函数的编写方法。

第 7 章 数据预处理和统计性描述

> **内容提要**
>
> 本章主要介绍了数据预处理和统计性描述的相关知识。数据预处理包括缺失值处理、重复值处理、数据归一化、数据平滑处理和数据降维等技术，旨在通过去噪、平滑、降维等操作，使数据更便于分析。统计性描述则通过集中趋势（如均值、中位数、众数）、离散程度（如方差、标准差、极差）和分布形态（如偏度、峰度）等指标，对数据的总体特征进行宏观描述，帮助把握数据的主要规律。

数据预处理主要是对数据进行去噪、平滑、降维、归一化等操作，使得处理后的数据更加适用于计算和分析。由于采集条件的限制和不确定因素的影响，原始数据经常会有一些缺陷，存在偏离正常范围的异常值、数据噪声、维数太大等问题。这些问题会影响数据分析效果和效率，所以需要使用一些预处理技术对原始数据进行处理。预处理是所有数据分析技术所必备的数据处理环节。

数据的统计性描述是使用一些宏观指标或总体指标对数据特征和趋势进行描述。在生产生活中分析一些问题时，人们通常不会针对一些个例或细节信息进行分析，而是对样本的总体特性进行分析，从而确保对数据的主要特征进行把握，避免个例样本影响对总体规律的分析和判断。例如，在评价一个地区居民的身高水平时，研究人员不会太关注某一个极高或极低人员的身高，而是研究被测人群身高的平均值；又如，在研究某地水稻产量时，人们通常关心的是这一地区水稻的平均产量，而不是某一块特定稻田的产量。

7.1 数据预处理

7.1.1 缺失值处理

缺失值是数据分析中的常见问题，其会降低数据集的完整性，导致分析结果不正确。大多数统计模型和机器学习算法会假设数据是完整的，如果数据出现缺失，则模型在计算时会出现数据异常的情况，影响统计值的计算，如影响均值、方差和统计检验量的有效性。处理缺失值的方法包括删除和补充。删除是指对包含缺失值的记录进行清除。然而，数据是非常珍贵的，直接删除数据会造成数据不足，因此可以根据数据变化规律使用一些统计方法对缺失值进行补充。

在 MATLAB 中，NaN 为非数字元素，一般用于表示无效数据。对于数组中缺失的元素和无法解释的表达式，计算结果会使用 NaN 表示。例如，当分数表达式的分子和分母都是 0 时，表达式的计算结果无法解释，故其运行结果 NaN，对应的代码如下：

```
x = 0 / 0;
```

又如，在构造矩阵时，可以直接使用 NaN 指定缺失的数组元素。构造包含 NaN 元素的矩阵代码如下：

```
a = [1 NaN 3; 4 5 6];
b = [7 8 9; 10 11 12];
c = a + b;
```

代码运行结果如下：

```
a =
  1 NaN 3
  4 5 6
c =
  8 NaN 12
  14 16 18
```

可以看到，矩阵 a 第一行包含一个 NaN 元素，矩阵 c 相同位置也包含一个 NaN 元素。也就是说，在数字运算中，如果对应位置的元素包含 NaN，则其计算结果也是 NaN。

处理缺失值时，无论是删除还是补充，都需要借助 isnan 函数，该函数可以计算出 NaN 元素在矩阵中的位置。例如：

```
a = [1 NaN 3; 4 5 6];
isnan(a);
```

代码运行结果如下：

```
0 1 0
0 0 0
```

在矩阵中，NaN 元素对应位置的数值为 1，其余位置的数值为 0。因此，可以按照以下思路删除重复数据。

（1）使用 isnan 函数找到缺失值对应的下标。

（2）使用逻辑索引删除这些数据。

例如：

```
A = [1, NaN, 3, 4, NaN, 6];
A(isnan(A)) = [];
disp(A);
```

以上代码可以有效地对 NaN 数据进行删除。由前面的内容可以知道，通过对矩阵提供逻辑下标可以实现对数据元素的定位。如果需要删除包含 NaN 数据的整行或整列，可以使用如下代码。

删除包含 NaN 值的行：

```
A = [1, 2, 3; NaN, 5, 6; 7, 8, 9];
A(any(isnan(A), 2),:) = [];
```

删除包含 NaN 值的列：

```
A = [1, NaN, 3; 4, 5, NaN; 7, 8, 9];
A(:,any(isnan(A), 1)) = [];
```

其中，any 函数用于计算所有元素都非 0 的列标。

7.1.2 重复值处理

重复值会造成数据矩阵不可逆，影响计算结果。可以使用 unique 函数进行重复值删除。例如：

```
A = [1, 2, 3, 4, 5, 2, 3, 6];
B = unique(A);
disp(B);
```

代码运行结果如下：

```
1 2 3 4 5 6
```

由运行结果可以看到，重复值被有效删除。如果希望计算每个元素出现的次数，可以使用 histcounts 函数。例如：

```
A = [1, 2, 3, 4, 5, 2, 3, 6];
counts = histcounts(x);
disp(counts);
```

代码运行结果如下：

```
1 2 2 1 1 1
```

查找数组中的重复值是一种比较简单的操作，而在矩阵中查找重复记录是一个比较常用的操作。一般样本数据会按行或按列在矩阵中进行存储，找到重复数据并删除是消除计算异常的常用操作。例如：

```
A = [1, 2, 3, 1;
     4, 2, 6, 4;
     1, 5, 6, 1;
     1, 2, 3, 1];
C= unique(A,'rows');
```

对重复值的操作还包括判断两个数组是否存在共同元素，从而方便在合并前对元素进行去重。该操作使用 ismember 函数实现，ismember 函数的调用形式如下：

```
res = ismember(A,B);
```

ismember 函数的运算结果是 A 中存在于 B 矩阵的元素逻辑状态矩阵，包含元素的位置逻辑值为 1，不包含元素的位置逻辑值为 0。

【实例 7-1】计算 A 中有哪些元素在 B 中。

问题的求解代码如下：

```
A = [7 5 2 6];
B = [1 4 2 4 3 5];
res = ismember(A,B);
disp(res);
```

代码运行结果如下:

```
0 1 1 0
```

7.1.3 数据归一化

数据归一化的目标是调整数据的数值和变化范围，使数值大小和数据范围都变换到一个较小的范围内。一般会将数值和变化范围都映射到 [0,1] 或 [-1,1]，或将其转换为 0 均值和单位方差的形式。在进行模型计算时，过大的数值会导致模型计算不稳定或不收敛。因此，为了提高模型计算的稳定性，一般会对数据进行归一化处理。除此之外，由于数据采集方式不同、采集目标不同，不同类别的数据存在数值差距大的情况，有的类别数据数值在万级别，有的类别数据数值在小数级别。此时高量纲的数据变化会掩盖低量纲的数据变化，模型计算的准确性会大幅降低。例如，在分析税率对经济发展的影响时，如果采用绝对数据进行分析，会因为二者的数据差距过大导致模型分析失败。

数据归一化处理包括标准差归一化、极差归一化和剪裁归一化。

1. 标准差归一化

标准差归一化又称 Z-Score 归一化，是使用均值和方差对数据进行预处理的方法。通常一条数据包含多个属性，样本集的每个属性都是一个独立的维度，数值范围和数值大小各不相同。如前所述，大量纲的数据变化会掩盖小量纲的数据变化，此时最佳的处理方式是将不同维度的数据变化至同样的数据范围内。例如，在研究钢材韧性时，硫含量是一个重要的指标，但是其在钢材中的含量一般不超过 0.05%。硫含量的细微变化会对钢材的韧性产生巨大的影响，所以在构建钢材硬度模型时，不能因为硫含量的比例小就忽略该元素含量的变化。为了消除指标在量纲上的差距对计算结果造成的影响，通常需要对变量进行标准化处理。使用标准差归一化方法即可将数据数值变化到较小范围内，具体的计算公式如下：

$$X_i^* = \frac{X_i - \mu_i}{\sqrt{\sigma_i}}$$

式中，X_i 为第 i 个维度的数据；μ_i 为第 i 个维度的均值；σ_i 为第 i 个维度的方差；X_i^* 为归一化后的样本向量。

MATLAB 中用于计算标准差归一化的函数是 zscore，该函数的调用形式如下：

```
z = zscore(x)
[z, mu, sigma] = zscore(x)
```

其中，x 可以是一个向量，也可以是一个矩阵。当 x 是矩阵时，矩阵的每一列对应样本的一个属性维度。转换后的数据均值为 0，标准差为 1。

【实例7-2】对向量 [3,5,2,6,3,5,6] 进行标准差归一化计算。

问题的求解代码如下：

```
x = [3,5,2,6,3,5,6];
z = zscore(x);
```

代码运行结果如下：

```
-0.8018  0.4454  -1.4254  1.0690  -0.8018  0.4454  1.0690
```

由运行结果可以看到，数据的取值范围被转换为 -1~+1 附近的区间。需要注意的是，小于均值的数据被转换为负值，如果数据分析任务不能出现负值，则需要使用其他归一化方法。

【实例7-3】对矩阵进行标准差归一化计算。

矩阵信息如下：

[339   3.43
 332   3.36
 281   3.13
 303   3.12
 344   2.74
 307   2.76
 323   2.88
 288   2.96]

转换代码如下：

```
z = zscore(x);
```

代码运行结果如下：

 1.0378   1.4778
 0.7397   1.2074
−1.4316   0.3187
−0.4949   0.2801
 1.2506 −1.1880
−0.3246 −1.1108
 0.3566 −0.6471
−1.1335 −0.3381

由运行结果可以看到，变化前两列数据存在较大的量纲差距，变化后两列数据的数值范围和数值大小都大致相同。根据定义自行编写的标准化代码可以表示如下：

```
data = [23, 45, 67, 89, 100];        % 示例数据
mean_val = mean(data);
std_val = std(data);
z_score_normalized_data = (data – mean_val) ./ std_val;
```

2. 极差归一化

极差归一化也称为离差标准化，是对原始数据的线性变换，其基本思想是对数据进行缩放，使变换值在一个特定的范围内，常用的范围 [0,1]。极差归一化的计算公式如下：

$$x_{new} = \frac{x - x_{min}}{x_{max} - x_{min}}$$

式中，x_{max} 为样本最大值；x_{min} 为样本最小值。

极差归一化是将数据按最大值和最小值的比例缩放至 [0,1] 区间范围内，其可以将不同量纲的样本数据变换为相同大小、相同变化范围的数值。和标准差归一化方法相比，该方法计算简单，易于实现，能够较好地保留原始数据的分布特性；但其容易受到新数据极端值的影响，如果新数据的数值超过原有的变化范围，就会导致 x_{max} 和 x_{min} 发生改变，从而使得归一化后的数据值不再满足转换后的要求，导致模型计算异常。由于二者的预处理目标有所差距，人们经常把极差归一化又称为数据归一化，而将标准差归一化又称为数据标准化 [归一化后的数据满足标准正态分布（Standard Normal Distribution）]。

MATLAB 提供的极差归一化函数是 mapminmax，该函数的调用形式如下：

```
[xx,ps] = mapminmax (x, vmin,vmax);
y = range(x,dim);
```

其中，vmin 和 vmax 分别表示极差的最小值和最大值，即数据的缩放范围，需要用户手动指定；xx 表示映射后的结果；ps 是一个记录映射信息的结

构体，可以忽略。如果需要将数据缩放至 [0，1]，可以采用如下代码：

```
x = [2, 3, 4, 5, 6; 7, 8, 9, 10, 11];    % 示例数据
[xx, ps] = mapminmax(x, 0, 1);           % 归一化，将数据缩放到 [0, 1]
```

【实例 7-4】编写代码，实现极差归一化。

问题的求解代码如下：

```
data = [28, 45, 55, 89, 56];             % 示例数据
min_val = min(data);
max_val = max(data);
normalized_data = (data – min_val) / (max_val – min_val);
```

代码运行结果如下：

```
0  0.2787  0.4426  1.0000  0.4590
```

3. 剪裁归一化

剪裁归一化是针对异常数值开展的一种数据预处理方法。对于数据集中存在的异常大或异常小数据（如年龄数据出现负值或很大的情况或成绩数据中出现满分以上的情况），需要进行特殊处理后才能进行进一步的分析。以年龄数据为例，某中学学生年龄统计信息如下：

```
[15,16,17,15,16,14,95]
```

其中，95 是一个异常大数据，一般不会存在如此高龄的中学生，可以通过重新分配或删除的方式进行异常处理。在此采用重新分配的方式进行异常处理，将 95 改为年龄的平均值 15，处理后的数据集如下：

```
[15,16,17,15,16,14,15]
```

对于原始数据集，一般不采用删除方式进行处理，因为这些异常通常只存在部分，如果删除异常，就只能对整条数据进行删除，有可能造成数据大范围丢失。

【实例7-5】使用函数实现剪裁归一化。

问题的求解代码如下：

```
x = [15,16,17,15,16,14,95];
x_clipped = min(max(x, 10), 25);          % 剪裁归一化
disp(x_clipped);
```

代码运行结果如下：

```
15  16  17  15  16  14  25
```

7.1.4 数据平滑处理

数据平滑处理主要用于消除数据中的噪声，提高数据的可用性和分析价值。常用的数据平滑处理方法有移动平滑法、指数平滑法、高斯平滑法和中值滤波法。

1. 移动平滑法

移动平滑法是一种基于时间序列的平滑方法，其基本思想是计算一定时间段内的数据平均值，并将该平均值作为这段时间内所有数据点的取值。沿着时间线不断滑动窗口，可以对样本数据进行逐步平滑。移动平滑法具有计算简单、计算速度快等特点，但处理后的数据可能过于光滑，从而导致数据细节丢失。以股票数据为例，移动平滑法可能会使曲线图像变得非常平滑，从而导致很多交易细节变动信息被忽略。如果想改善这种情况，需要不断尝试不同长度的窗口大小，从而得到较为满意的平滑结果。但是，移动平滑法存在较大信息丢失的不足，只能进行简略的、趋势性分析，即作为一个快速测试的方法。需要注意的是，每个数据点平均值的计算是根据观测值进行的，即每个已经计算出的平滑值不参与未来平滑值的计算。

MATLAB提供的移动平滑函数为smooth和movmean。其中，smooth

函数是一个通用函数,可以通过参数指定方式进行多种平滑处理。使用 smooth 函数时,需要设置的参数主要包括两类:平滑方法和平滑方法涉及的参数。movmean 函数是一个专用的移动处理函数。

(1) smooth 函数。

smooth 函数的调用形式有如下几种。

① yn = smooth(y):没有指定平滑方法,默认使用移动平滑法进行平滑处理。

② yn = smooth(y,span):移动平滑处理时需要设置平滑窗的宽度,默认的窗宽度是 5。如果需要设置其他尺度的宽度,可以通过 span 参数进行指定。

③ yn = smooth(y,method):模型的平滑处理方法是移动平滑法,如果需要使用其他平滑方法,可以使用 method 参数进行指定。其可以指定的平滑方法如下。

    a. moving:移动平滑法,函数的默认处理方法。

    b. lowess:最小二乘法的局部回归,回归多项式是一阶多项式。

    c. loess:最小二乘法的局部回归,回归多项式是二阶多项式。

④ yn = smooth(y,span,method):如果需要同时指定平滑方法和平滑窗的宽度,可以采用此种调用形式。

【实例 7-6】使用 smooth 函数对含有噪声的正弦信号进行平滑处理。

问题的求解代码如下:

```
% 使用随机函数生成含有噪声的正弦数据
x = linspace(0,10,100);
y = sin(x) + 0.1*randn(1,100);
% 定义平滑窗口大小和平滑函数
window_size = 5;
```

```
smooth_func = 'moving';
% 计算平滑处理后的数据
smoothed_y = smooth(y,window_size,smooth_func);
% 绘制原始数据和平滑处理后的数据
figure;
subplot(2,1,1);
plot(x,y);
title(' 原始数据 ');
subplot(2,1,2);
plot(x,smoothed_y);
title(' 平滑处理后的数据 ');
```

代码运行结果如图 7-1 所示。

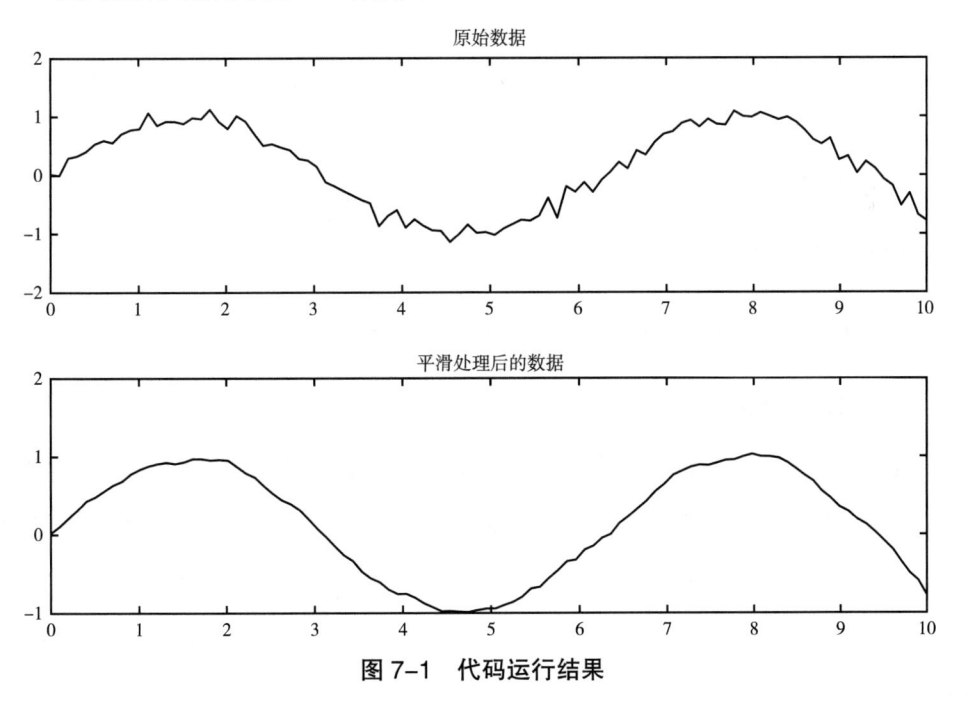

图 7-1 代码运行结果

由图 7-1 可以看到，含有噪声的数据得到了较好的平滑。移动平滑法有以下两种极端情况。

① 窗口宽度为 1 时，平滑失败。

② 窗口宽度为 N 时，平滑结果是全部观察值的算术平均值，也会导致平滑失败。

所以，有效设置窗口宽度是成功进行移动平滑处理的关键，MATLAB 的默认平滑窗口宽度为 5。

（2）movmean 函数。

movmean 函数的调用形式如下：

```
res = movmean(A,k);
```

该函数的计算结果是平滑后的均值，每个点的均值是由其 k 个向量元素组成的。例如：

```
A = [4 8 6 −1 −2 −3 −1 3 4 5];
M = movmean(A,3);
disp(M);
```

代码运行结果如下：

```
6.00  6.00  4.33  1.00  −2.00  −2.00  −0.33  2.00  4.00  4.50
```

2. 指数平滑法

指数平滑法是对移动平滑法的一种改进，直接使用平滑结果替代原有数据的方式会消除数据的细节，失去数据原有的变化信息。指数平滑法认为过去的数据变化趋势会对未来的变化趋势有所影响，数据的平滑预测值是基于数据的观测值和前一时间点的预测值计算得出的。最基础的指数平滑模型可以表示为

$$\hat{y}_t = \alpha y_t + (1-\alpha)\hat{y}_{t-1}$$

式中，$\hat{y}_t$ 为 t 时间点的平滑预测值；y_t 为 t 时间点的观测值；$\hat{y}_{t-1}$ 为 $t-1$ 时间点的预测值；α 为观测值和预测值的加权系数。

一般会对新数据赋以较大的权重值，对旧数据赋以较小的权重值。根据平滑次数的不同，指数平滑法可以分为一次指数平滑、二次指数平滑和三次指数平滑。二次指数平滑是在一次指数平滑的基础上得到的，三次指数平滑是在二次指数平滑的基础上得到的。

【实例7-7】基于指数平滑预测模型编写相应的平滑代码。

问题的求解代码如下：

```
x = linspace(0,10,100);
y = sin(x) + 0.1*randn(1,100);
y_hat = zeros(size(y));
y_hat(1) = y(1);
alpha = 0.8;
for t = 2:length(y)
    y_hat(t) = alpha * y_hat(t-1) + (1 - alpha) * y(t);
end
subplot(2,1,1)
plot(y)
subplot(2,1,2)
plot(y_hat)
```

代码运行结果如图 7-2 所示。

图 7-2　代码运行结果

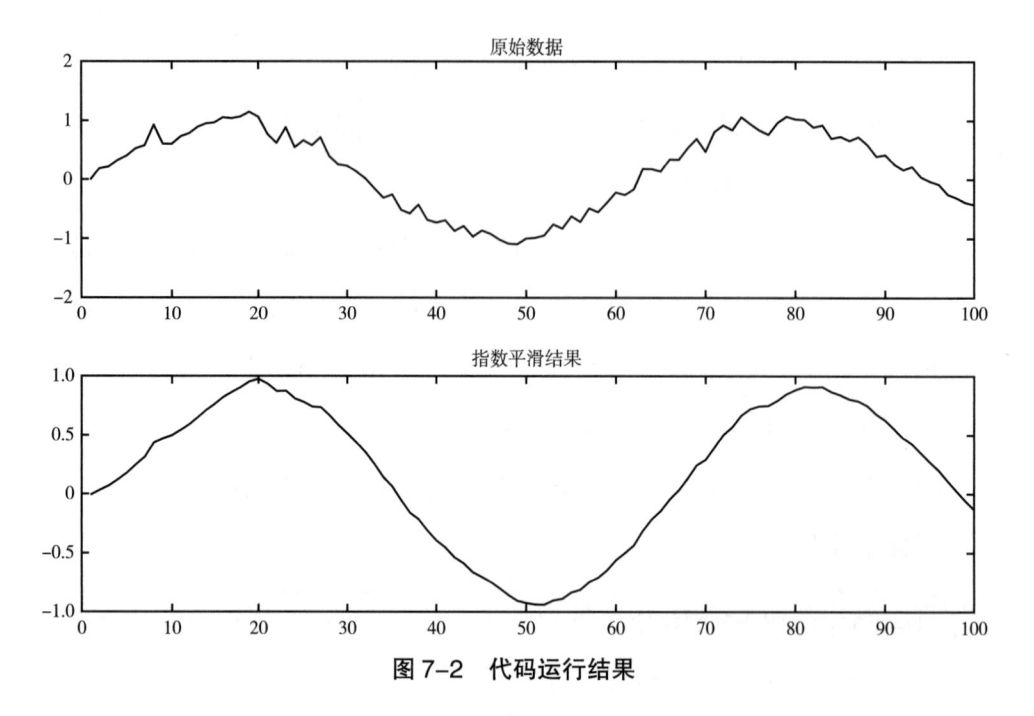

MATLAB 提供的指数平滑函数为 smoothts，该函数的调用形式如下。

（1）output = smoothts(input)：如果未指定平滑方法，则默认使用该方法进行平滑。

（2）output = smoothts(input, 'b', wsize)：使用该方法进行平滑时，可以使用 wsize 参数指定平滑窗的宽度。无论采用哪一种平滑方法，都是根据局部范围的样本点计算对应的均值。该局部范围被视作一个窗口，局部范围的大小被称为窗口大小。

（3）output = smoothts(input, 'e', n)：使用指数平滑法时，可以使用 n 指定平滑窗的宽度。其中，第二个参数用于指定平滑的方法，e 代表指数方法，g 代表高斯方法，b 代表盒方法。当参数为 e 时，n 表示平滑窗尺度或指数因子。当 n > 1 时，n 表示窗宽度或周期长度；当 0 < n < 1 时，n 表示指数因子。

【实例 7-8】使用 smoothts 函数对含有噪声的正弦信号进行平滑处理。问题的求解代码如下：

```
% 使用随机函数生成含有噪声的正弦数据
x = linspace(0,10,100);
y = sin(x) + 0.1*randn(1,100);
% 定义平滑窗口大小和平滑函数
window_size = 5.0;
% 计算移动平滑处理后的数据
smoothed_y1 = smooth(y,window_size,'moving');
% 计算指数平滑处理后的数据
smoothed_y2 = smoothts(y,'e',window_size);
% 绘制原始数据和平滑处理后的数据
figure;
subplot(2,1,1);
plot(x,smoothed_y1);
title(' 移动平滑结果 ');
subplot(2,1,2);
plot(x,smoothed_y2);
title(' 指数平滑结果 ');
```

代码运行结果如图 7-3 所示。

图 7-3　代码运行结果

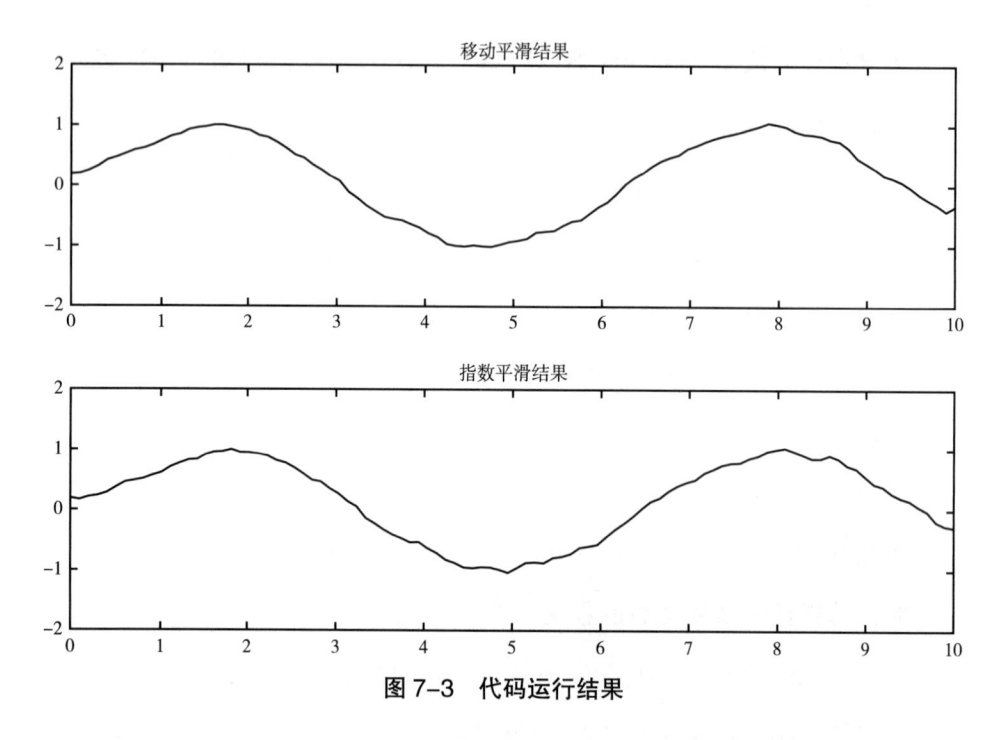

由图 7-3 可以看到，指数平滑结果能够保留更多的曲线细节。

3. 高斯平滑法

高斯平滑法是基于高斯函数构建的数据平滑方法，该方法使用高斯函数计算每个点在平滑前的权重值，并基于该权重进行平滑处理。高斯函数的数学形式为

$$g(x) = \frac{1}{\sigma\sqrt{2\pi}} e^{-\frac{(x-\mu)^2}{2\sigma}}$$

式中，μ 为函数的均值；σ 为函数的标准差。

平滑涉及的采样点是当前点在局部邻域范围内的点，所以函数的均值通过计算邻域点的均值得到。函数的标准差控制平滑程度，标准差越大，平滑效果越强。参与平滑计算的样本点数量称为高斯核大小，即窗口大小。

MATLAB 提供的高斯平滑函数也是 smoothts，调用该函数进行高斯平滑的形式如下：

```
output = smoothts(input, 'g', wsize, stdev)
```

其中，wsize、stdev 是可选参数，分别表示高斯函数的窗口宽度和标准差。默认情况下，高斯函数的窗口宽度为 5，标准差为 0.65。

使用高斯函数进行数据平滑的示例代码如下：

```
% 使用随机函数生成含有噪声的正弦数据
x = linspace(0,10,100);
y = sin(x) + 0.1*randn(1,100);
% 定义平滑窗口大小和平滑函数
window_size = 5.0;
% 计算移动平滑处理后的数据
smoothed_y1 = smooth(y,window_size,'moving');
% 计算高斯平滑处理后的数据
smoothed_y2 = smoothts(y,'g',window_size);
% 绘制原始数据和平滑处理后的数据
figure;
subplot(2,1,1);
plot(x,smoothed_y1);
title(' 移动平滑结果 ');
subplot(2,1,2);
plot(x,smoothed_y2);
title(' 高斯平滑结果 ');
```

代码运行结果如图 7-4 所示。

图 7-4 代码运行结果

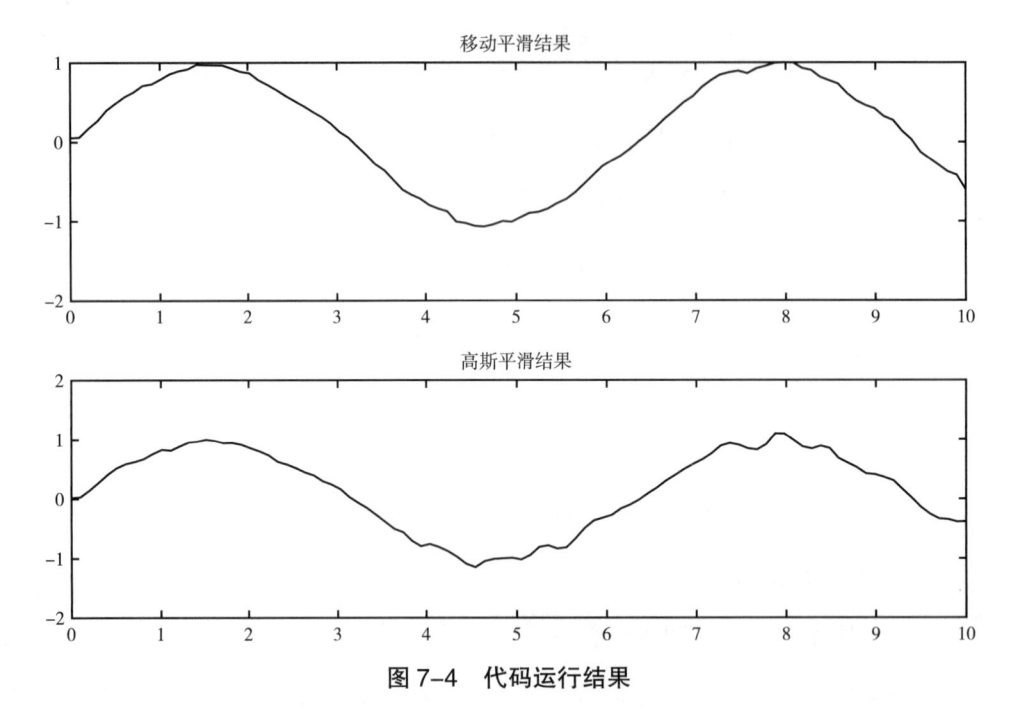

由运行结果可以看到,使用高斯平滑法得到的平滑结果能够保留更多的细节信息。

4. 中值滤波法

中值滤波法是一种频率域的平滑处理方法,该方法首先将时间域信号转换至频率域信号;然后使用低通滤波器过滤高频信号,只保留低频信号;最后将频率域信息转换为时间域信息。中值滤波法常用于处理时间域信号。

MATLAB 提供的中值滤波法有三个,分别是一维中值滤波法、二维中值滤波法和三维中值滤波法,它们分别对应三个不同形式的输入向量:一维向量、二维矩阵和三维矩阵。一维向量通常用于处理信号,二维矩阵和三维矩阵通常用于处理图像信息。

MATLAB 提供的中值滤波函数有 medfilt1、medfilt2 和 medfilt3。

(1) medfilt1 函数。

medfilt1 函数的主要调用形式有以下两种。

① y = medfilt1(x): 默认使用三阶一维中值滤波器对输入向量进行平滑处理,输入向量和输出向量的维度相同。

② y = medfilt1(x,n): 使用 n 阶一维中值滤波函数对输入向量进行平滑处理。

【实例 7-9】使用 1 阶、5 阶和 10 阶一维中值滤波对带噪声的正弦函数进行平滑处理。

问题的求解代码如下:

```
% 生成示例数据
x = linspace(0,10,100);
y = sin(x) + 0.1*randn(1,100);
% 计算平滑处理后的数据
y1 = medfilt1(y,1)+0.2;
y5 = medfilt1(y,5)+0.4;
y10 = medfilt1(y,10)+0.6;
% 绘制原始数据和平滑处理后的数据
figure;
plot(x,y,'-.',x,y1,'-',x,y5,'-.',x,y10,'-');
legend('y','y1','y5','y10');
title(' 不同阶中值滤波效果比例 ');
```

代码运行结果如图 7-5 所示。

图 7-5　代码运行结果

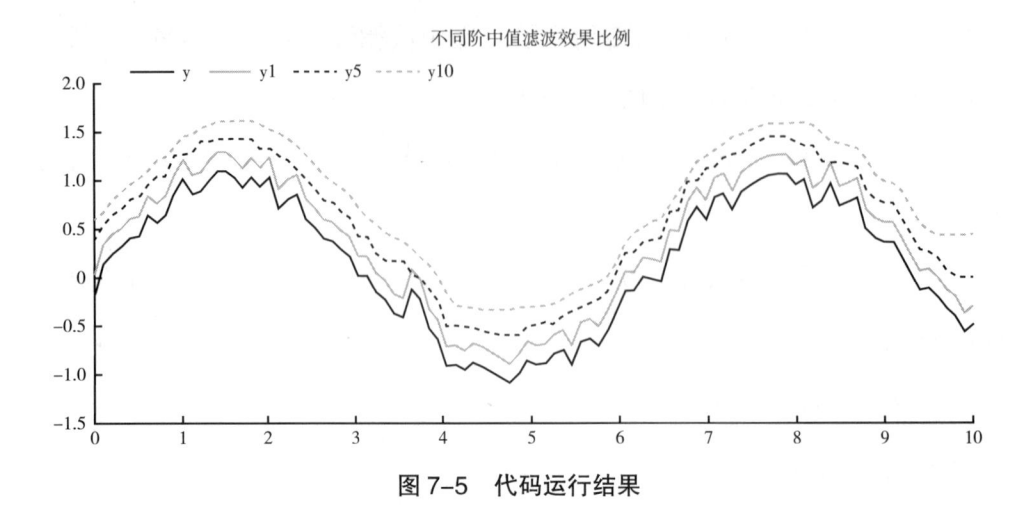

本实例分别使用 1 阶中值滤波、5 阶中值滤波和 10 阶中值滤波对噪声信号进行了平滑处理。由图 7-5 可以看到，随着阶数的增大，信号的平滑效果越明显，但是细节的丢失程度也越高。因此，使用该方法时应根据问题需要对噪声信号进行相应处理。

（2）medfilt2 函数。

medfilt2 函数的主要调用形式有以下两种。

① B = medfilt2(A)：A 表示一个二维矩阵，medfilt2 函数使用中值滤波法对输入矩阵进行平滑处理。每个输出像素包含 3×3 邻域内的均值像素。对于边缘区域的像素，medfilt2 函数使用填充方式补齐像素所需 3×3 邻域，并计算对应的矩阵。由于零填充方式和边缘像素差距较大，使用中值滤波法平滑后的图像在边缘区域会出现扭曲现象。

② B = medfilt2(A, [m n])：m 和 n 表示平滑矩阵的行数和列数。中值滤波一般采用 3×3 的平滑矩阵进行计算。平滑后的图像维度同原图像维度相同。

【实例 7-10】使用 medfilt2 函数对图 7-6 所示的含噪声图像进行中值平滑处理。

图 7-6 待处理图像

问题的求解代码如下：

```
% 读取图像数据
imgn = imread('noiseimg.jpg');
% 将图像转换为灰度图像
imgn = rgb2gray(imgn);
% 对噪声图像进行中值平滑处理
imgc = medfilt2(imgn);
% 成对显示平滑前后的图像
imshowpair(imgn,imgc,'montage');
```

代码运行结果如图 7-7 所示。

图 7-7 代码运行结果

图 7-7 左图是含噪声的图像,右图是使用中值滤波平滑处理后的图像,很明显处理后的图像噪声信息大幅减少,图像的清晰程度大幅上升,但是细节也有部分损失。

(3) medfilt3 函数。

medfilt3 函数用于彩色图像的平滑处理。彩色图像由三种通道颜色组成,故需要对三个通道的颜色分别进行平滑处理。medfilt2 函数处理的是单通道图像,即灰度图像,所以实例 7-10 中读取图像完毕后,需要使用 rgb2gray 函数对图像进行转换,将三通道彩色图像转换为单通道灰度图像。当前所有图像的默认存储方式都是三通道彩色图像方式,如果不进行转换,则系统会提示输入信息有误。

7.1.5 数据降维

数据降维是在尽量保留内在结构的前提下,将数据向量从高维空间映射到低维空间的过程。该操作的主要目的是提高数据的可用性、可计算性和可观测性。在计算高维向量的相似性时,会遇到样本维度过大造成的计算量过大和计算结果不稳定等问题。因此,在计算高维向量前,一般会将高维向量映射至低维空间中。研究问题时,首先需要将问题向量化,即使用一个包含多元素的向量进行信息表示。例如,研究空气质量时,可以使用包含氯、硫化氢、二氧化碳、碳 4、环氧氯丙烷、环己烷等成分比例的数值向量进行信息表示;研究图像信息时,可以使用包含图像像素信息的数值矩阵进行信息表示;研究股票信息时,可以使用包含开盘价、收盘价、买入量、卖出量等信息的数值向量进行信息表示。不同问题所需要的信息向量维度不一样,有的向量维度很小,有的向量维度却很大。较大维度的向量不但需要占据大容量的存储空间,还需要消耗巨大的计算资源。大维度的向量会包含一些冗余信息和噪声信息,在实际应用中还会影响模型计算的稳定性和准确性。

在机器学习领域中，数据降维是采用某种映射方法，将原高维空间中的数据点映射到低维空间中，数据在低维空间的分布特征仍然同高维空间相同。很多时候，用于表示信息的样本数据虽然是高维的，但是与研究任务相关的信息也许只是分布在某个低维空间中，将向量转换至低维空间一方面可以完成特征提取，另一方面可以提高计算效率。降维的数学表达形式可以表示为

$$f:x \rightarrow y$$

式中，x 为样本的原始高维向量形式；y 为映射后的低维向量形式；f 可能是显式的或隐式的、线性的或非线性的。

常用的数据降维方法有以下几种：主成分分析（Pincipal Component Analysis，PCA）、多维尺度变换（Multi-Dimensional Scaling，MDS）、线性判别分析、因子分析（Factor Analysis，FA）。

1. PCA

PCA 是最常用的一种数据降维方法，该方法以样本的相关性矩阵为基础，通过计算矩阵对应的特征值和特征向量来提取低维空间的映射矩阵；以此为基础，将现有高维数据投影到另一个低维空间之下，并使用样本在低维空间下的向量形式作为降维后的数据表示。

PCA 方法的核心思想如下：使用线性变化的方式将样本数据映射到一个新的正交空间中，并使用样本在能量最大的几个方向的投影代表原样本数据。这里的能量最大的方向是指数据在该维度方向下的方差变化最大。以图 7-8 为例，样本在空间中主要沿着虚线所示方向分布。如果对向量的坐标空间进行转换，将样本的原有坐标变换为虚线所示的新坐标，可以发现新坐标对样本信息的表示更加明确，并且样本新坐标的 X 轴的变化信息更加明显。

图 7-8　样本分布示例

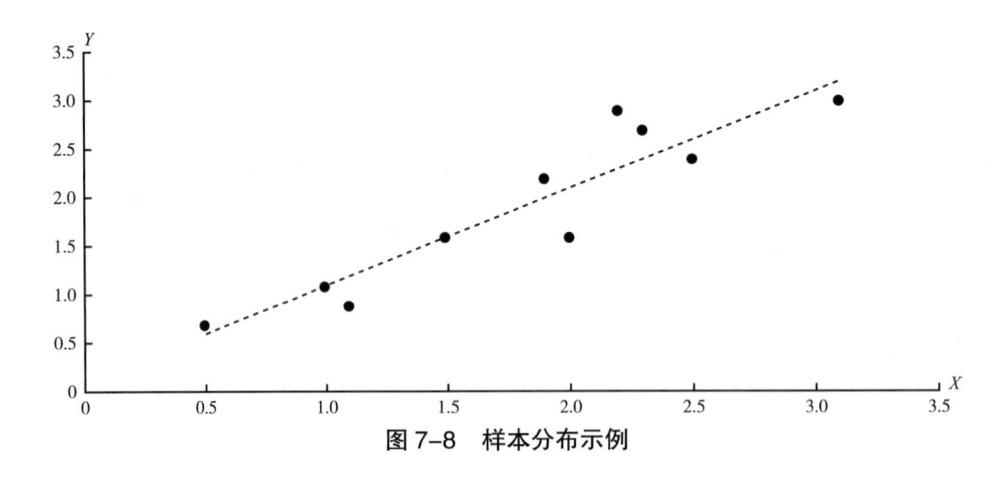

使用 PCA 方法进行数据转换的基本流程如下：首先基于样本数据计算样本对应的协方差矩阵；然后计算协方差矩阵的特征值、特征向量，并按照特征值的大小对特征值和特征向量进行降序排序；最后使用特征向量矩阵左乘样本向量，完成空间坐标转换。特征值大的特征向量对应方差变化比较大的方向，特征值小的特征向量对应方差变化比较小的方向。由于特征向量之间都是正交的，新的特征空间可以由特征向量进行构建。PCA 方法就是要将原样本向量变换到特征向量所在的空间内，即原向量在各个特征向量的投影。

需要说明的是，新旧两个坐标维度一样，那么 PCA 方法是如何进行数据降维的呢？因为新坐标是根据样本变化情况构建的，所以通常会先按照特征值大小对特征向量进行降序排序，然后选取前 m 个特征向量进行低维空间构建。一般前几个特征值比较大，后面的特征值比较小，更小的特征值可以忽略不计。因此，人们提出了基于特征值大小选取特征向量的方式。当前 m 个特征值之和与全体特征值之和的比例大于 90% 时，就认为前 m 个特征向量可以表示样本的特征。

（1）协方差矩阵。

协方差矩阵是进行 PCA 的重要计算前提，所以在进行 PCA 计算之前，首先需要了解协方差矩阵的计算方式。协方差矩阵可以表示为

$$\boldsymbol{C} = \begin{Bmatrix} c_{11} & c_{12} & \cdots & c_{1n} \\ c_{21} & c_{22} & \cdots & c_{2n} \\ \vdots & \vdots & \ddots & \vdots \\ c_{n1} & c_{n2} & \cdots & c_{nn} \end{Bmatrix} \tag{7-1}$$

矩阵中每个元素的计算方式为

$$c_{ij} = \text{Cov}(X_i, X_j) = E\{[X_i - E(X_i)][X_j - E(X_j)]\} \tag{7-2}$$

式中，c_{ij} 为随机变量 X_i 和 X_j 之间的混合中心距，也是二者之间的协方差。

根据期望的性质，式（7-2）可以简化为

$$c_{ij} = E(X_i X_j) - E(X_i) E(X_j) \tag{7-3}$$

在实际计算时，式（7-2）的离散化计算形式可以表示为

$$c_{ij} = \frac{\sum_{k=1}^{n}\left(X_{ik} - \overline{X_i}\right)\left(X_{jk} - \overline{X_j}\right)}{n-1} \tag{7-4}$$

式中，n 为样本的数量；X_{ik} 为随机变量 X_i 的第 k 个观测值；$\overline{X_i}$ 为随机变量 X_i 的期望；$\dfrac{1}{n-1}$ 为为了构建样本协方差对总体协方差的无偏估计。

（2）样本归一化。

在实际计算时会遇到不同变量量纲差别较大的情况，即不同变量的取值范围差异较大。例如，有的变量取值范围为 [0,1]，有的变量取值范围为 [1000,10000]。在计算协方差数据时，低量纲的变量变化信息会被高量纲的信息所掩盖，影响计算的准确性，导致结果不合理。为了消除量纲差别对计算的影响，通常采用标准差归一化方式对样本进行预处理：

$$X_i^* = \frac{X_i - \mu_i}{\sqrt{\delta_i}} \tag{7-5}$$

式中，δ_i 为 X_i 的方差。

使用标准化后的 n 维随机变量得到的协方差可以表示为 C^*，二者之间

存在以下关系:

$$C = DC^*D^\mathrm{T} \qquad (7-6)$$

式中, $D = \mathrm{diag}(\sqrt{\delta_1}, \sqrt{\delta_2}, \cdots, \sqrt{\delta_n})$。

标准化变量的协方差矩阵相当于原变量相关系数矩阵。相关系数矩阵是统计学中表示多个变量之间相关程度的矩阵。在相关系数矩阵中,每个元素与其他所有变量进行相关性计算的结果,其中 n 是样本向量的维度。

（3）相关系数矩阵。

相关系数矩阵的对角线都是1,即每个变量与其自身完全相关。相关性是用来描述两个变量之间关系强度和变化趋势的属性。以最经典的皮尔逊相关系数（Pearson's correlation coefficient）为例,如果两个变量的变化趋势相同,则说明二者之间是正相关,即二者同时变大变小;如果两个变量的变化趋势相反,则说明二者之间是负相关,即当一个变量变大时,另一个变量会变小;如果两个变量的变化互不影响,没有任何关系,则说明这两个变量不相关。通常情况下,两个变量的相关系数采用皮尔逊相关系数进行计算,计算公式为

$$r_{ij} = \frac{\sum_{k=1}^{n}\left(X_{ik} - \overline{X_i}\right)\left(X_{jk} - \overline{X_j}\right)}{\sqrt{\sum_{k=1}^{n}\left(X_{ik} - \overline{X_i}\right)^2}\sqrt{\sum_{k=1}^{n}\left(X_{jk} - \overline{X_j}\right)^2}}$$

式中,r_{ij} 为变量 i 和变量 j 之间的相关系数;X_{ik} 为第 i 个变量的第 k 个观测值;$\overline{X_i}$ 为第 i 个变量的均值。

相关系数的计算结果的取值范围是 [-1,1],其中:

① 1表示完全正相关,即一个变量的增加伴随着另一个变量的增加。

② -1表示完全负相关,即一个变量的增加伴随着另一个变量的减少。

③ 0表示线性不相关。

从协方差矩阵和相关系数矩阵的形式可以看出,后者是前者标准化处理后的结果。相关系数矩阵消除了变量的单位和量级影响,使得不同量纲的两个变量之间的相关性可以进行比较。样本的标准化可以表示为

$$Z_i = \frac{X_i - \mu_i}{\sqrt{\sigma_i}}$$

基于标准化后的样本向量构造的数据矩阵可以表示为

$$Z = (Z_1, Z_2, \cdots, Z_n)'$$

其标准化变换形式可以表示为

$$Z = D_S^{-1}(X - \mu)$$

式中:

$$D_S = \text{diag}\left(\sqrt{\sigma_1}, \sqrt{\sigma_2}, \cdots, \sqrt{\sigma_n}\right)$$

因此,在日常进行 PCA 时,会直接采用原样本的相关系数矩阵进行特征值和特征向量的计算。

MATLAB 中的相关系数矩阵计算函数为 corrcoef,该函数的调用形式如下。

① R = corrcoef(A):样本数据以行为单位存储在矩阵 A 中,计算各个随机变量之间的相关性。

② R = corrcoef(A,B):A 和 B 表示两个不同的随机变量,函数的计算结果是两个随机变量之间的相关性。

【实例7-11】计算三个变量之间的相关系数矩阵,三个变量的信息分别如下:

```
X1 = [1 2 3 4 5];
X2 = [5 4 3 2 1];
X3 = [2 4 5 4 5];
```

问题的求解代码如下:

```
D = [X1',X2',X3'];
% 计算相关系数矩阵
R = corrcoef(D);
% 显示相关系数矩阵
disp(R);
```

代码运行结果如下:

1.0000	−1.0000	0.7746
−1.0000	1.0000	−0.7746
0.7746	−0.7746	1.0000

【实例 7-12】计算变量 X1 和 X3 之间的相关系数。

问题的求解代码如下:

```
R = corrcoef(X1,X3);
disp(R);
```

代码运行结果如下:

| 1.0000 | 0.7746 |
| 0.7746 | 1.0000 |

（4）PCA 投影向量计算。

在得到样本相关系数矩阵后，可以根据相关方法计算对应的特征值和特征向量。令 $\lambda_1, \lambda_2, \cdots, \lambda_n$ 表示协方差矩阵对应的特征向量，$e_1, e_2, \cdots, e_n$ 表示对应的特征向量。为了计算方便，需要按大小对特征值进行降序排序，此时特征向量 e_i 称为协方差矩阵的第 i 个主成分。根据前文所述的特征向量挑选原则，选取前 m 个特征值之和占比全体特征向量之和超过 90% 的特征向量。经过观察，大部分高维向量可以压缩到 10 以下的低维空间中。

在得到表示低维空间的特征向量之后，就可以通过矩阵左乘方式对原高维向量进行低维投影计算，具体的计算公式为

$$Y=Q^{\mathrm{T}}X$$

式中，Q 为前 m 个特征向量构建的矩阵；Y 为投影结果，相当于高维向量 X 在低维空间基向量的线性组合系数；X 为归一化后的样本向量。

使用 PCA 方法进行数据降维有一定的限制，其要求样本向量在高维空间中的分布有一定趋势和集中度。如果样本点均匀散布在特征空间内，则无法找到样本分布的主轴方向，那么就无法有效地提取新的特征向量，也无法对样本进行有效的区分。

在 MATLAB 中，用于 PCA 的函数是 pcacov，该函数的调用形式如下。

① PC= pcacov(V)：PC 表示和协方差对应的特征向量。
② [PC,latent,explained]=pcacov(V)：latent 表示对应的特征值，explained 表示每个特征向量对信息表示的贡献值。

【实例 7-13】已知三维随机变量 X 的协方差矩阵如下，计算 X 的各个主成分及每个主成分的贡献值。

$$\Sigma = \begin{pmatrix} 3 & 2 & -3 \\ 2 & 6 & -1 \\ -3 & -5 & 7 \end{pmatrix}$$

问题的求解代码如下：

```
E = [3 2 -3
     2 6 -1
```

```
          -3  -5   7];
[PC,latent,explained]=pcacov(E);
```

代码运行结果如下:

```
PC =
  0.3951  -0.0492  0.9173
  0.6681   0.7007  -0.2502
 -0.6305   0.7117   0.3097              % 主成分特征向量矩阵
latent =
  11.3518
   3.8655
   1.4813                               % 特征值信息
explained =
  67.9807
  23.1484
   8.8709                               % 各主成分的贡献值
```

通过观察可以发现，前两个主成分的信息表示贡献值与所有贡献值之和的比例约为 91.129%，所以可以使用前两个主成分信息代表原来的三个变量，实现样本信息的降维。需要注意的是，pcacov 函数并不会对样本矩阵进行标准化处理，如果希望基于标准化的样本矩阵进行主成分计算，则需要使用相关性矩阵对原矩阵进行替换。

另一个可以用于主成分计算的函数是 pca，该函数的具体调用形式如下：

```
PC = pca(X);
[PC, score,latent,tsquare] = pca(X);
```

【实例7-14】使用样本信息进行PCA。现有10名学生的课程成绩,每名学生有6门课程成绩(见表7-1),对这10名学生的成绩进行PCA。

表7-1 课程成绩

编号	K1	K2	K3	K4	K5	K6
1	94	73	92	77	71	93
2	78	90	93	78	82	74
3	89	82	77	96	73	82
4	92	88	94	76	81	73
5	89	93	94	93	93	77
6	84	81	74	77	81	76
7	79	88	85	86	78	82
8	77	74	79	72	87	70
9	93	94	81	96	72	71
10	98	78	73	95	95	80

以行为单位对样本信息进行表示,该问题的求解代码如下:

```
X = [
94  73  92  77  71  93
78  90  93  78  82  74
89  82  77  96  73  82
92  88  94  76  81  73
89  93  94  93  93  77
84  81  74  77  81  76
79  88  85  86  78  82
77  74  79  72  87  70
93  94  81  96  72  71
98  78  73  95  95  80];
X = zscore(X);
[PC,score,latent,tsquare]=pca(X);
```

代码运行结果如下：

PC =

 0.4272 −0.1624 −0.2603 0.4343 0.7166 0.1455

 0.2127 0.7054 −0.0452 −0.2238 0.0232 0.6360

 −0.2835 0.5729 −0.4541 0.4638 −0.0645 −0.4073

 0.8269 0.1115 −0.0372 −0.0857 −0.3439 −0.4205

 0.0710 0.1224 0.6977 0.6635 −0.1898 0.1304

 0.0551 −0.3470 −0.4856 0.3141 −0.5722 0.4633

注意，原样本矩阵的维度是 10×6，对应的协方差矩阵的维度为 6×6，所以特征向量矩阵的维度是 6×6。

score、latent 和 tsquare 的计算结果如下：

%score 表示每个样本在新空间的坐标信息

score =

 −7.8897 −11.8316 −19.0694 7.6034 −0.0888 −0.3678

 −10.8301 11.3823 0.7373 −1.4417 −2.7844 −0.0788

 11.3894 −7.0850 −5.3326 −7.2956 −3.1145 −2.0859

 −7.3383 8.2725 −3.4082 4.7443 8.5875 0.5260

 7.5741 14.2628 2.9439 10.0830 −3.8588 −0.4605

 −5.5821 −7.7539 6.5786 −5.5833 1.9217 4.0254

 −1.7884 2.8520 −2.7732 −5.0971 −8.1680 1.8737

 −15.5179 −6.4312 13.7324 −2.2130 0.4349 −3.3763

 13.8397 6.7163 −4.0883 −10.5070 6.2565 −0.7275

 16.1434 −10.3841 10.6795 9.7070 0.8140 0.6718

% latent 表示协方差矩阵的特征值信息

```
latent =
 127.5318
  94.9062
  87.0242
  55.9961
  24.0556
   4.1195
```

% tsquare 表示每个样本的 Hoelling 统计量，描述每个样本与样本中心

% 的距离

```
tsquare =
  7.2073
  2.6520
  4.2828
  4.8115
  5.1790
  6.0187
  4.2888
  7.3535
  5.8964
  6.3101
```

tsquare 的计算公式为

$$T_i^2 = \sum_{j=1}^{p} \frac{y_{ij}^2}{\lambda_j}$$

式中，λ_j 为第 j 个主成分对应的特征值；y_{ij} 为第 i 个样本在第 j 个主成分的投影值。

需要说明的是，pca 函数对样本数据进行了去均值处理，即用每个样本信息与样本均值作差，输出结果是样本去中心化后的向量形式。

去中心化也是样本标准化的一种形式，但是该方法无法解决样本量纲差别巨大的问题，所以在样本元素量纲差别较大时，用户需要自行对样本进行标准化处理。

【实例 7-15】对气象数据（见表 7-2）进行 PCA。

表 7-2 气象数据

日期	气温（℃）	地温（℃）	辐照度（w/m^2）	水温（℃）	风速（m/s）	颗粒物浓度（%）	蒸发速度（mm/L）
9.1	37	43	0.4	33	1	3.7	0.3
9.2	37	34	0.5	33	1	3.7	0.1
9.3	27	41	0.6	30	0	3.5	0.3
9.4	25	33	0.4	33	0.9	3.7	0.2
9.5	21	49	0.5	32	0.3	3.5	0.2
9.6	22	30	0.5	33	1	3.6	0.3
9.7	25	37	0.4	30	0.5	3.5	0.1
9.8	28	31	0.5	32	0.6	3.7	0.3
9.9	32	36	0.4	33	0.7	3.6	0.3
9.11	26	47	0.6	30	0.3	3.5	0.3

各个指标的单位不同，因此需要对样本数据进行标准化处理，并使用标准化数据进行 PCA。问题的求解代码如下：

```
X=[37  43   0.4   33   1     3.7   0.3
   37  34   0.5   33   1     3.7   0.1
   27  41   0.6   30   0     3.5   0.3
   25  33   0.4   33   0.9   3.7   0.2
   21  49   0.5   32   0.3   3.5   0.2
   22  30   0.5   33   1     3.6   0.3
   25  37   0.4   30   0.5   3.5   0.1
   28  31   0.5   32   0.6   3.7   0.3
   32  36   0.4   33   0.7   3.6   0.3
   26  47   0.6   30   0.3   3.5   0.3];
X1 = zscore(X);                     % 样本数据标准化
[PC,score,latent,tsquare]=pca(X1);
tents = sum(latent);                % 协方差矩阵的所有特征值之和
c_rate=cumsum(latent/tents);        % 主成分的累计贡献率
```

代码运行结果如下：

```
c_rate =
  0.5266
  0.6896
  0.8197
  0.9100
  0.9632
  0.9841
  1.0000
```

结果表明，前四个主成分的累计贡献率超过 0.91，故可以使用前四个主成分表示气象信息的特征。

2. MDS

MDS方法要求样本在原始空间的距离在低维空间中可以继续保持，该方法主要用于分析个体之间的相似性和差异性。随着研究的深入，MDS方法被广泛应用于社会科学、生物学、信息科学等多个领域。MDS方法的核心思想是使用距离矩阵表示向量之间的相似性。MDS方法的计算过程如下。

（1）构建距离矩阵。

计算任意两个样本向量在原空间中的距离，可以使用的距离计算方式有欧氏距离、马氏距离等，得到一个相关的矩阵：

$$\begin{bmatrix} d_{11} & \cdots & d_{1n} \\ \vdots & \ddots & \vdots \\ d_{n1} & \cdots & d_{nn} \end{bmatrix}$$

（2）中心化距离矩阵。

该过程要求首先计算所有距离信息的均值，然后将每一个距离信息与均值信息相减，得到中心化后的矩阵信息：

$$z_{ij} = d_{ij} - \mu$$

在进行数据分析时，样本向量的中心化处理是一个非常必要的过程，其可以减少样本多重共线的情况，共线情况会导致一些变量对回归模型的贡献率减少甚至消失。也就是说，当不同维度信息相互交错时，很难分析该维度信息对因变量变化的影响程度究竟有多大。

（3）计算内积矩阵。

计算所有样本向量之间的内积，并以此为基础得到内积矩阵。

（4）计算特征值和特征向量。

计算内积矩阵的特征值和特征向量，选择前K个特征值最大的特征向量作为降维后的空间基向量。

（5）计算降维后的坐标。

将原向量在新空间基向量上进行投影，可以得到降维后的向量形式。

新坐标计算公式如下：

新坐标 = 低维空间基向量 × 特征矩阵的平方根

【实例7-16】假设钢材合金中含有如下元素：碳、铬、钴、锰、钼、磷、铜、镍、钨。为了分析这些元素对钢材硬度的影响，现采集了表7-3所示钢材信息。

表7-3　钢材信息

0.049	0.071	0.049	0.064	0.086	0.124	0.075	0.022	0.073
0.057	0.042	0.001	0.123	0.051	0.057	0.045	0.014	0.017
0.013	0.099	0.003	0.059	0.074	0.038	0.078	0.076	0.065
0.098	0.039	0.083	0.031	0.023	0.056	0.082	0.076	0.041
0.034	0.041	0.024	0.099	0.071	0.065	0.012	0.093	0.053
0.084	0.066	0.092	0.123	0.057	0.095	0.013	0.057	0.027
0.039	0.081	0.007	0.001	0.046	0.045	0.027	0.049	0.067
0.042	0.046	0.052	0.037	0.087	0.031	0.088	0.031	0.089

为了方便分析，对以上数据进行MDS降维处理。首先计算各样本之间的距离。样本向量信息如下：

```
x = [
0.049 0.071 0.049 0.064 0.086 0.124 0.075 0.022 0.073
0.057 0.042 0.001 0.123 0.051 0.057 0.045 0.014 0.017
0.013 0.099 0.003 0.059 0.074 0.038 0.078 0.076 0.065
0.098 0.039 0.083 0.031 0.023 0.056 0.082 0.076 0.041
0.034 0.041 0.024 0.099 0.071 0.065 0.012 0.093 0.053
0.084 0.066 0.092 0.123 0.057 0.095 0.013 0.057 0.027
0.039 0.081 0.007 0.001 0.046 0.045 0.027 0.049 0.067
0.042 0.046 0.052 0.037 0.087 0.031 0.088 0.031 0.089];
```

构建距离矩阵:

```
D = pdist2(x,x,'euclidean');
```

然后计算中心化距离矩阵。通过单位矩阵构建元素间的参数关系,样本的数量是 8:

```
n = 8
I = eye(n);
L = ones(n);
H = I – (1/n) * L;
Z = D*H;
```

H 的计算结果如下:

```
 0.8750 –0.1250 –0.1250 –0.1250 –0.1250 –0.1250 –0.1250 –0.1250
–0.1250  0.8750 –0.1250 –0.1250 –0.1250 –0.1250 –0.1250 –0.1250
–0.1250 –0.1250  0.8750 –0.1250 –0.1250 –0.1250 –0.1250 –0.1250
–0.1250 –0.1250 –0.1250  0.8750 –0.1250 –0.1250 –0.1250 –0.1250
–0.1250 –0.1250 –0.1250 –0.1250  0.8750 –0.1250 –0.1250 –0.1250
–0.1250 –0.1250 –0.1250 –0.1250 –0.1250  0.8750 –0.1250 –0.1250
–0.1250 –0.1250 –0.1250 –0.1250 –0.1250 –0.1250  0.8750 –0.1250
–0.1250 –0.1250 –0.1250 –0.1250 –0.1250 –0.1250 –0.1250  0.8750
```

计算内积矩阵 B,内积矩阵的形式定义如下:

B = Z' * Z ;

0.0132 −0.0024 −0.0024 −0.0026 −0.0041 0.0000 −0.0035 0.0017

−0.0024 0.0176 −0.0045 −0.0061 0.0037 0.0060 −0.0070 −0.0073

−0.0024 −0.0045 0.0152 −0.0064 −0.0005 −0.0127 0.0070 0.0043

−0.0026 −0.0061 −0.0064 0.0197 −0.0062 0.0017 −0.0012 0.0011

−0.0041 0.0037 −0.0005 −0.0062 0.0128 0.0041 −0.0035 −0.0064

0.0000 0.0060 −0.0127 0.0017 0.0041 0.0253 −0.0127 −0.0118

−0.0035 −0.0070 0.0070 −0.0012 −0.0035 −0.0127 0.0167 0.0040

0.0017 −0.0073 0.0043 0.0011 −0.0064 −0.0118 0.0040 0.0144

计算内积矩阵的特征值和特征向量：

[V,LM]=eig(B);

计算结果如下：

V =

−0.3536 0.3916 0.1723 −0.2207 0.1886 0.7704 0.1190 −0.0030

−0.3536 0.0498 −0.0074 −0.1543 −0.7732 0.0156 −0.3739 −0.3328

−0.3536 0.2719 −0.6875 0.2204 0.1411 −0.0645 −0.3370 0.3771

−0.3536 0.3814 0.0119 0.1387 −0.1950 −0.3833 0.7246 −0.0108

−0.3536 0.1386 0.5501 0.4278 0.3439 −0.2588 −0.3836 −0.1943

−0.3536 −0.4149 −0.3690 −0.1340 0.3608 −0.0218 0.1537 −0.6281

−0.3536 −0.1872 0.2116 −0.6958 0.1373 −0.3337 −0.0777 0.4181

−0.3536 −0.6312 0.1179 0.4179 −0.2034 0.2762 0.1748 0.3739

LM =

0.0   0   0   0   0   0   0   0

0   0.0063 0   0   0   0   0   0

0   0   0.0066 0   0   0   0   0

0	0	0	0.0094	0	0	0	0
0	0	0	0	0.0123	0	0	0
0	0	0	0	0	0.0182	0	0
0	0	0	0	0	0	0.0295	0
0	0	0	0	0	0	0	0.0530

提取前三个最大的特征值对应的特征向量，并以此为基础计算映射后的向量形式。首先，构建特征向量矩阵 V 和特征值矩阵 LM 的平方根：

V =

0.7704	0.1190	−0.003
0.0156	−0.3739	−0.3328
−0.0645	−0.3370	0.3771
−0.3833	0.7246	−0.0108
−0.2588	−0.3836	−0.1943
−0.0218	0.1537	−0.6281
−0.3337	−0.0777	0.4181
0.2762	0.1748	0.3739

LM =

0.0182	0	0
0	0.0295	0
0	0	0.0530

然后，计算降维后的坐标：

```
LV = V * LM ^(1/2);
```

计算结果即为降维后的向量。

MDS 计算相对容易，且不需要提供先验知识；另外，降维后尽量保持了向量之间的距离，适合于各种类型的距离计算。但是，该方法的计算量过大，运行时间过长，且无法区分维度的重要性。MATLAB 中用于多维尺度变换的函数是 mdscale，该函数的调用形式如下：

```
[Y,stress] = mdscale(D,p);
```

其中，D 表示距离矩阵；p 表示降维后的维度；stress 用来衡量样本在低维空间中的距离与样本在原空间中的距离的差异程度，stress 值越小，说明降维效果越好。

```
D = pdist(x);              % 基于原样本构建距离矩阵
y = mdscale(D,2);          % 基于 mdscale 函数计算降维后的信息
```

3. LDA

LDA 是一种基于监督学习的降维方法，该方法又称 Fisher 线性判别。LDA 的基本思想如下：样本在空间中呈现类间距最大、类内距最小的分布状态，要求投影的低维向量内同类别样本的距离近，不同类别样本的距离远。该方法主要面向分类，以图 7-9 为例，同一类别的样本间距离比较近，不同类别的样本间距离比较远，LDA 的计算目标是寻找可以准确划分两类样本的分界线。从图 7-9 中可以看出，采用垂直投影方式无法对样本进行有效的分割，而采用斜向投影方式即可对样本进行分类。LDA 研究的目标即找到最佳的投影方向。和 PCA 相比，LDA 可以只使用类别的线性信息，其依赖的是均值而不是方差。LDA 不适合对非高斯分布的样本进行降维。对于包含 K 个类别的样本，LDA 最多能将向量维度降 $K-1$ 维，如果希望降到更低维度，则需要使用其他降维方法。

图 7-9 分类示意图

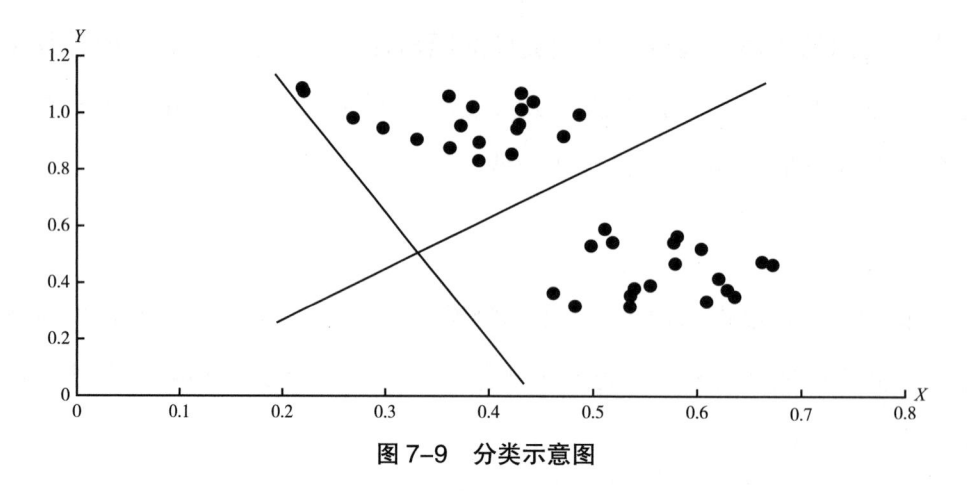

LDA 的计算目标是找到分类效果最好的投影矩阵 W，并要求投影后的向量类间距最小、类内距最大。在该状态下，样本才可能被较为准确地进行分类。令 x_i 表示投影前的样本，z_i 表示投影后的样本，二者的投影关系如下：

$$z_i = W^T x_i \tag{7-7}$$

对投影后的向量分别统计每个类别的均值和方法，并分别表示为 μ_1、μ_2 和 S_1、S_2。

在进行投影计算前，需要先计算样本的全局散度矩阵、类间散度矩阵和类内散度矩阵。

（1）全局散度矩阵：

$$S_t = S_b + S_w = \sum_{i=1}^{m}(x_i - \mu)(x_i - \mu)^T$$

（2）类间散度矩阵：

$$S_b = (\mu_1 - \mu_2)(\mu_1 - \mu_2)^T$$

$$S_b = S_t - S_w = \sum_{i=1}^{N} m_i (\mu_i - \mu)(\mu_i - \mu)^T$$

（3）类内散度矩阵：

$$S_w = S_1 + S_2$$

$$S_w = \sum_{i=1}^{N} S_{w_i} = \sum_{i=1}^{N} \sum_{x \in X_i} (x_i - \mu)(x_i - \mu)^{\mathrm{T}}$$

在得到以上散度矩阵信息后,可以定义以下目标函数:

$$J(w) = \frac{S_b^z}{S_w^z}$$

式中,z 为投影后的样本向量。

可以看到,S_w 越小,$J(w)$ 越大;S_b 越大,$J(w)$ 越大,这一规律和 LDA 的计算目标相符。

要求解该目标函数,需要从两个方面考虑:一是二分类问题,二是多分类问题。二分类问题的目标函数可以采用如下形式进行求解:

$$J(w) = \frac{(\mu_1^z - \mu_2^z)^2}{S_1^z + S_2^z} = \frac{w^{\mathrm{T}}(\mu_1 - \mu_2)(\mu_1 - \mu_2)^{\mathrm{T}} w}{w^{\mathrm{T}}(S_1 + S_2)w}$$

多分类问题的目标函数可以采用如下方法进行求解。给出目标函数的矩阵表示形式

$$J(w) = \frac{S_b^z}{S_w^z} = \frac{w^{\mathrm{T}} S_b w}{w^{\mathrm{T}} S_w w}$$

$J(w)$ 的解只与 w 的方向有关,和长度无关,因此可以将其简单处理为 $w^{\mathrm{T}} S_w w = 1$。因此,该问题可以被描述为带约束的优化求解问题:

$$\max J(w) = w^{\mathrm{T}} S_b w$$
$$\text{s.t.} \quad w^{\mathrm{T}} S_w w = 1$$

使用拉格朗日乘子法对问题进行求解,则上式可以改写为

$$J(w) = w^{\mathrm{T}} S_b w - \lambda(w^{\mathrm{T}} S_w w - 1)$$

令该函数的偏导数为 0,则有

$$\frac{\partial J(w)}{\partial w} = 2S_b w - 2\lambda S_w w = 0$$
$$\Rightarrow S_b w = \lambda S_w w$$
$$\Rightarrow S_w^{-1} S_b w = \lambda w$$

从以上公式可以看出，w 是 $S_w^{-1} S_b$ 的特征值和特征向量，对应的特征向量是 λ。在具体应用时，通常选择 $S_w^{-1} S_b$ 的最大特征值对应的特征向量作为投影向量 w。如果需要增加维度，可以选择前 P 个最大特征值对应的特征向量。

【实例7-17】使用 FisherLDA 函数进行问题求解。

问题的求解代码如下：

```
function [ W ] = FisherLDA(w1,w2)
%W 为最大特征值对应的特征向量
%w1 为第一类样本
%w2 为第二类样本
% 第一步：计算样本均值向量
m1=mean(w1);              % 第一类样本均值
m2=mean(w2);              % 第二类样本均值
m=mean([w1;w2]);          % 总样本均值
% 第二步：计算类内离散度矩阵 Sw
n1=size(w1,1);            % 第一类样本数
n2=size(w2,1);            % 第二类样本数
  % 求第一类样本的散列矩阵 s1
s1=0;
```

```
for i=1:n1
  s1=s1+(w1(i,:)-m1)'*(w1(i,:)-m1);
end
  % 求第二类样本的散列矩阵 s2
s2=0;
for i=1:n2
  s2=s2+(w2(i,:)-m2)'*(w2(i,:)-m2);
end
Sw=(n1*s1+n2*s2)/(n1+n2);
% 第三步：计算类间离散度矩阵 Sb
Sb=(n1*(m-m1)'*(m-m1)+n2*(m-m2)'*(m-m2))/(n1+n2);
% 第四步：求最大特征值和特征向量
%[V,D]=eig(inv(Sw)*Sb);           %V 为特征向量，D 为特征值
A = repmat(0.1,[1,size(Sw,1)]);
B = diag(A);
[V,D]=eig(inv(Sw + B)*Sb);
[a,b]=max(max(D));
W=V(:,b);                          % 最大特征值对应的特征向量
```

上述代码为函数定义，下面代码为对该函数的调用：

```
cls1_data=[2.95 6.63;2.53 7.79;3.57 5.65;3.16 5.47];
cls2_data=[2.58 4.46;2.16 6.22;3.27 3.52];
% 样本投影前
plot(cls1_data(:,1),cls1_data(:,2),'.r');
hold on;
```

```matlab
plot(cls2_data(:,1),cls2_data(:,2),'*b');
hold on;
W=FisherLDA(cls1_data,cls2_data);
% 样本投影后
new1=cls1_data*W;
new2=cls2_data*W;
k=W(2)/W(1);
plot([0,6],[0,6*k],'-k');
axis([2 6 0 11]);
hold on;
% 绘制样本并投影到子空间点
for i=1:4
  temp=cls1_data(i,:);
  newx=(temp(1)+k*temp(2))/(k*k+1);
  newy=k*newx;
  plot(newx,newy,'*r');
end;
for i=1:3
  temp=cls2_data(i,:);
  newx=(temp(1)+k*temp(2))/(k*k+1);
  newy=k*newx;
  plot(newx,newy,'ob');
end;
```

4. 因子分析

因子分析也是一种重要的数据降维方法，其计算方式同 PCA 非常相似，都是通过计算协方差矩阵或相关系数矩阵的特征值和特征向量来完成。二者的区别是 PCA 基于特征向量构建新的投影空间；而因子分析将特征向量和特征值的乘积看作原向量在新空间的投影系数，其代表了对应因子对原数据的影响程度。因子分析认为样本向量中不同元素的取值会受到一些共性因素的影响，通过对数据进行因子分析，可以更加深入地分析数据变化的规律和因素。以学习成绩为例，如果某学生的多门理工科成绩偏高，则可以认为该学生的逻辑思维较强。逻辑思维可以被认为是这几门理工科成绩的共性因子。然而，共性因子通常被认为是不可观测的，无法明确因子的数量和意义，因此它们也被称为潜在变量（Latent Variable）。

令 n 维随机向量 $X = (X_1, \cdots, X_n)^T$ 表示样本向量的结构，向量 $f = (f_1, \cdots, f_m)^T$ 表示 m 个不可观测的公共因子，向量 $\varepsilon = (\varepsilon_1, \cdots, \varepsilon_m)^T$ 表示 m 个不可观测的特殊因子（特殊因子表示变量在公共因子表示下的残差项）。为了方便计算，对样本进行去中心化预处理操作，则有关因子模型的线性方程可以表示为

$$\begin{cases} X_1 = l_{11}f_1 + l_{12}f_2 + \cdots + l_{1j}f_j + \cdots + l_{1m}f_m + \varepsilon_1 \\ X_2 = l_{21}f_1 + l_{22}f_2 + \cdots + l_{2j}f_j + \cdots + l_{2m}f_m + \varepsilon_2 \\ \quad\quad\quad\quad\quad\quad\quad \vdots \\ X_i = l_{i1}f_1 + l_{i2}f_2 + \cdots + l_{ij}f_j + \cdots + l_{im}f_m + \varepsilon_i \\ \quad\quad\quad\quad\quad\quad\quad \vdots \\ X_n = l_{n1}f_1 + l_{n2}f_2 + \cdots + l_{nj}f_j + \cdots + l_{nm}f_m + \varepsilon_n \end{cases}$$

该方程的矩阵表示为

$$X = LF + \varepsilon$$

式中，L 为待估计的系数矩阵，即 X 在 f 上的因子载荷矩阵；l_{ij} 为载荷因子，其刻画的是因子 f_j 对变量 x_i 的影响程度。

为了方便计算，一般会做出以下假设。

（1）因子的期望为 0，方差为单位阵。因子是不可观测的，因此可以对因子做出一定假设。

（2）特殊因子的期望为 0，方差为 $\mathrm{diag}\{\sigma_1^2,\cdots,\sigma_p^2\}$。

（3）残差因子和公共因子之间相互独立，残差因子是公共因子无法表示的部分，所以二者之间是无关的。

（4）公共因子之间也是无关的，如果存在相关的公共因子，则可以将它们合并为一个无关的公共因子。

基于以上假设，首先计算随机变量 X 和公共因子 f 的协方差：

$$\begin{aligned}\mathrm{COV}(X,f) &= \mathrm{COV}(Lf+\varepsilon,f) \\ &= \mathrm{COV}(Lf,f)+\mathrm{COV}(\varepsilon,f) \\ &= L\mathrm{COV}(f,f)+0 \\ &= L\end{aligned}$$

L 刻画的是原变量与公共因子之间的关系矩阵，所以 l_{ij} 描述了第 j 个因子与第 i 个变量的关联关系。同时，原样本的协方差可以写为

$$\Sigma = \mathrm{COV}(LF+\varepsilon) = LL^\mathrm{T} + D(\varepsilon)$$

所以，因子分析的目标是由样本的协方差矩阵计算出因子载荷矩阵，从而得到公共因子载荷矩阵，并分析公共因子在实际问题中的解释。根据谱分解的定义，可以得到以下形式：

$$\Sigma = \sum_{j=1}^{m}\lambda_j e_j e_j^\mathrm{T} = \Lambda_{m\times m}\Lambda_{m\times m}$$

式中，$\Lambda = \left(\sqrt{\lambda_1}e_1,\cdots,\sqrt{\lambda_m}e_m\right)$；$\lambda_j$ 和 e_j 分别为协方差矩阵的特征值和特征向量，它们的选取方法同 PCA 一样，选 m 个可以代表协方差变化程度的特征向量和特征值，$\sqrt{\lambda_k}e_k$ 即为第 k 个载荷因子。

不是所有数据都可以开展因子计算，必须要满足以下条件。

（1）数据中不存在异常值。

（2）变量的数量要大于因子的数量。

（3）各维度向量之间不是绝对不相关的。

（4）不需要符合方差齐性。

（5）变量符合线性。

（6）数据符合间隔性。

5. 因子旋转

在得到载荷因子矩阵后，需要对其进行旋转。旋转后的矩阵应尽量稀疏，即每个因子载荷向量包含的零元素尽量多，这样就更加容易对公共因子进行解读。0 表示当前因子对目标变量没有影响，非 0 表示有影响。由于旋转不影响矩阵的相关性，旋转后的因子矩阵仍然可以用于因子分析。旋转以后可以很明确地看到每个公共因子对原变量的影响程度，这样可以比较清晰地解读公共因子的作用。

假设原因子矩阵为

$$\begin{bmatrix} 0.96 & -0.23 \\ 0.52 & 0.81 \\ 0.79 & -0.59 \\ 0.97 & -0.21 \\ 0.71 & 0.67 \end{bmatrix}$$

旋转后的矩阵为

$$\begin{bmatrix} 0.927 & 0.367 \\ -0.037 & 0.959 \\ 0.980 & -0.031 \\ 0.916 & 0.385 \\ 0.194 & 0.951 \end{bmatrix}$$

可以看到在新坐标系下，第一列中比较大的数值是 1、3、4，第二列中比较大的数值是 2、5，则可以得出以下结论。

（1）第一个公共因子对随机变量 1、3、4 有影响。

(2)第二个公共因子对随机变量2、6有影响。

常用的旋转角度计算方法是最大方差法,该法用于寻找能够最大化载荷矩阵中每一列载荷平方的方差的角度。MATLAB 提供的因子计算工具可以通过参数指定最大方差法作为旋转方法。

7.2 数据统计性描述

数据统计性描述一般从以下三个方面展开。

(1)数据集中趋势描述:算术平均值、加权算术平均值、几何平均值、众数、中位数(Median)、四分位数。

(2)数据离散程度描述:极差、平均偏差、方差和标准差、样本方差和标准差、变异系数。

(3)数据分布形态描述:正态分布、标准正态分布、峰度(Skewness)、偏度(Kurtosis)。

7.2.1 数据集中趋势描述

1. 算术平均值

算术平均值就是对样本数据进行简单的平均计算得到的结果,即样本平均值=样本值之和/样本总数。算术平均值是数据分析最常用、最简单的指标,一般用于对样本水平进行粗略估计。例如,评估某一群体的身高时,通常使用被测试人群的平均身高;评估某一高校的学习水平时,通常使用学生的平均考试成绩。算术平均值的计算公式为

$$\bar{x} = \frac{x_1 + x_2 + \cdots + x_n}{n}$$

虽然算术平均值的计算比较简单,但是计算结果容易受到极大值和极

小值的影响。

2. 加权算术平均值

在求和之前首先为每个样本赋以一定的权重值，然后将每个样本的数据值和权重值相乘，最后将加权后的样本值进行求和。一般要求所有的权重值之和等于 1。加权算术平均值考虑了每个样本在形成评估指标中的重要程度。当所有样本的权重值都为 1 时，加权算术平均值就是简单的算术平均值。加权算术平均值的计算公式为

$$\overline{xw} = \frac{x_1 w_1 + x_2 w_2 + \cdots + x_n w_n}{n}$$

3. 几何平均值

有时衡量数据之间的关系不是通过相加，而是通过相乘。当数据之间是乘数关系时，可以用几何平均数来表示数据集合的集中趋势。当需要评估一个工厂的生产合格率时，需要综合考虑生产线涉及的每道工序，任何一道工序出现问题都会造成产品不合格，所以产品的合格率是所有工序合格率的乘积。假设一条生产线有三道工序，每道工序的合格率分别是 88%、93%、90%，产品的合格率即为 $\sqrt[3]{0.88 \times 0.93 \times 0.9}$。几何平均值的计算公式为

$$G = \sqrt[n]{x_1 \times x_2 \times \cdots \times x_n}$$

4. 众数

众数是一组样本中出现次数最多的样本值，是一个用于描述数据集中趋势的统计量。众数与均值、中位数一起构成了描述数据集中趋势的三个重要指标，在市场调研中可以用来确定最受欢迎的产品和服务类型。

【实例 7-18】计算向量的众数。

问题的求解代码如下：

```
% 假设 data 是一个包含数值的向量
data = [1, 2, 2, 3, 3, 3, 4, 5];
modeValue = mode(data);
```

众数是数据集中的一个重要统计量，尤其是在数据分布不均匀时，众数可以提供关于数据集中趋势的重要信息。然而，众数也有局限性，如在均匀分布或双峰分布中可能不存在众数；或者在二元分类数据中，众数可能只反映了数据集中的较大类别，而不是中心趋势。因此，通常需要结合平均值、中位数和众数等多种指标来全面分析数据。

5. 中位数

中位数是描述数据集中趋势的一种统计量，是将一组数据按大小顺序排列后位于中间位置的数值。当数据量为奇数时，中位数是中间的那个数；当数据量为偶数时，中位数通常是中间两个数的平均值。中位数有如下重要性质。

（1）抗干扰性：中位数不受数据极端值或异常值的影响，因此在数据中包含异常值时，中位数比平均值更稳健。

（2）数据排序：计算中位数时需要先将数据进行排序。

中位数的计算函数是 median。

【实例 7-19】计算向量的中位数。

问题的求解代码如下：

```
% 假设 data 是一个包含数值的向量
data = [3, 1, 4, 2, 5];
med = median(data);
```

6. 四分位数

把所有样本按样本值从小到大的顺序排列，根据排序结果将样本分为四等份，处于三个分割点位置的样本值就是四分位数。

7.2.2　数据离散程度描述

数据离散程度描述指标用于衡量数据集合的波动情况。

1. **极差**

极差描述了样本最大值和最小值之间的差距，用于描述样本数据变化的范围。极差可以在一定程度上描述样本数据变动的情况，但是没有考虑除极值以外的其他样本的数据，当样本极值和样本均值偏差过大时，极差的描述准确性会大大下降。极差的计算公式为

$$R = R_{max} - R_{min}$$

极差的计算函数为 range。

【实例 7-20】数组的极差计算。

问题的求解代码如下：

```
a = [3 9 2 1 6];
b = range(a);
```

【实例 7-21】矩阵的极差计算。

问题的求解代码如下：

```
a = [1 2 3
     4 5 6]
b = range(a);
```

2. **平均偏差**

平均偏差描述样本集中所有样本值和平均值的偏差之和的均值，其计算公式为

$$R_a = \frac{\sum_{i=1}^{n}|x_i - \overline{x}|}{n}$$

MATLAB 没有提供平均偏差的计算函数，用户可以根据定义自行编写求解程序。

【实例 7-22】计算数据集的集中偏差。

问题的求解代码如下：

```
function mad = calculateMAD(data)
  % 计算数据集的平均值
  meanData = mean(data);
    % 计算每个数据点与平均值的差的绝对值
  absDeviations = abs(data – meanData);
    % 计算平均偏差
  mad = mean(absDeviations);
end
```

3. 方差和标准差

方差描述了样本值和均值的偏离程度，是各个样本值和均值的距离平方和的均值。标准差是方差的平方根结果。一般认为方差越大，样本之间的差异就越大，样本值的离散程度也就越大。

在 MATLAB 中，方差的计算函数是 var，默认情况下该函数计算样本总体的方差。该函数的调用形式如下：

```
variance = var(data);
```

（1）如果 data 是一个向量，则方差的计算结果是一个标量。

（2）如果 data 是一个矩阵，则 var 函数会针对矩阵中的每个列进行方差计算，计算方差的数量同矩阵的列数相同。

【实例 7-23】计算矩阵方差。

问题的求解代码如下：

```
A = [4 –7 3 1; 1 4 –2 2; 10 7 9 3];
var(A);
```

代码运行结果如下：

```
21.0000  54.3333  30.3333  1.0000
```

4. 样本方差和标准差

样本方差是和方差相对应的概念，虽然方差的计算公式比较明确，但是人们通常无法获取所有个体的数据。为了便于计算，一般会从目标个体中挑选一些个体作为指标计算依据，这些被挑选的个体称为样本。由于样本集并不是所有的个体，所有基于样本计算的描述指标与真实的指标一定存在差异。经过严谨的论证，样本总体方差的计算公式与方差计算公式的差异在于分母的值由 n 变为 $n-1$，此值被认为是样本方差对总体方差的无偏估计。

在 MATLAB 中，标准差的计算函数是 std，默认情况下该函数计算样本总体标准差。该函数的调用形式如下：

```
stdDev = std(data);
```

（1）如果 data 是一个向量，则标准差的计算结果是一个标量。

（2）如果 data 是一个矩阵，则 std 函数会针对矩阵中的每个列进行标准差计算，计算结果的数量同矩阵的列数相同。

【实例 7-24】计算矩阵标准差。

问题的求解代码如下：

```
A = [4 –7 3 1; 1 4 –2 2; 10 7 9 3];
std(A);
```

代码运行结果如下：

4.5826	7.3711	5.5076	1.0000

5. 变异系数

变异系数是描述数据集合离散程度的统计量，是标准差和算术平均值的比值。变异系数的优点在于其提供了一种标准化的离散度度量，使得不同尺度或单位的数据集之间比较成为可能。不同数据集之间之所以能比较，是因为不同量纲的方差在经过均值处理后，量纲大小会保持相对一致。变异系数的计算公式为

$$CV = \frac{\sigma}{\mu} \times 100\%$$

变异系数的局限性如下。

（1）当样本均值接近于 0 时，变异系数的计算结果会变得非常大，严重影响分析人员对数据离散程度的解读。

（2）对于包含负值的数据集，变异系数可能没有意义。

【实例 7-25】计算变异系数。

问题的求解代码如下：

```
% 假设 data 是一个包含数值的向量
data = [85, 76, 92, 88, 78, 81, 89, 85, 90, 83 ];        % 数据集
% 计算均值
meanValue = mean(data);
% 计算标准差
stdValue = std(data);
% 计算变异系数
cv = stdValue / meanValue;
% 将变异系数乘以 100，得到百分比形式
cv_percentage = cv * 100;
```

第7章 数据预处理和统计性描述

【实例7-26】变异系数的比较计算。已知某良种猪场有两种母猪：长白猪和约克猪，二者的体重数据如下，试判断哪种母猪体重变化大。

问题的求解代码如下：

```
% 长白猪的体重
class1 = [85, 76, 92, 88, 78, 81, 89, 85, 90, 83];
% 约克猪的体重
class2 = [90, 80, 95, 93, 85, 87, 91, 94, 92, 88];
% 长白猪的体重
class1 = [85, 76, 92, 88, 78, 81, 89, 85, 90, 83];
% 约克猪的体重
class2 = [90, 80, 95, 93, 85, 87, 91, 94, 92, 88];
% 计算每个母猪种类的均值和标准差
meanClass1 = mean(class1);
meanClass2 = mean(class2);
stdClass1 = std(class1);
stdClass2 = std(class2);
% 计算每个母猪种类的变异系数
cvClass1 = stdClass1 / meanClass1;
cvClass2 = stdClass2 / meanClass2;
% 将变异系数转换为百分比形式
cvPercentageClass1 = cvClass1 * 100;
cvPercentageClass2 = cvClass2 * 100;
% 显示结果
fprintf(' 长白猪的变异系数百分比：%.2f%%\n', cvPercentageClass1);
fprintf(' 约克猪的变异系数百分比：%.2f%%\n', cvPercentageClass2);
```

代码运行结果如下：

长白猪的变异系数百分比：6.20%

约克猪的变异系数百分比：5.14%

可以看出，长白猪的体重变异程度高于约克猪。

7.2.3 数据分布形态描述

1. 正态分布

正态分布又称高斯分布（Gaussian Distribution），是一个重要的统计分布函数，变量的取值在均值附近概率较大，距离均值出现的频率越低。正态分布的计算公式为

$$f(x) = \frac{1}{\sqrt{2\pi}\sigma} e^{-(x-\mu)^2/2\sigma^2}$$

式中，μ 为随机变量的均值；σ 为随机变量取值的方差。

若随机变量概率密度满足以上公式，则随机变量 x 服从均值为 μ，方差为 σ 的正态分布。正态分布的密度曲线关于 $x=\mu$ 对称，在 $x=\mu$ 处，$f(x)$ 取最大值 $1/\sqrt{2\pi}\sigma$；当 x 趋向于正负无穷时，函数值趋近于 0。

正态分布具有以下特征。

（1）变量取值的概率在均值处最高。

（2）概率密度曲线以均值为中心，两端对称。

（3）正态曲线下的面积总和为 1，正态曲线下一定区间内的面积代表变量落在该区间的概率。

（4）随机变量取值对应的概率转换为计算正态曲线下区间内的面积，从而转换为计算概率密度函数在指定区间的定积分问题。

（5）μ 决定了曲线的位置，σ 决定了曲线的形状。

①当 μ 不变，σ 变化时，函数图像区间发生变化。σ 越小，曲线之间

的距离越宽，图像高度越低；σ越大，图像之间的距离越窄，图像高度越高。因为曲线下的面积总体为1，所以图像高度和图像宽度成反比，如图7-10所示。

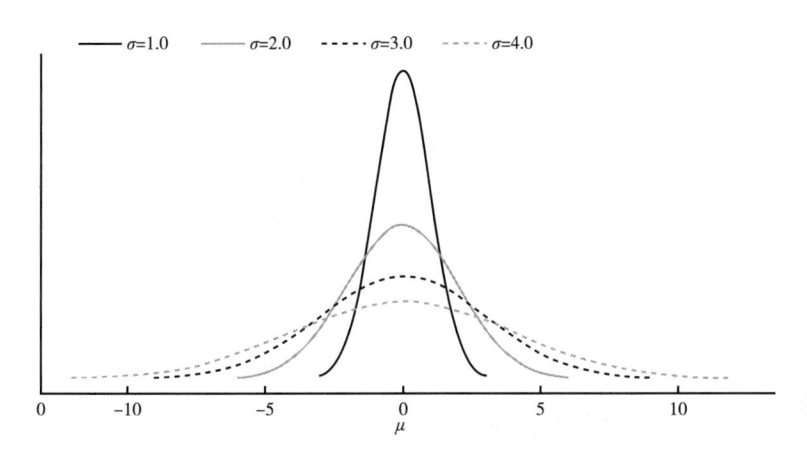

图 7-10 μ 不变，σ 变化时的函数图像

方差 σ 反映了数据分布的密集程度，若 σ 较小，则随机变量取值相对集中；若 σ 较大，则随机变量取值相对分散。

② 当 μ 变化，σ 不变时，函数图像左右平移，如图7-11所示。

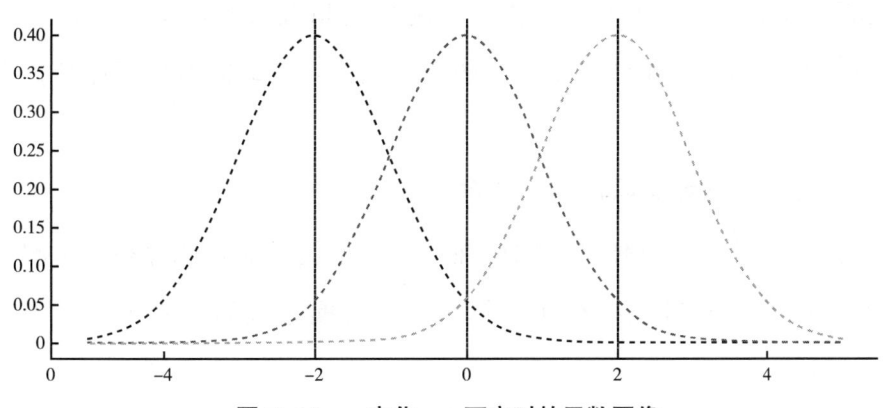

图 7-11 μ 变化，σ 不变时的函数图像

正态分布常用于表示大样本数据集的取值特征。一般在大数据量的情况下，认为这些数据都服从正态分布，即高水平的数据和低水平的数据在样本集占少数，大部分数据取值在均值附近。这是检测数据是否合理的重要依据。例如，一门课的考试成绩一般要求呈正态分布，如果大部分成绩偏低，则说明试卷太难或学生的学习效果太差；如果大部分成绩优秀，则说明试卷难度太低，不具备考核性和选拔性。

2. 标准正态分布

标准正态分布是统计学中常见的概率分布之一，是 $\mu=0$，$\sigma=1$ 时的正态分布。标准正态分布的密度函数形态为

$$f(x) = \frac{1}{\sqrt{2\pi}} e^{-x^2/2}$$

若随机变量 x 服从标准正态分布，则记为 $x \sim N(0,1)$，$f(x)$ 的曲线称为标准正态曲线。具体的分布函数形式为

$$\Phi(x) = \int_{-\infty}^{x} \frac{1}{\sqrt{2\pi}} e^{-\frac{t^2}{2}} dt$$

该函数的性质为

$$\Phi(-x) = 1 - \Phi(x)$$

由于标准正态分布的形态固定，随机变量在各点的取值也固定。研究人员将对应的数据制作成了固定的表，用户在计算时可以根据数据参考此表。

3. 正态分布转换为标准正态分布

标准正态分布计算便捷，因此在计算其他类型的正态分布概率时，通常会将其转换为标准正态分布。其具体的转换方式为对样本进行中心化处理，即设

$$X \sim N(\mu, \sigma^2)$$

则

$$\frac{X - \mu}{\sigma} \sim N(0,1)$$

4. 偏度

偏度用于衡量随机变量、概率分布不对称的程度（见图 7-12）。

（1）偏度等于 0：为正态分布，两侧尾部长度对称。

（2）偏度小于 0：称其具有负偏离，也称左偏态。此时数据位于均值左侧的比右侧的少，直观表现为左边的尾部相对于右边的尾部要长。这是因为有少数变量值很小，使曲线左侧尾部拖得很长。

（3）偏度大于 0：称其具有正偏离，也称右偏态。此时数据位于均值右侧的比左侧的少，直观表现为右边的尾部相对于左边要长。这是因为有少数变量值很大，使曲线右侧尾部拖得很长。

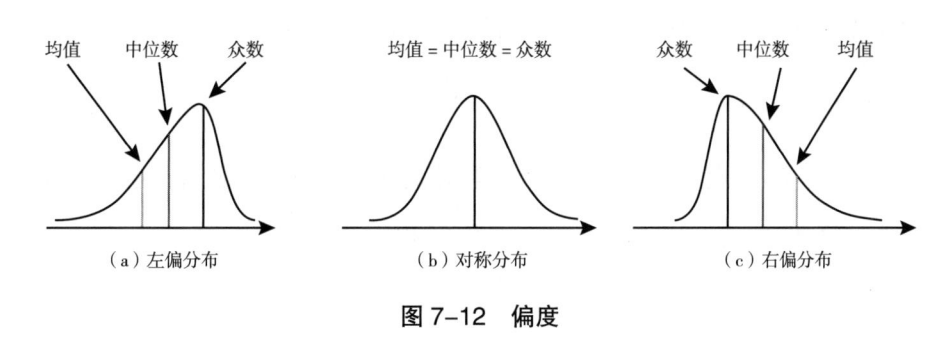

图 7-12 偏度

MATLAB 中偏度的计算函数为 skewness。

【实例 7-27】根据下面 20 名工人的工资资料，计算该企业工人工资的偏度系数。

问题的求解代码如下：

```
x = [27 23 25 27 29 31 27 30 32 21 28 26 27 29 28 24 26 27 28 30];
s = skewness(x);
```

代码运行结果如下：

```
0.4443
```

由计算结果可以看出，偏度小于 0，但是数值非常小。该数据斜度非常小，接近于正态分布。如果偏度大于 1 或小于 -1，则为高度偏度分布；如果偏度系数为 0.5~1，则为中等偏度分布。

5. 峰度

峰度可以反映随机变量概率分布的陡峭程度。峰度的计算公式为

$$K = \frac{\sum_{i=1}^{n}(x_i - \bar{x})^4 / n}{\left[\sum_{i=1}^{n}(x_i - \bar{x})^2 / n\right]^2}$$

标准正态分布的峰度 K=3，均匀分布的峰度 K=1.8。一般认为峰度小于 3 的分布为平峰分布，峰度大于 3 的分布为尖峰分布。

峰度的计算函数为 kurtosis，该函数的调用形式如下：

```
c = kurtosis(a);
```

【实例 7-28】已知某商场的销售额数据为 27 23 25 27 29 31 27 30 32 21 28 26 27 29 28 24 26 27 28 30，计算峰度。

问题的求解代码如下：

```
x = [27 23 25 27 29 31 27 30 32 21 28 26 27 29 28 24 26 27 28 30];
c = kurtosis(x);
```

本章小结

本章系统地介绍了数据预处理和统计性描述的方法及其在 MATLAB 中的实现。通过学习本章，读者应掌握如何处理缺失值、重复值，以及如何进行数据归一化、平滑处理和降维操作，从而提高数据的可用性和分析效率。同时，读者还应理解如何通过集中趋势、离散程度和分布形态等统计指标对数据进行宏观描述，以便更好地把握数据的主要特征和规律。这些知识为后续更深入的数据分析和建模奠定了坚实的基础。

第8章 判别分析

> **❀ 内容提要**
>
> 判别分析是一种重要的统计分析方法，使用判别分析可以对输入的样本进行类别判断。本章重点讲解几种常用的距离度量方式和分类判别方法。

8.1 判别距离

在社会生产和生活中，经常需要对观测到的数据进行类别划分。例如，根据人均全年主要消费品的消费量、每百户耐用消费品拥有量、人均居住面积、人均生活用水量和人均生活用电量来判断地区人均消费水平，根据地区自来水普及率、煤气普及率、平均每百户电气拥有量和电话普及率来衡量现代生活设施普及水平，根据地区已有的气象资料推测未来的天气是晴天还是阴天，根据地表中的元素采样结果判断该地区是否存在铁矿。

综上可知，判别分析是根据研究对象的一组特征值进行类别分析的方法。一般采用向量形式对这组特征值进行记录，常用的记录方式是一维向量，如记录某种钢材的组成成分；也可采用二维向量或高维向量记录信息的方式，如记录研究目标的图像信息和视频信息。要进行判别分析，首先需要构建一个判别函数，然后根据函数的计算结果得出判别结论。判别函数的输入信息即为样本向量信息，判别函数的计算标准是样本之间的相似性。所以，进行判别分析之前，需要首先了解样本向量之间距离的计算方式。在一般社会问题研究中，通常采用一维向量作为对象特征的表示形式,所以本节重点讨论一维向量的距离计算方式,具体包括欧式距离、余弦距离、马氏距离、汉明距离和杰拉德距离。

8.1.1 欧式距离

在得到对象的向量表示形式后,就可以根据向量信息计算两个样本的相似性。欧式距离是距离度量中最常使用且最直观的计算方式,其首先计算两个向量对应元素差的平方和,然后对平方和进行开平方计算。欧式距离代表的是空间中两个点之间的直线距离。当向量长度为 2 时,欧式距离的计算公式为

$$d(x,y)=\sqrt{(x_1-y_1)^2+(x_2-y_2)^2}$$

当向量长度为 m 时,二者的欧式距离计算公式为

$$d(x,y)=\sqrt{(x_1-y_1)^2+(x_2-y_2)^2+\cdots+(x_n-y_n)^2}$$

欧式距离的计算原理简单,但其计算精度差,计算结果不稳定。欧式距离主要存在以下问题。

(1)对异常值敏感:如果向量中的某些元素因为输入问题导致数据过大或过小,会严重影响距离计算的准确性。

(2)对元素量纲敏感:各个元素之间的量纲差距过大时,量纲大的元素计算结果会遮挡量纲小的元素计算结果,从而使得距离计算结果以大量纲元素为准,无法分析小量纲元素对研究的影响。

欧式距离的计算原理简单,因此可以很容易地写出该距离的计算代码,如下:

```
d = sum((x-y).^2).^0.5;
```

在 MATLAB 中,常用的欧式距离计算函数是 pdist。pdist 函数有两个参数:第一个参数是代表样本向量信息的矩阵;第二个参数是距离的计算方式,默认的计算方式是欧式距离,也可以通过指定参数来说明距离的计

算方式。pdist 函数的调用形式如下：

D = pdist(X,distance);

其中，X 表示向量矩阵，矩阵中的行向量表示样本；distance 表示距离的计算方式，主要的距离计算参数如表 8-1 所示。

表 8-1　距离计算参数

参数形式	参数释义
'euclidean'	欧式距离（默认计算方式）
'minkowski'	闵可夫斯基距离
'chebychev'	切比雪夫距离
'mahalanobis'	马氏距离
'cosine'	余弦距离，该结果为 1- 余弦值
'correlation'	相关性距离
'spearman'	斯皮尔曼距离
'hamming'	汉明距离
'jaccard'	杰拉德距离

使用 pdist 函数计算欧式距离的代码如下：

X = [0.5,0.8,0.2;0.3,0.6,0.5];
D = pdist(X,'euclidean');

上述代码中，参与计算的两个向量分别是 (0.5,0.8,0.2) 和 (0.3,0.6,0.5)，pdist 函数的计算结果是 0.4123。

8.1.2　余弦距离

余弦相似度也是衡量向量间距离的一种方式，是用向量空间中两个向量夹角的余弦值作为标准衡量向量相似度的方式。根据余弦定理，夹角值越小，余弦值越大。余弦相似度认为，空间中两个向量越相似，二者之间的夹角越小；当两个向量完全一样时，二者之间的夹角为零，余弦值为 1；如果二者的相似度越低，则二者之间的夹角越大，余弦值越小；若向量间夹角大于 90°，余弦值将为负值。对于两个长度为 n 的向量，它们之间的余弦距离可以表示为

$$d_{\cos}(x,y) = \frac{\sum_{i=1}^{n}(x_i \times y_i)}{\sqrt{\sum_{i=1}^{n}(x_i)^2} \times \sqrt{\sum_{i=1}^{n}(y_i)^2}}$$

余弦相似度的取值范围为 [-1,1]，该值越大，说明两个向量的相似度越大。如果两个向量相同，则两个向量之间的距离为 1。从上述公式可以看出，余弦相似度可以很好地消除量纲问题带来的距离计算误差。但是，该相似度只考虑了向量的方向，没有考虑向量中元素的重要性。余弦相似度的计算代码如下：

```
a = [2,3,4,4,6,1];
b = [1,3,2,4,6,3];
cosSim = sum(a.*b)/sqrt(sum(a.^2)*sum(b.^2));
```

代码运行结果如下：

0.9436

计算该距离的 pdist 函数调用形式如下：

```
a = [2,3,4,4,6,1];
b = [1,3,2,4,6,3];
X = [a;b];
cosSim = 1- pdist(X,'cosine');
```

pdist 函数的计算结果是 1- 余弦值，所以上述代码使用 1-pdist() 得出向量的余弦距离。这是因为有的研究认为距离越近数值越小，习惯用 0 来

表示两个完全相同的向量；而余弦距离关于相似度值和前者的习惯相反，所以采用1-余弦值的方式表示距离。也有研究习惯用余弦值原来的状态判断相似性，但无论采用哪一种方法，前后计算标准统一即可。

8.1.3 马氏距离

马氏距离是在统计分析的基础上构建的一种距离度量方式，是对欧氏距离的一种修正。通过前面的内容可以知道，欧式距离对向量元素的量纲差距非常敏感。以人员健康信息为例，要记录一个人员的健康状态，需要统计他的身高、体重、血压、血脂等信息。不同人在体重上的差异以千克为单位，而在血脂上的差异以千分数为单位。在计算样本向量距离时，血脂间的差距因数值过小而无法对健康指标有任何体现。当然，这样的差异可以通过归一化进行消除，即将向量中的所有元素值都进行归一化处理。但是，归一化会压缩元素的数值变化范围，使得样本的可分性变差，原来在空间中分散的样本点被集中在一个区域内。

马氏距离是在PCA的基础上构建的，其可以将变量按照主成分的特征向量进行投影，投影后的维度元素相互独立，此时再进行归一化，计算结果会更准确。通过PCA的学习，读者可以知道协方差矩阵对应的特征向量就是新空间的坐标轴向量，并且这些向量都是正交的。马氏距离的计算公式为

$$d_{mahal} = \sqrt{(x-y)^T \Sigma^{-1} (x-y)}$$

式中，Σ为样本集的协方差矩阵。

以此为基础，可以得到以下几种类型的距离计算方式。

1. 两个样本向量之间的距离

该距离是指同一样本集内的两个样本之间的距离，二者之间的向量差

被映射在协方差矩阵所代表的正交特征空间内,具体的计算公式为

$$d_{\text{mahal}} = \sqrt{(x-y)^{\text{T}} \Sigma^{-1} (x-y)}$$

式中,x 和 y 分别为样本集中的两个样本。

该公式同马氏距离的基本计算公式相同。

2. 一个样本到一个样本集之间的距离

有时需要计算一个样本到一个样本集的距离,即计算该样本和某一样本集的相似性,一般采用的方式是计算该样本和该集合中的均值样本的距离,所以计算公式为

$$d_{\text{mahal}} = \sqrt{(x-\mu)^{\text{T}} \Sigma^{-1} (x-\mu)}$$

式中,μ 为目标样本集中的均值向量。

3. 两个样本集之间的距离

有时需要计算两个样本集之间的相似度,就需要计算两个样本之间的距离,本质上是判断两个集合的均值样本之间的相似性,具体的计算公式为

$$d_{\text{mahal}} = \sqrt{(\mu_x - \mu_y)^{\text{T}} \Sigma^{-1} (\mu_x - \mu_y)}$$

计算该距离时,要求两个样本集具有相同的协方差矩阵,即两个集合的向量映射的需是同一个空间。

马氏距离的计算函数调用形式如下:

```
pdist(X,"mahal");
```

例如:

```
X = [1 2; 1 3; 2 2; 3 1];
d=pdist(X,'mahal');
```

代码运行结果如下:

```
2.3452  2.0000  2.3452  1.2247  2.4495  1.2247
```

为了便于计算协方差矩阵，本例在矩阵 X 中设置了四个样本向量，此时 pdist 函数的计算结果为矩阵 X 中任意两行向量之间的马氏距离。计算结果依次为：第一个样本到第二个样本的马氏距离、第一个样本到第三个样本的马氏距离、第一个样本到第四个样本的马氏距离、第二个样本到第三个样本的马氏距离、第二个样本到第四个样本的马氏距离、第三个样本到第四个样本的马氏距离。

【实例 8-1】计算协方差距离。

问题的求解代码如下：

```
X = [1 2; 1 3; 2 2; 3 1];
[m,n] = size(X);
Dis = ones(m,m);
Cov = cov(X);
for i=1:m
    for j=1:m
        D(i,j)=((X(i,:)−X(j,:))*inv(Cov)*(X(i,:)−X(j,:))')^0.5;
    end
end
disp(D);
```

上述代码的计算结果为一个 m×m 矩阵，矩阵中的元素为和下标相对应的向量之间的距离，具体如下：

0	2.3452	2.0000	2.3452
2.3452	0	1.2247	2.4495
2.0000	1.2247	0	1.2247
2.3452	2.4495	1.2247	0

由运行结果可以看到，对角线元素表示每个样本向量和自身的距离，

计算结果为 0。其中，2.3452 表示第一个向量和第二个向量之间的马氏距离。

8.1.4 汉明距离

汉明距离常用于信息论中，表示两个等长字符串向量中位置相同字符不相同的元素个数，如字符串 010010 和 110100 之间的汉明距离为单位 3。汉明距离也可以用在某些图像相似度识别方面，基于这种原理构建的识别算法称为哈希算法。

8.1.5 杰拉德距离

杰拉德距离计算的是两个数据集交集样本数和并集样本数之间的比值，计算公式为

$$J(A,B) = \frac{|A \cap B|}{|A| + |B| - |A \cap B|}$$

杰拉德距离是衡量两个数据集差异的一种方式，是杰拉德相似系数的补。

8.2 基于马氏距离的判别分析

判别分析的应用场景如下：对于一个给定的样本向量，通过计算相似性来判断该样本属于哪一类样本集合。最基础的判断方式是计算该样本到每个样本集的距离，选择距离最小的样本集作为类别判断结果。由前面的讨论可以知道，样本到样本集的距离是通过样本和均值样本之间的差距来计算的。

令 X_1、X_2 表示两个维度相同的样本集合，对于输入的样本 x，首先计算两个样本集的均值向量 μ_1 和 μ_2。样本的判别准则如下：

$$\begin{cases} x \in X_1 & d_{\text{mahal}}(x, X_1) \leq d_{\text{mahal}}(x, X_2) \\ x \in X_2 & d_{\text{mahal}}(x, X_1) > d_{\text{mahal}}(x, X_2) \end{cases}$$

但是，马氏距离的计算是基于两个样本集的方差进行的，所以在开展计算之前，需要先分析二者的协方差是否相同。如果两样本集的方差相同，则可以直接套用 8.1.3 小节的公式开展运算。两个总体之间的马氏距离可以采用如下公式进行计算：

$$d_{\text{mahal}}(\mu_1, \mu_2) = (\mu_1 - \mu_2)^{\text{T}} \Sigma^{-1} (\mu_1 - \mu_2)$$

对于多类样本分类问题，需要分别计算样本到每个样本集的距离，并选择距离最近行的类别作为样本的分类结果。当有 n 个类别的样本集时，样本到每个类别的马氏距离计算公式为

$$d_{\text{mahal}}(x, G_i) = \sqrt{(x - \mu_i)^{\text{T}} \Sigma^{-1} (x - \mu_i)}, i = 1, 2, \cdots, n$$

如果

$$d_{\text{mahal}}(x, G_j) = \min d_{\text{mahal}}(x, G_i), i = 1, 2, \cdots, n$$

则认为样本 x 属于第 j 个样本集。

8.3 贝叶斯判别分析

贝叶斯判别分析也是多元统计判别分析中的一种常用方法。基于马氏距离判别分析的方法没有考虑到每个类别样本出现的概率，贝叶斯是一种以概率为基础推断样本所属类别的分析方法，其在判别分析时加入了每个类别样本出现的概率。该方法以样本的分布情况为基础，统计每个类别中样本的数量；并以此为基础，估计每个类别样本出现的概率。

以鱼类分类为例，现有一条河流，其中栖息着两种鱼类：鲇鱼和鲤鱼。当前的任务如下：当河中游来一条鱼时，如何准确鉴别其所属种类。针对

此问题,可以从四个维度对鱼的特征进行描述:身长、体重、鳞片大小以及触须长度。经过细致观察,得知河中鲇鱼和鲤鱼的数量分布大致为8:2。基于这一比例,一种简单的推断是游来的这条鱼更可能是鲇鱼。这种判断方式称为基于先验概率的判断方式,每种鱼在河中所占比例被定义为先验概率。尽管先验概率在某些情况下可能具有一定的参考价值,但仅凭先验概率进行类别判断显然不够严谨和准确。更为科学的做法是依据鱼的各项特征构建特征向量,进而进行类别判断。然而,在实际生活中,基于先验概率进行类别判断的情况屡见不鲜。例如,仅凭毕业院校就评判学生的综合素质,或根据地域信息推测人物的爱好和性格,又或是以职业信息预判个人的行为习惯。为了改进和提升判断的准确性,应将问题转换为特征已知的情况下,计算类别的条件概率过程:

$$p(w_i|x)$$

上式表示对于输入的特征向量,计算其属于 w_i 类别的概率,并选择类别最大的概率作为分类结果。其最终的判别标准如下。

(1) $p(w_1|x) > p(w_2|x)$:样本类别为 w_1。

(2) $p(w_2|x) > p(w_1|x)$:样本类别为 w_2。

但是,$p(w|x)$ 没有明确的计算依据,很难给出直接的计算公式。在本问题中,鱼的先验概率 $p(w)$ 是已知的,鱼在不同类别下的特征向量取值的概率也可以测量。例如,一条鱼在确定为鲇鱼的前提下,其触须的长度分布概率是可以测量的。根据条件概率公式,可以得到以下结论:

$$p(A|B) = \frac{P(B|A)P(A)}{P(B)}$$

所以,$p(w_i|x)$ 的计算公式可以表示为

$$p(w_i|x) = \frac{p(x|w_i)p(w_i)}{p(x)}$$

$p(w_i|x)$ 也称为后验概率。贝叶斯分类的判断标准就是根据后验概率的取值进行类别判断，取值最大后验概率类别被作为最终的分类结果。

用于提供朴素贝叶斯分类计算的函数是 fitcnb，该函数的常规调用形式如下：

```
mdl = fitcnb(tbl,labelnames,'ClassNames',{'setosa','versicolor','virginica'});
```

其中，tbl 表示样本矩阵；labelnames 表示和样本对应的类别标签；最后两个参数用于明确告诉分类器样本一共包含几个类别，这两个参数可以不写，因此此操作主要用于提高分类函数的计算效率。

【实例 8-2】贝叶斯问题的一般求解流程。

问题的求解代码如下：

```
% 假设 X 是特征矩阵，Y 是对应的标签向量
X = [feature1, feature2,…, featureN];      % 特征矩阵
Y = [label1, label2, …, labelM];            % 标签向量
% 使用 fitcnb 函数训练朴素贝叶斯分类器
nbModel = fitcnb(X, Y);
% 使用训练好的模型进行预测
predictedLabels = predict(nbModel, newFeatures);
% 评估模型性能
classperf(Y, predictedLabels);
```

【实例 8-3】贝叶斯问题求解实例。

问题的求解代码如下：

```
% 假设有以下训练数据
X = [1.5, 2.5, 3.5, 4.5, 5.5;
  2.1, 2.9, 3.3, 4.1, 5.2];
% 假设类别标签如下
Y = [0, 1, 0, 1, 1];
% 训练朴素贝叶斯模型
nbModel = fitcnb(X', Y);
% 新数据的特征值
newFeatures = [3.0, 4.0];
% 使用模型进行预测
predictedLabels = predict(nbModel, newFeatures);
disp(' 预测的类别标签 :');
disp(predictedLabels);
% 评估模型性能
predictedLabels = predict(nbModel, X');
performance = classperf(Y, predictedLabels);
disp(' 模型性能 :');
disp(performance.CorrectRate);
```

classperf 是 MATLAB 中用于评估分类器性能的函数。评分分类效果是训练分类模型的一个重要过程，此项操作可以校验分类器的分类效率。classperf 函数常用的调用形式如下：

```
cp = classperf(groundTruth, classifierOutput);
```

该函数的计算结果是一个对象，其内部以属性的形式记录必要的校验信息。classperf 函数具体的属性信息如下。

（1）ClassLabels：类别标签。

（2）GroundTruth：真实标签。

（3）SampleDistribution：每个样本作为测试集的次数。

（4）CountingMatrix：混淆矩阵。

（5）CorrectRate：正确率。

（6）ErrorRate：错误率。

（7）Sensitivity（召回率）：TP/(TP+FN)。

（8）Specificity（特异度）：TN/(TN+FN)。

（9）PositivePredictiveValue（精确度）：TP/(TP+FP)。

读取 cp 属性的方式如下：

```
correctRate = cp.CorrectRate;
confusionMatrix = cp.CountingMatrix;
```

有时样本数量较少，难以提供足够的数据进行训练器的校验，此时可以使用五折交叉检验方法。该方法将数据集平均分成五部分，每次检验时选择其中一部分作为测试集，其余四部分作为训练集。循环往复五次校验，逐个选择每个部分作为测试集，并对五次检验结果计算平均值，最终将计算结果作为检验结果。

【实例 8-4】常用的五折交叉检验示例。

问题的求解代码如下：

```
% 假设 data_features 是特征数据集，labels 是对应的标签
data_features = [⋯];              % 特征数据集
labels = [⋯];                     % 标签
% 五折交叉验证
```

```matlab
k = 5;                              % 折数
folds = ceil(length(labels) / k);   % 计算每折的样本数
for i = 1:k
    % 随机选择测试集和训练集的索引
    testIndices = randperm(length(labels), folds);
    testIndices = testIndices((i-1)*folds + 1 : i*folds);
    trainIndices = setdiff(1:length(labels), testIndices);
    % 训练模型
    model = fitcnb(data_features(trainIndices,:), labels(trainIndices));
    % 测试模型
    predictedLabels = predict(model, data_features(testIndices, :));
    % 评估模型性能
    cp = classperf(labels(testIndices), predictedLabels);
    % 收集性能指标，这里以准确率为例
    if i == 1
        accuracies = cp.CorrectRate;
    else
        accuracies = [accuracies, cp.CorrectRate];
    end
end
% 计算平均准确率
meanAccuracy = mean(accuracies);
disp(['平均准确率：', num2str(meanAccuracy)]);
```

8.4 K近邻判别

K-近邻（K-Nearest Neighbors,KNN）是一种距离分类方法，即给定一个已分类的样本集，对新输入的样本，在样本空间中寻找和其最相似的 K 个样本，并根据这些相似样本所属的类别，判断输入样本的类别信息。该方法的一般计算过程如下。

（1）确定 K 值：一般用 K 表示，方法名中的 K 也来源于此。

（2）确定距离度量：KNN 方法的计算依据是样本之间的距离，常用的距离有欧氏距离、余弦距离和马氏距离。

（3）计算样本的 K 近邻间距离：根据距离标准，找出与输入样本最相似的 K 个已分类样本。

（4）分类决策：对计算结果进行分析，并得出分类结果。一般采用投票法进行结果预测，如包含哪个类别的样本多就预测为哪个类别。

KNN 方法的优点是计算原理和过程简单易懂。但是，当训练集过大时，使用 KNN 方法会出现计算复杂过大的问题，另外 K 值的选择和距离的度量方式也会影响计算结果。

用于 KNN 的计算函数是 fitcknn，该函数的一般调用形式如下：

```
mdl = fitcknn(tbl,labelNames);
predictedClass = predict(mdl, newSamples);
```

其中，tbl 表示样本矩阵，矩阵中的一行数据表示一个样本；labelNames 表示类别数组，数组中的每个元素对应一个样本的类别；newSamples 表示一个待预测的样本；predictedClass 表示预测结果。

【实例 8-5】KNN 问题求解实例。

问题的求解代码如下：

```matlab
% 加载数据集
load fisheriris;
X = meas;                          % 特征矩阵
Y = species;                       % 类别标签
% 拟合 KNN 分类器
k = 5;                             % 选择 K 值
mdl = fitcknn(X, Y, 'NumNeighbors', k);
% 预测新样本
newSamples = [5 3.1 1.5 0.2];      % 新样本的特征
predictedClass = predict(mdl, newSamples);
% 输出预测结果
disp(['Predicted class: ', char(predictedClass)]);
```

predict 函数会基于训练好的模型对输入样本进行类别预测。这是 MATLAB 设计的一个分类机制：所有训练出来的模型都可以使用 predict 函数进行预测，可以配合使用的学习器有决策树、支持向量机、朴素贝叶斯、KNN 等。这种模式大幅度优化了 MATLAB 分类预测的代码逻辑。该函数的一般调用形式如下：

```matlab
predictions = predict(mdl, X);
```

其中，mdl 表示一个训练好的模型对象；X 表示输入的测试信息，可以是一个数组，也可以是一个矩阵；predictions 表示模型预测结果。

本章小结

本章介绍了一些常用的距离判别方法，大幅度拓展了向量相似性的可用比较方法，并以此为基础讲解了基于协方差矩阵的判别方式、基于概率的判别方式和基于样本间距离的判别方式。

第9章 符号计算

> **◎ 内容提要**
>
> 符号计算又称符号推理,是计算机代数系统中的一种重要计算方式,能够对数学表达式进行精确的代数操作,而不是进行数值计算。符号计算可以处理变量、函数和表达式,并能够进行化简、求导、积分、方程等求解操作。

符号计算是一种基于符号的数学计算方式,能够处理符号表达式和符号方程。符号计算具有精确性、通用性、可读性和自动化等特点,适用于各种数学问题的求解。精确性即提供精确的数学结果,而不是数值近似;通用性即可以处理各种数学表达式和操作;可读性即输出结果通常保持数学符号的形式,易于理解;自动化即计算机代数系统可以自动执行复杂的数学运算。MATLAB符号计算可用于计算复杂的数学和工程问题,如微积分、线性代数和微分方程。

符号计算使用符号表达式进行计算,而数值计算使用具体的数值进行计算。符号计算可以保持表达式的精确性,即在推导过程中只涉及符号的变化,不会损失精度;而数值计算可能会因为存储器空间问题导致数据精度损失。符号计算适用于公式推导,而数值计算适用于具体数值求解。

符号计算在教育、科学研究、工程设计等领域都有广泛的应用。例如,在解决复杂的数学问题、优化算法、模拟物理现象等方面,符号计算就是一种强大的工具。MATLAB中的符号计算功能通过Symbolic Math Toolbox

实现，Symbolic Math Toolbox 允许用户在 MATLAB 中执行符号计算，包括但不限于表达式的操作、方程求解、积分、导数、变换（如拉普拉斯变换、傅里叶变换）等。

9.1 符号变量的创建

在 MATLAB 中创建符号表达非常简单，首先使用 syms 或 sym 函数创建符号变量，然后以此为基础，构建相应的符号表达式。在使用符号计算功能之前，需要确保 MATLAB 中已包含 Symbolic Math Toolbox。

9.1.1 syms 函数

在 MATLAB 中，创建符号变量的函数为 syms。基于 syms 函数，可以使用两种形式创建符号变量，分别是创建单个符号变量和创建多个符号变量。

1. 创建单个符号变量

创建单个符号变量的语法格式如下：

```
syms x;
```

该语句可以创建一个名为 x 的符号变量。

2. 创建多个符号变量

创建多个符号变量的语法格式如下：

```
syms x y z;
```

该语句可以创建三个符号变量，分别是 x、y 和 z。注意，变量之间使用空格来分隔，而不是逗号。

9.1.2　sym 函数

sym 函数也可以用来创建符号变量，该函数的主要作用是将字符串或数值转换为符号对象，也可以直接基于字符串创建一个符号表达式。该函数的常规调用形式如下：

```
x = sym('x');
A = sym('a',[n1 … nM]);
A = sym('a',n);
```

1. 创建单个符号变量

创建单个符号变量的语法格式如下：

```
s=sym('x');
```

该语句基于字符串 x 创建了一个符号变量，并将创建结果存储在变量 s 中。需要注意的是，使用该函数创建的结果必须赋值给一个变量，否则后续创建表达式时系统会提示变量无法识别。以下是一个错误的代码示例：

```
sym('s');
f = s + 1;
```

第一条语句表示创建了一个符号变量，第二条语句调用了一个未定义的变量。代码运行结果如下：

```
函数或变量 's' 无法识别。
```

该功能的正确代码如下：

```
m = sym('s');
f = m + 1;
```

代码运行结果如下：

```
s + 1
```

由运行结果可以看到，符号表达式中的未知量是 s，m 只用来存储符号变量。虽然在构建表达式的语句中使用了变量 m，但是创建结果仍是关于 s 的表达式。

2. **创建符号常量**

除了符号变量，sym 函数还可以创建符号常量。与数值不同，符号常量可以按照常规的数学形式进行显示。以分数为例，创建分数符号常量的代码如下：

```
m = sym('2/3');
```

代码运行结果如下：

```
2/3
```

由运行结果可以看到，符号常量的显示结果仍是分数，而不是相应的数值计算结果。如果需要分数的数值计算结果，则需要使用 vpa 函数，即 vpa(m)。

3. **创建符号数组**

使用 sym 函数，可以根据一定的规则，快速、以向量的形式创建多个符号变量，代码如下：

```
s = sym('a',[1 4])
```

代码运行结果如下：

```
[a1, a2, a3, a4]
```

由运行结果可以看到，四个符号变量名字的起始字母都是 a，后面的数字依次为 1、2、3、4。sym 函数的第二个参数（数组）用于指定数值变化的起始值和终止值,同时也用于说明数组的维度。例如,[1 4]表示数组的维度为 1 行 4 列。

4. 创建符号矩阵

使用 sym 函数创建符号矩阵时,可以通过第二个参数指定矩阵的维度,sym 函数会根据维度信息自动为每个符号元素命名。例如:

```
s = sym('A',[3 4]);
```

代码运行结果如下:

[A1_1, A1_2, A1_3, A1_4]

[A2_1, A2_2, A2_3, A2_4]

[A3_1, A3_2, A3_3, A3_4]

如果希望创建的矩阵是一个方阵,则可以只指定一个维度的信息。例如:

```
s = sym('A',5);
```

代码运行结果如下:

[A1_1, A1_2, A1_3, A1_4, A1_5]

[A2_1, A2_2, A2_3, A2_4, A2_5]

[A3_1, A3_2, A3_3, A3_4, A3_5]

[A4_1, A4_2, A4_3, A4_4, A4_5]

[A5_1, A5_2, A5_3, A5_4, A5_5]

9.2 符号表达式的创建

创建符号表达式的方式有两种,第一种方式是基于运算符创建符号表达式;第二种方式是基于字符串创建符号表达式,使用的函数为 str2sym 函数。

9.2.1 基于已有符号变量创建符号表达式

在完成符号变量创建后,可以直接使用运算符创建符号表达式,具体的创建方式如下:

```
syms x y;
f = x^2 + y^3;
```

上述变量即是基于已有符号变量创建的符号表达式。

9.2.2 基于字符串创建符号表达式

当需要基于文本字符串创建表达式时,可以使用 str2sym 函数。使用该方式创建符号表达式时,可以跳过变量定义阶段,直接完成创建。该方式的优势是创建方式简单、直接;缺点是不灵活,不能对符号表达式进行灵活修改。str2sym 函数的调用形式如下:

```
r = str2sym('字符串')
```

使用该函数创建符号表达式的示例代码如下:

```
expr1 = str2sym('x^2 + 3*x + 2');
expr2 = str2sym('x^2 + sin(x)');
expr3 = str2sym('(a + b*x)^2');
expr4 = str2sym('integrate(x^2, x)');
```

9.3 符号表达式的运算

MATLAB 提供了一系列符号计算函数,可以使用这些函数对符号表达式进行操作,如求导、积分、极限、化简等。

9.3.1 导数计算

导数描述了函数在某一点处的顺势变化率,说明了当自变量发生一个非常小的改变时,函数值将会发生的变化。导数计算被广泛应用于物理学、工程学、经济学等领域的计算问题。对于一个函数 $f(x)$,其在点 $x=a$ 处的导数定义为

$$f'(a) = \lim_{h \to 0} \frac{f(a+h) - f(a)}{h}$$

如果该极限存在,则称 $f(x)$ 函数在 $x=a$ 可导,$f'(a)$ 表示 f 在 a 点的导数。用于计算符号表达式导数的函数是 diff,该函数的调用形式如下:

```
dfdx = diff(f, x);        % 对 f 关于 x 求导
```

【实例 9-1】符号函数求导。

问题的求解代码如下:

```
syms x;
f = x^2 + 3*x + 2;
dfdx = diff(f, x);        % 计算 f 关于 x 的导数
```

代码运行结果如下:

```
2*x + 3
```

9.3.2 积分计算

积分是数学分析中的一个重要工具，可以用于计算物体的位移、工作量、概率分布等。积分计算与导数计算密切相关，可以分为不定积分和定积分两种。

（1）不定积分：找到一个函数，使其导数等于给定的函数。

（2）定积分：与积分区间有关，表示在某个区间 $[a,b]$，函数曲线下方的面积。定积分的表达式为 $\int_a^b f(x)\mathrm{d}x$。

使用 int 函数计算符号表达式的定积分和不定积分，该函数的调用形式如下：

```
r = int(f, x);              % 计算 f 关于 x 的不定积分
r = int(f, x, a, b);        % 计算 f 在区间 [a,b] 上关于 x 的积分
```

【实例 9-2】计算不定积分和定积分。

不定积分：

```
syms x;
f = x^2 + 3*x + 2;
indefinite_integral = int(f, x);    % 计算 f 的不定积分
```

定积分：

```
syms x;
f = x^2 + 3*x + 2;
a = 0;                              % 区间的下限
b = 1;                              % 区间的上限
definite_integral = int(f, x, a, b);   % 计算区间 [a, b] 上 f 的定积分
```

注意，定积分的计算结果是一个具体数值，而不是函数形态；不定积分的计算结果是 $f(x)$ 原函数的表达式。

9.3.3 极限计算

极限描述了一个函数在自变量无限接近某个值时，函数的可能取值情况。对于一个函数 $f(x)$，当 x 接近于 a 时，如果函数的值趋近于一个确定值 L，则认为 $f(x)$ 在 x 接近于 a 时的极限为 L。L 定义为

$$\lim_{x \to a} f(x) = L$$

limit 函数用于计算符号表达式的极限，该函数的调用形式如下：

```
lim = limit(f, x, inf);          % 计算当 x 趋向无穷时 f 的极限
```

其中，limit 函数的第二个参数用于指定作为自变量的符号，第三个参数用于指定 a 的值。

【实例 9-3】使用符号函数对 $f(x) = \dfrac{\sin(x)}{x}$ 求极限。

问题的求解代码如下：

```
syms x;                          % 定义符号变量 x
f = sin(x)/x;                    % 定义 f(x) 函数为 sin(x)/x
limit_x = limit(f, x, 0);        % 计算当 x 趋向于 0 时 f(x) 的极限
disp(limit_x);                   % 显示结果
```

【实例 9-4】计算极限 $\lim\limits_{x \to \infty} \dfrac{e^x}{x^2}$。注意，此实例的 x 趋向于无穷大，需要使用关键字 inf 来表示无穷大。

问题的求解代码如下：

```
syms x;                    % 定义符号变量 x
f = exp(x)/(x^2);          % 定义函数 f(x) 为 e^x/x^2
limit_x = limit(f, x, inf); % 计算当 x 趋向于无穷大时 f(x) 的极限
disp(limit_x);             % 显示结果
```

9.3.4 多项式化简计算

多项式化简是将一个多项式表达式转化为一个更简单、更紧凑的形式，并同时保持数学的等价性。化简的目的是让多项式更容易理解和计算。用于化简多项式的函数为 simplify，该函数的调用形式如下：

```
sp = simplify(hfbds)
```

【实例 9-5】使用 simplify 函数对多项式 $(x+1)^2+(x-1)^2$ 进行化简。

问题的求解代码如下：

```
syms x
poly = (x + 1)^2 + (x - 1)^2;
simplified_poly = simplify(poly);
```

代码运行结果如下：

```
simplified_poly = 2*x^2 + 2
```

9.3.5 替换符号变量

替换符号变量是将表达式中的一个未知变量替换为另一个未知变量的操作，主要用于简化表达式的形式。一般可对表达式中功能稳定、形式复

杂的部分进行替换，简化书写和理解。subs 函数用于对符号表达式中的变量进行替换，该函数常用的调用形式如下：

```
r= subs(f, x, y);        % 将 f 中的 x 替换为 y
```

【实例 9-6】以如下多项式为例，使用 y 替换式中的所有变量 x^2。

$$x^4 + x^2 + 1$$

替换后的结果为

$$y^2 + y + 1$$

问题的求解代码如下：

```
syms x y;
expr = x^4 + x^2 + 2;
newExpr = subs(expr, x^2, y);
disp(newExpr);
```

代码运行结果如下：

```
y^2 + y + 2
```

【实例 9-7】替换多个符号变量。subs 函数还可以同时替换多个符号变量，本例将表达式中的符号变量 x 和 y 替换为 u 和 v。

问题的求解代码如下：

```
syms x y u v;                    % 定义符号变量 x、y、u、v
expr = x^2 * y + x * 2 + y;      % 定义表达式
% 替换 x 为 u, y 为 v
newExpr = subs(expr, [x, y], {u, v});
disp(newExpr);                   % 显示替换后的表达式
```

代码运行结果如下：

```
u^2 * v + u * 2 + v
```

9.3.6 解方程

可以使用 solve 函数求解符号方程。solve 函数可以计算线性方程、非线性方程、方程组及包含参数的方程，当方程中没有其他自由参数时，solve 函数将给出方程的数值解。

1. 符号代数方程求解

（1）不含未知参数的单变量方程求解。

当求解二次方程 $ax^2+bx+c=0$ 时，可以使用如下代码：

```
syms x;                                % 定义符号变量 x
a = 1; b = -3; c = 2;                  % 定义系数 a、b、c
equation = a*x^2 + b*x + c == 0;       % 定义方程
solution = solve(equation, x);         % 求解方程
disp(solution);                        % 显示解
```

在上述代码中，方程的书写方式是 a*x^2 + b*x + c == 0，将其作为一个整体放在赋值号的右边。对于 equation == 0 的情况，可以只写 equation 部分，从而简化代码的书写。因此，上述求解代码可以重写如下：

```
equation = a*x^2 + b*x + c;            % 定义方程
```

代码运行结果如下：

```
1,2
```

（2）包含未知参数的单变量方程求解。

对于包含未知参数的单变量方程，使用 solve 函数求解的结果是关于参数的表达式。以一元二次方程 $ax^2+bx+c=0$ 为例，a、b、c 是未知参数，则该方程的求解代码如下：

syms x a b c;	% 定义符号变量 x、a、b、c
equation = a*x^2 + b*x + c == 0;	% 定义方程
solution = solve(equation, x);	% 求解方程
disp(solution);	% 显示解

求解结果如下：

−(b + (b^2 − 4*a*c)^(1/2))/(2*a)
−(b − (b^2 − 4*a*c)^(1/2))/(2*a)

可以看到求解的结果是关于参数 a、b、c 的公式表达形式。

2. 线性方程组求解

当求解方程组 $\begin{cases} x+y=2 \\ x^2+y^2=4 \end{cases}$ 时，可以先将每个方程转换为 equations==0 的形式，即 $\begin{cases} x+y-2=0 \\ x^2+y^2-4=0 \end{cases}$，再进行求解。问题的求解代码如下：

syms x y;	% 定义符号变量 x、y
eq1 = x + y − 2;	% 第一个方程
eq2 = x^2 + y^2 − 4;	% 第二个方程
equations = [eq1, eq2];	% 定义方程组
solutions = solve(equations,[x,y]);	% 求解方程组
disp(solutions.x,solutions.y);	% 显示解

slove 函数的计算结果 solutions 是一个结构体，其中包含变量 x 和 y 的值。结构体信息的查看方式为 solutions.x 和 solutions.y。

3. 非线性方程组求解

当求解方程组 $\begin{cases} x^2 - y = 0 \\ x^2 + y^2 = 4 \end{cases}$ 时，可以先将其转换为如下形式：$\begin{cases} x^2 - y = 0 \\ x^2 + y^2 - 4 = 0 \end{cases}$。问题的求解代码如下：

```
syms x y;                                  % 定义符号变量 x、y
eq1 = x^2 + y^2 - 4;                       % 第一个方程
eq2 = x^2 - y ;                            % 第二个方程
solution = solve([eq1, eq2], [x, y]);      % 求解方程组
disp(solution.x,solution.y);               % 显示解
```

代码运行结果如下：

```
-(- 17^(1/2)/2 - 1/2)^(1/2)
 -(17^(1/2)/2 - 1/2)^(1/2)
 (- 17^(1/2)/2 - 1/2)^(1/2)
  (17^(1/2)/2 - 1/2)^(1/2)
```

注意，求解结果中包含多组问题的解，这是因为非线性方程组的求解结果不唯一。

4. 包含参数的方程组求解

当求解包含参数的方程组 $\begin{cases} ax + by = c \\ dx + ey = f \end{cases}$ 时，问题的求解代码如下：

```
syms x y a b c d e f;                      % 定义符号变量 x、y、a、b、c、d、e、f
eq1 = a*x + b*y == c;                      % 第一个方程
eq2 = d*x + e*y == f;                      % 第二个方程
solution = solve([eq1, eq2], [x, y]);      % 求解方程组
disp(solution);                            % 显示解
```

代码运行结果如下：

x: –(b*f – c*e)/(a*e – b*d)

y: (a*f – c*d)/(a*e – b*d)/2)

注意：

（1）solve 函数返回的解可能是符号表达式，特别是当方程组有多个解时。

（2）对于非线性方程组，solve 函数可能无法找到所有解，或者在某些情况下可能需要更复杂的方法来找到所有解。

（3）对于非常大的方程组或者非常复杂的方程，solve 函数可能需要较长的计算时间，或者可能无法找到解析解。

9.4 符号表达式的操作

9.4.1 符号表达式的显示

在构建符号表达式时使用的是代码形式，如果希望符号表达式按照常规数学形式进行显示，则需要使用 pretty 函数实现。pretty 函数的调用形式如下：

r = pretty(s)

其中，s 表示符号表达式，r 表示函数的运行结果。

【实例 9-8】使用 pretty 函数对下式进行常规数学形式显示：

$$x^2 - 3e^x + \frac{x-1}{x+3}$$

问题的求解代码如下：

```
syms x;
f = x^2 – 3*exp(x) + (x–1)/(x+3);
pretty(f)
```

代码运行结果如下：

```
x - 1            2
-----  - 3 exp(x)  +  x
x + 3
```

注意，该函数的运行结果与常规的表达式书写形式存在一定的差异，这是因为该函数的结果显示方式仍以代码形式为基础，对于指数和分数这种较为复杂的表达式使用多行形式进行显示。

9.4.2　符号表达式的合并

合并同类项是代数运算中的一个基本操作，其是将具有相同变量和相同幂次的项进行合并的过程，使得多项式更加简洁、明晰。以下面的多项式为例：

$$3x^2 + 2x - x^2 + 4$$

该式可以根据未知量 x 的幂次进行合并，并得到以下合并结果：

$$2x^2 + 2x + 4$$

显然，简化后的多项式更加明晰且容易理解。但不是所有的多项式合并计算都这么简洁明了，对于一些复杂的表达式，需要耗费人们大量的时间。以下面的表达式为例：

$$5x^3y^2 + 3x^2y^2 - 2x^3y + 4x^2 - x^3y^2 + 2xy^2$$

若直接对该公式进行求解，需要推导若干过程，而使用 collect 函数则可以直接求解。collect 函数的调用形式如下：

```
r = collect(s);
r = collect(s,v);
```

其中，s 是符号表达式，r 是计算结果，v 用于指定合并的单位。默认情况下，以 x 为单位进行同幂次合并；如果需要采用其他合并单位，可以通过参数 v 进行指定。

【实例 9-9】针对上式，使用 collect 函数进行表达式合并。

问题的求解代码如下：

```
syms x y;
f1 = 5*x^3*y^2 + 3*x^2*y^2 − 2*x^3*y +4*x^2 − x^3*y^2 + 2*x*y^2;
r = collect(f1);
```

代码运行结果如下：

```
(4*y^2 − 2*y)*x^3 + (3*y^2 + 4)*x^2 + 2*y^2*x
```

从运行结果可以看出，collect 函数以未知量 x 的幂次为单位对表达式进行了合并。如果希望表达式的合并单位为 y，则可以采用以下合并方式：

```
r = collect(f1,y);
```

代码运行结果如下：

```
(4*x^3 + 3*x^2 + 2*x)*y^2 + (−2*x^3)*y + 4*x^2
```

如果希望表达式的合并单位是 xy，则问题的求解代码如下：

```
r=collect (f1,'xy')
```

代码运行结果如下：

```
4*x^3*y^2 − 2*x^3*y + 3*x^2*y^2 + 4*x^2 + 2*x*y^2
```

注意，在涉及多个符号变量时，需要通过数组的形式进行指定。

本例中涉及的符号变量形式为 xy，故通过数组 $[x,y]$ 指定相应的合并单位。

9.4.3 符号表达式的展开

多项式展开是指将一个多项式通过乘法运算或其他代数方法展开成若干个单项式或更简单的多项式之和的形式，该过程涉及分配律，即将单项式乘以多项式中的每一项。多项式展开是代数运算中的一种基本操作，展开后表达式更加易于观察和理解。以下式为例：

$$(x^2+3x-4)(2x-1)$$

合并后的结果为

$$2x^3+5x^2-11x+4$$

MATLAB 提供的符号表达式展开函数是 expand，该函数的调用形式如下：

```
r = expand(s)
```

【实例 9-10】针对上式，使用 expand 函数进行符号表达式的展开。
问题的求解代码如下：

```
syms x;
f = (x^2+3*x-4)*(2*x-1);
r = expand(f);
```

代码运行结果如下：

```
2*x^3 + 5*x^2 - 11*x + 4
```

【实例 9-11】针对下式，使用 expand 函数进行符号表达式的展开。

$$\left[x^2+\sin(x)\right](2x-1)$$

问题的求解代码如下:

```
syms x;
f = (x^2+sin(x))*(2*x-1);
r = expand(f);
```

代码运行结果如下:

```
2*x*sin(x) – sin(x) – x^2 + 2*x^3
```

9.4.4 符号表达式的分解

多项式分解又称因式分解,是将一个多项式重写为几个多项式或单项式乘积的过程。多项式分解是代数求解中的一个常见技巧,常用于简化多项式或求解多项式。多项式分解方法包括提取公因式、平方差公式、分组法、匹配法等。

假设需要分解的多项式如下:

$$x^3 - 27$$

根据自变量的性质和数字的变化规律,可以将上式分解为

$$(x-3)(x^2+3x+9)$$

MATLAB 提供的多项式分解函数为 factor,该函数的调用形式如下:

```
r = factor(s);
```

如果 s 可以被分解,则返回分解后的符号表达式;如果 s 不可分解,则返回符号表达式的原形式。

【实例9-12】针对表达式 x^3-27,使用 factor 函数进行符号表达式的分解。

问题的求解代码如下：

```
syms x;
f = x^3 – 27;
r = factor(f);
```

代码运行结果如下：

```
[x – 3, x^2 + 3*x + 9]
```

由运行结果可以看到，factor 函数使用数组形式给出了分解结果，该结果与之前的推导结果一致。

【实例 9-13】针对下式，使用 factor 函数进行符号表达式的分解。

$$x^3 - \sin(x)$$

问题的求解代码如下：

```
syms x;
f = x^3 – sin(x);
r = factor(f);
```

代码运行结果如下：

```
x^3 – sin(x)
```

由运行结果可以看到，对于不可分解的表达式，factor 函数会给出表达式的原形式。

本章小结

本章介绍了 MATLAB 符号计算的使用方法，具体包括符号变量的创建，符号表达式的创建、运算和操作。

第10章 插值

> **内容提要**
>
> 插值是一种重要的数学方法,用于根据已知数据点估计未知点的值,对于填补数据缺失、平滑数据曲线以及提高数据精度等具有重要作用。本章首先介绍了插值与拟合的相关知识,概述了插值与拟合的基本概念和区别,指出插值要求函数在观测点的计算结果与观测结果相同,而拟合允许存在一定偏差;接着详细讲解了一维插值和二维插值的常用方法,在一维插值部分讲述了最近邻插值、线性插值、拉格朗日插值、牛顿插值、分段埃尔米特插值、抛物线插值和样条插值,在二维插值部分讲述了最近邻插值、双线性插值和双三次插值。

10.1 概述

在进行数字图像处理或数值数据预处理时,经常会遇到数据缺失的问题。使用缺失数据进行数据分析会给模型的准确性带来非常大的影响,故需要在研究前对缺失数据进行补充。常用的数据补充方法有数据插值和数据拟合。要对缺失点的数据值进行估计,首先需要估计数据产生的函数形态,然后基于估计的函数信息计算插值点的信息。插值方法要求函数在观测点的计算结果与观测结果相同,拟合方法则允许函数在观测点的计算结果与观测结果存在一定的偏差。

令 $x_1, x_2, \cdots, x_n$ 表示 n 个互异的观测点，$y_1, y_2, \cdots, y_n$ 表示这 n 个点的观测值。插值函数的目标是估计一个插值函数 $f(x)$，使得该函数在这 n 个点的函数值与观测值相同，即

$$f(x_i) = y_i \tag{10-1}$$

对于插值点的数值，则可以通过插值函数得出。MATLAB 的插值函数分为内部插值函数和外部插值函数。内部插值要求函数在已知点是单调的，并且待计算未知点的取值在观测点自变量的取值范围内，对应的函数有 interp1、interp2、interpn。本章主要包括一维插值和二维插值两方面内容，其中维度主要是指插值点位置信息的维度，即自变量的维度。

10.2 一维插值

一维插值是指插值点的位置信息由一个数值来描述，如平面中的曲线，曲线的横坐标一般被认为是插值点的位置信息，曲线的纵坐标被认为是插值点的观测信息。常用的一维插值方法包括最近邻（nearest）插值、线性（linear）插值、拉格朗日插值、牛顿插值、分段埃尔米特插值（Piecewise Hermite Interpolation）、抛物线插值和样条（spline）插值。

MATLAB 提供的一维插值的函数是 interp1，该函数的调用形式如下：

```
yq = interp1(x,y,xq);
```

其中，x 和 y 为记录观测点的自变量和因变量的向量，xq 为包含未知点自变量的向量，yq 为包含插值结果的向量。

interp1 函数还有其他调用形式：

```
yq = interp1(x,y,xq,method);
```

其中，method 参数用于指定插值方法，可指定的方法有最近邻插值、线性插值（此方法为默认插值方法）、样条插值、分段埃尔米特插值等。

10.2.1 最近邻插值

最近邻插值也称零阶插值，其基本思想是使用周围观测点的值对未知点的函数值进行估计。在一维向量中，每个未知点有两个相邻的观测点，而最近邻插值只选择一个点作为函数的估计值，所以在计算时选择距离未知点最近的观测点进行插值，如图 10-1 所示。

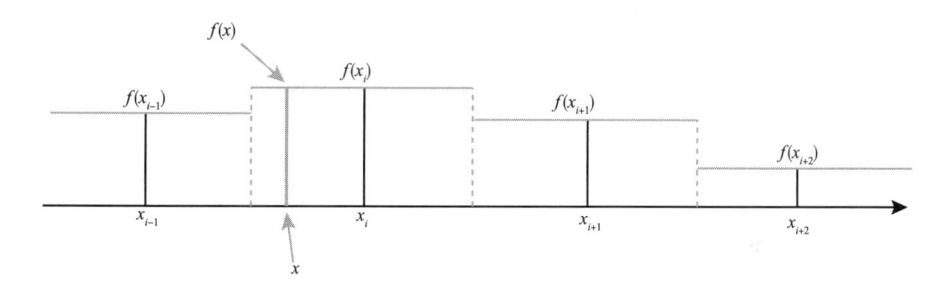

图 10-1　最近邻插值

图 10-1 中，插值点为 x，插值点周围的点为 x_{i-1} 和 x_i，可以看出与插值点最近的观测点是 x_i，所以插值点的取值为 $f(x_i)$。使用最近邻插值计算简单，但曲线不平滑，仅能满足一些简单的需求。

【实例 10-1】现有一个未知函数的若干观测值，观测值的信息如下：

```
x1=[0 3 5 7 9 11 12 13 14 15];
y1=[0 1.2 1.7 2 2.1 2 1.8 1.2 1 1.6];
```

试使用最近邻插值法对插值点 0：0.1：15 的信息进行计算，并绘制函数图像。

问题的求解代码如下：

```
x1=[0 3 5 7 9 11 12 13 14 15];
y1=[0 1.2 1.7 2 2.1 2 1.8 1.2 1 1.6];
x=0:0.1:15;
y=interp1(x1,y1,x,'nearest');
plot(x1,y1,'.',x,y,'r');
grid off;
title('nearest');
xlabel('x');
ylabel('y');
```

代码运行结果如图 10-2 所示。

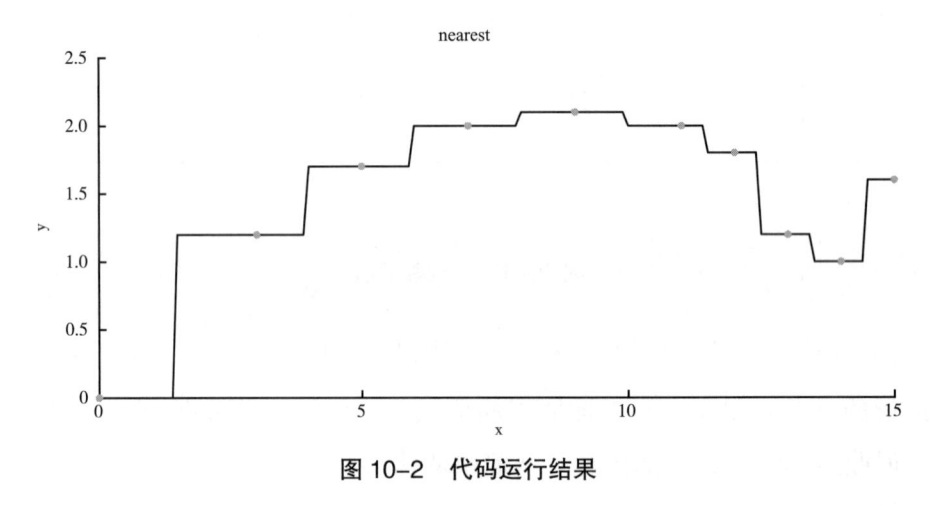

图 10-2　代码运行结果

从图 10-2 所示结果可以看出，最近邻插值的结果呈阶梯状，虽然大体符合函数的原有形态，但是数据效果较差，需要进一步改进。

10.2.2　线性插值

线性插值也是一种常用的插值方法，该方法认为插值函数在任意两个相邻点之间的函数形式是线性函数。线性插值的基本思想是根据观测点数值计算两点之间的斜率，并以此为基础构建观测点之间的斜线函数。如图10-3所示，观测点之间的连接方式是直线。

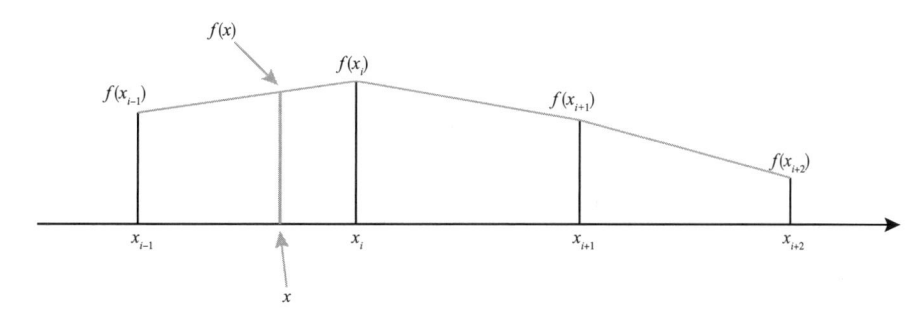

图 10-3　线性插值

相比于其他插值方法，线性插值具有计算简单、表示方便等特点。假设两个观测数据为 (x_0, y_0) 和 (x_1, y_1)，采用插值函数 $f(x) = ax + b$ 对未知函数进行模拟。根据插值计算的要求，可以得到两个等式 $y_0 = f(x_0)$ 和 $y_1 = f(x_1)$，这两个等式的展开形式如下：

$$\begin{cases} y_0 = ax_0 + b \\ y_1 = ax_1 + b \end{cases}$$

通过对上述方程组求解，可以得出以下结果：

$$a = \frac{y_1 - y_0}{x_1 - x_0}, \quad b = \frac{y_0 x_1 - y_1 x_0}{x_1 - x_0} \tag{10-2}$$

根据以上计算结果，可以得到插值函数的具体形式：

$$f(x) = \frac{y_1 - y_0}{x_1 - x_0} x + \frac{y_0 x_1 - y_1 x_0}{x_1 - x_0} \tag{10-3}$$

对上式进行整理后，可以得出：

$$f(x) = \frac{x - x_1}{x_1 - x_0} y_0 + \frac{x - x_0}{x_1 - x_0} y_1 \tag{10-4}$$

插值点的位置既可以在 x_0 和 x_1 之间，也可以在 x_0 和 x_1 之外，因此这种插值方法被称为线性外插。

【实例 10-2】以正弦函数为例,现有一组正弦曲线观测点的值,使用线性插值方法进行插值计算,并绘制插值后的结果。

已知观测点位置信息如下:

x = 0:pi/4:2*pi;

y = sin(x);

未知点位置信息如下:

xq = 0:pi/16:2*pi;

使用线性插值的代码如下:

vq1 = interp1(x,y,xq);

plot(x,y,'o',xq,vq1,':.');

xlim([0 2*pi]);

代码运行结果如图 10-4 所示。

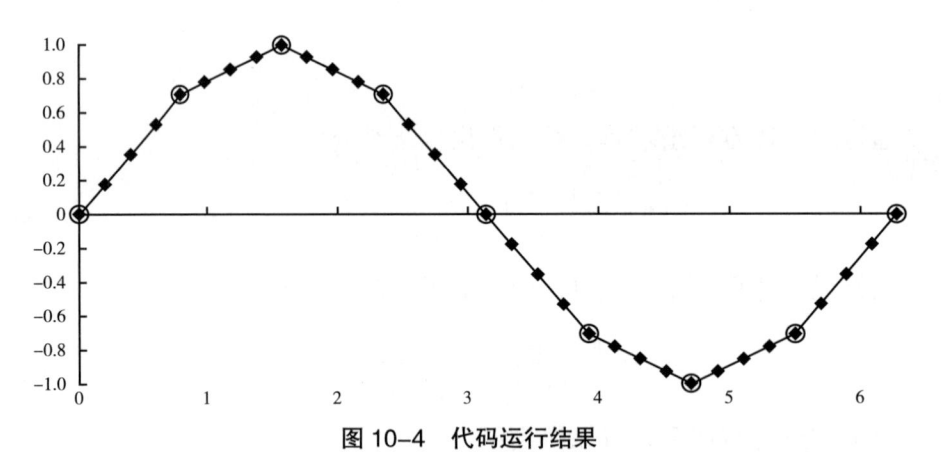

图 10-4 代码运行结果

线性插值法是 interp1 函数的默认插值方法,所以在求解代码中没有对插值方法进行指定。图 10-4 中,圆圈表示观测点,方块表示插值点,从图中可以看出数据点之间的连线形式为直线,插值后的曲线呈分段线性形态,插值结果基本满足正弦函数特性。所以,线性插值方法虽然计算简单,但是插值结果不平滑。如果希望得到更为光滑的插值结果，可以使用其他插值方法，如样条插值。本例使用样条插值的代码如下：

```
vq2 = interp1(x,y,xq,'spline');
plot(x,y,'o',xq,vq2,':.');
xlim([0 2*pi]);
```

使用样条插值绘制的图形如图 10-5 所示。

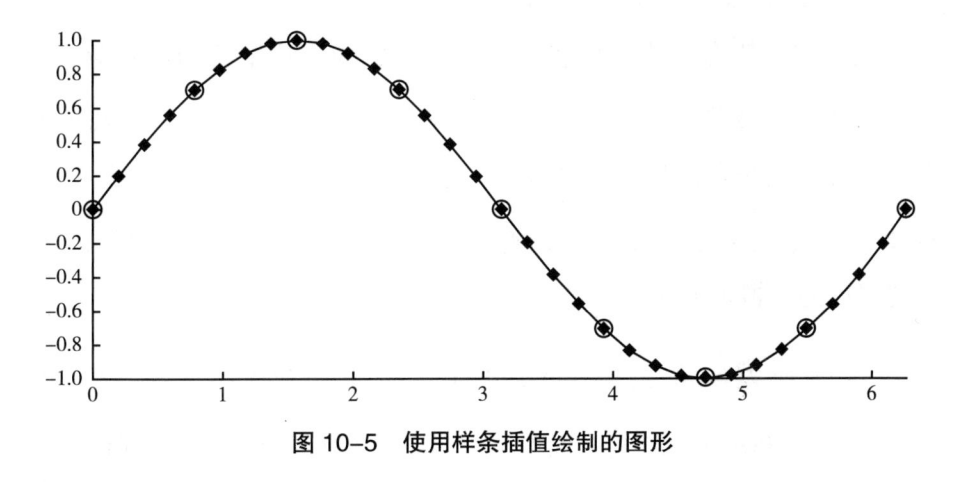

图 10-5 使用样条插值绘制的图形

由图 10-5 可以看到，使用样条插值获得的曲线趋于平滑。更多插值方法将在后面的章节逐一介绍。

10.2.3 拉格朗日插值

拉格朗日插值是使用多项式作为插值函数的一种插值方法。多项式函数对应的曲线是平滑的，故使用拉格朗日插值方法可以得到一个平滑的插值结果。拉格朗日插值多项式由多个次数不超过 n 的多项式组成，对于 $n+1$ 个给定的观测点，拉格朗日插值多项式可以表示为

$$L(x) = \sum_{y=0}^{n} y_i l_i(x) \tag{10-5}$$

由式（10-5）可以看出，拉格朗日插值多项式由多个基本多项式（基函数）组成，每个基本多项式又可以表示为以下形式：

$$l_i(x) = \frac{(x-x_0)\cdots(x-x_{i-1})(x-x_{i+1})\cdots(x-x_n)}{(x_i-x_0)\cdots(x_i-x_{i-1})(x-x_{i+1})\cdots(x_i-x_n)} \tag{10-6}$$

观察函数的形式可以发现，基函数 $l_i(x)$ 在 x_i 点的值为 1，在其他观测点的值为 0。由此可知，拉格朗日函数在观测点的值与观测值相同。基函数的表达形式可以通过以下过程得出。

首先假定插值多项式是由多个基函数构成的，每个基函数对应一个插值点，该函数在这个插值点附近区域有效。这是因为构造一个满足所有观测点的光滑函数非常困难，所以构造一个分段光滑函数是效率最高的方式。令 $l_i(x)$，$i=0,1,2,\cdots,n$ 表示组成多项式的基函数，根据插值计算要求，基函数在观测点的函数值为 1，非观测点的函数值为 0，即

$$l_i(x_0)=0,\cdots,l_i(x_{i-1})=0,l_i(x_i)=1,l_i(x_{i+1})=0,\cdots,l_i(x_n)=0 \tag{10-7}$$

从拉格朗日函数的形式可以看出，插值点的函数值是基于观测点的数值加权得出的。所以，基函数的作用是计算对应的加权系数，采用线性函数作为基函数的结果是线性加权，即线性插值；采用多项式函数作为基函数的结果是多项式加权，即拉格朗日插值。

根据式（10-7）的要求，可以构造以下基函数形式：

$$l_i(x) = A_i(x-x_0)\cdots(x-x_{i-1})(x-x_{i+1})\cdots(x-x_i) \tag{10-8}$$

式中，A_i 为待定系数。

由于 $l_i(x_i)=1$，可以得出待定系数的计算形式：

$$A_i = \frac{1}{(x_i-x_0)\cdots(x_i-x_{i-1})(x_i-x_{i+1})\cdots(x_i-x_n)} \tag{10-9}$$

将 A_i 的结果代入基函数，可以得到基函数 $l_i(x)$ 的具体计算形式：

$$l_i(x) = \frac{(x-x_0)\cdots(x-x_{i-1})(x-x_{i+1})\cdots(x-x_n)}{(x_i-x_0)\cdots(x_i-x_{i-1})(x_i-x_{i+1})\cdots(x_i-x_n)} \tag{10-10}$$

由式（10-10）可以看出，$l_i(x)$ 是一个次数不超过 n 次的多项式，这样的多项式称为拉格朗日插值多项式。

从上面的分析可以看到，两个插值点可以求出一次插值多项式，三个插值点可以求出二次插值多项式，依次类推，$n+1$ 个插值点可以构造一个次数为 n 的插值多项式。

【实例 10-3】已知 $y = f(x)$ 的观测点有 (1,1) (3,2) (5,4)，计算该函数的拉格朗日插值多项式。

根据拉格朗日插值多项式的定义，该函数的三个基函数如下：

$$l_0(x) = \frac{(x-x_1)}{(x_0-x_1)}\frac{(x-x_2)}{(x_0-x_2)}$$

$$l_1(x) = \frac{(x-x_0)}{(x_1-x_0)}\frac{(x-x_2)}{(x_1-x_2)}$$

$$l_2(x) = \frac{(x-x_0)}{(x_2-x_0)}\frac{(x-x_1)}{(x_2-x_1)}$$

基于这两个基函数构造的插值多项式为

$$P(x) = \frac{x-x_1}{x_0-x_1}y_0 + \frac{x-x_0}{x_1-x_0}y_1$$

根据观测点的值，可以得到插值多项式的具体表达形式：

$$\begin{aligned}l(x) &= \frac{x-x_1}{x_0-x_1}\frac{x-x_2}{x_0-x_2}y_0 + \frac{x-x_0}{x_1-x_0}\frac{x-x_2}{x_1-x_2}y_1 + \frac{x-x_0}{x_2-x_0}\frac{x-x_1}{x_2-x_1}y_2 \\ &= \frac{x-3}{1-3}\frac{x-5}{1-5}\times 1 + \frac{x-1}{3-1}\frac{x-5}{3-5}\times 2 + \frac{x-1}{5-1}\frac{x-3}{5-3}\times 5 \\ &= \frac{x^2-8x+15}{10} + \frac{2x^2-12x+10}{10} + \frac{5x^2-40x+15}{10}\end{aligned}$$

在得到插值多项式的具体表达形式后，就可以对未知点的函数值进行插值计算。

MATLAB 没有专用的拉格朗日求解代码，需要用户自行编写。本节给出的代码如下：

```matlab
function y0 = Lagrange_interpolation(x,y,x0)
y0 = zeros(1,length(x0));
for i = 1:1:length(x0)          % 循环作用：遍历 x0
 X = ones(1,length(x));
  for k = 1:1:length(x)         % 循环作用：(x0(i)-x(j))/(x(k)-x(j)) 的加和
   for j= 1:1:length(x)         % 循环作用：(x0(i)-x(j))/(x(k)-x(j)) 的乘积
    if j ~= k
     X(k) = X(k) * (x0(i)-x(j)) / (x(k)-x(j));
    end
   end
   y0(i) = y0(i) + X(k)*y(k);
  end
end
end
```

在上述代码中，x 和 y 分别表示观测点的自变量向量和因变量向量；x0 表示插值点的自变量向量，y0 表示插值点的因变量向量。

【实例 10-4】使用上面的插值函数进行插值计算。

该问题对应的观测信息如下：

```
x=[2 3 5 7 8 9];
y=[5 9 12 16 23 35];
```

该问题对应的插值点坐标如下：

```
x0=1:0.2:9;
```

该问题的求解代码如下：

```
x=[2 3 5 7 8 9];
y=[5 9 12 16 23 35];
x0=1:0.2:9;
y0=Lagrange_interp(x,y,x0);
plot(x,y,'.',x0,y0,'r');
grid off;
title(' 拉格朗日插值 ');
xlabel('x');
ylabel('y');
```

代码运行结果（插值结果）如图 10-6 所示，图中黑色的点即为观测点信息。

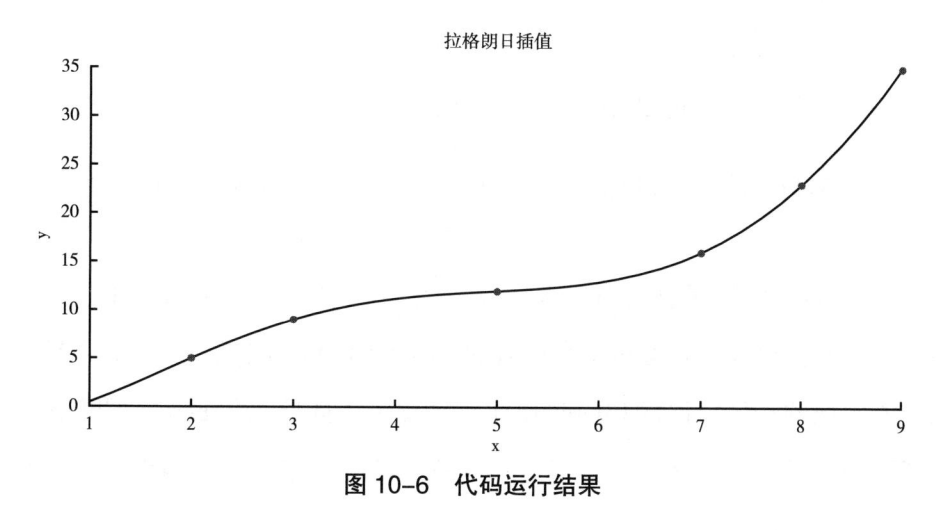

图 10-6　代码运行结果

10.2.4　牛顿插值

对于一个包含 $n+1$ 个元素的观测数据，拉格朗日插值方法用一个唯一

的 n 次多项式进行插值。这种方法的特点是理论紧凑，实现不难，但是计算复杂度比较大，增加或减少一个数据点都会导致插值公式 $l(x)$ 重新计算。为了克服该缺点，人们引入了牛顿插值。牛顿插值通过分级计算差商的方式控制函数的计算范围，从而避免数据点变更对插值函数的影响。

$f(x)$ 函数在两个互异点 x_i、x_j 处的 1 阶差商定义为

$$f[x_i,x_j] = \frac{f(x_i)-f(x_j)}{x_i-x_j}$$

2 阶差商定义为

$$f[x_i,x_j,x_k] = \frac{f[x_i,x_j]-f[x_j,x_k]}{x_i-x_k}$$

$k+1$ 阶差商定义为

$$f[x_0,\cdots,x_{k+1}] = \frac{f[x_0,\cdots,x_{k-1},x_k]-f[x_0,\cdots,x_{k-1},x_{k+1}]}{x_0-x_{k+1}}$$

0 阶差商为函数本身，即

$$f(x_0) = f[x_0]$$

基于差商，可以得到牛顿插值计算公式：

$$\begin{aligned}N(x) = &f(x_0) + f[x_0,x_1](x-x_0) + f[x_0,x_1,x_2](x-x_0)(x-x_1) + \cdots \\ &+ f[x_0,x_1,\cdots,x_k](x-x_0)(x-x_1)\cdots(x-x_{k-1})\end{aligned}$$

对于 $n+1$ 个数据点而言，$N(x)$ 是一个 n 次多项式。可以看出当出现新增观测点时，只需要在原插值函数尾部增加一个 $n+1$ 次极差多项式，即可完成插值函数的构造。该函数同样存在龙格现象（插值次数越多，插值结果越偏离原函数的现象称为龙格现象），但是计算过程相对于拉格朗日插值更方便、快捷。使用多项式对函数的取值进行模拟是一种常用的计算方法。一般情况下，多项式的次数越多，需要的数据就越多，而预测结果也就越准确。牛顿插值比拉格朗日插值更快，但在大多数情况下二者可以相互替代。

10.2.5 分段埃尔米特插值

前述插值方法在一定程度上解决了插值曲线不光滑的问题，但其并没有充分考虑曲线在观测节点的平滑问题，有可能曲线在插值区间内光滑，而在观测节点处不光滑，因此有些插值方法对插值函数在观测节点的导数也做出了要求，即埃尔米特插值要求插值问题同时给出观测节点的函数值和导数值。一般来说，插值函数要求在插值节点处的函数值等于给定的函数值；而在一些实际问题中，不仅要求插值函数$f(x)$在观测节点的值与观测值相同，还要求函数的导数值与给定值相同，满足这种要求的插值多项式即称为埃尔米特插值多项式。

若函数$f(x)$在插值区间$[a,b]$有$n+1$个互不相同的观测节点，且满足：

$$f(x_i) = y_i, \quad f'(x_i) = y'_i \quad i = 0,1,2,\cdots,n$$

可以得到一个次数不超过$2n+1$的多项式$H_{2n+1}(x) = H(x)$，使其满足：

$$H(x_i) = y_i, \quad H'(x_i) = y'_i \quad i = 0,1,2,\cdots,n$$

该函数的余项为

$$R(x) = f(x) - H(x) = \frac{f^{(2n+2)}}{(2n+2)!} \omega_{n+2}(x)$$

直接使用埃尔米特插值构造多项式时，同样会遇到次数太高或龙格现象，实践中往往采用分段三次埃尔米特插值多项式进行插值计算。

分段三次埃尔米特插值多项式的构建方法如下。

若函数$f(x)$在插值区间$[a,b]$有$n+1$个互不相同的观测节点，且满足$f(x_i) = y_i$和$f'(x_i) = y'_i$，若有函数$G(x)$满足下列条件：

（1）$G(x)$在每个插值区间内是一个三次多项式。

（2）$G(x) \in C^1[a,b]$。

（3） $G(x_i) = f(x_i)$，$G'(x_i) = f'(x_i)$。

则称 $G(x)$ 是 $f(x)$ 的分段三次埃尔米特插值多项式，即

$$\begin{aligned} G(x) &= h_k y_k(x) + h_{k+1}(x) + H_k(x) y'_k + H_{k+1}(x) y'_{k+1} \\ &= \left(1 + 2\frac{x - x_k}{x_{k+1} - x_k}\right)\left(\frac{x - x_{k+1}}{x_k - x_{k+1}}\right)^2 y_k + \left(1 + 2\frac{x - x_{k+1}}{x_k - x_{k+1}}\right)\left(\frac{x - x_k}{x_{k+1} - x_k}\right)^2 y_{k+1} \\ &\quad + (x - x_k)\left(\frac{x - x_{k+1}}{x_k - x_{k+1}}\right)^2 y'_k + (x - x_{k+1})\left(\frac{x - x_k}{x_{k+1} - x_k}\right)^2 y'_{k+1} \end{aligned}$$

MATLAB 提供的相应插值函数为 pchip，该函数的调用形式如下：

y0 = pchip(x,y,x0);

其中，x 表示观测点的横坐标信息，y 表示观测点的纵坐标信息；x0 表示插值点的横坐标信息，y0 表示插值点的纵坐标信息。

10.2.6 抛物线插值

抛物线插值又称二次插值，是拉格朗日插值的一种特定形式。该方法的基本思想是通过拟合二次曲线来逼近原函数在特定点的极小值，以完成插值函数形式的计算。该方法的基本计算过程如下。

（1）使用抛物线函数 $p(x) = a_2 x^2 + a_1 x + a_0$ 对观测点数值进行拟合，并在此基础上构建对应的方程组 $p(x_i) = f(x_i), i = 1,2,3$。

（2）由于观测点的数值各不相同，可以得到抛物线函数的唯一形式，其中 a_0、a_1、a_2 可以根据方程组得出。

（3）对 $p(x)$ 进行求解，得到函数在导数为 0 处的解 $x_{\min} = -\dfrac{a_1}{2a_2}$。

（4）根据克莱姆法则，得到最小值的具体值：

$$x_{\min} = \frac{1}{2}\frac{(x_2^2 - x_3^2)f_1 + (x_3^2 - x_1^2)f_2 + (x_1^2 - x_2^2)f_3}{(x_2 - x_3)f_1 + (x_3 - x_1)f_2 + (x_1 - x_2)f_3}$$

由于抛物线函数的特点是两头高中间低，使用抛物线函数对极小值进

行模拟存在一定的误差，一般会使用迭代的方式对极小值进行细化。其具体做法是将求出的极小值作为新的观测点进行极小值求解，一般使用迭代三次后的结果。

在日常计算中，常使用构建基函数的方式构建抛物线插值函数。基函数是一组函数，它们可以通过线性组合的方式表示某个空间中的任意函数。在插值理论中，基函数提供了一种构建插值多项式或其他插值函数的系统流程。使用基函数构建抛物线插值函数可以使函数具有局部支撑性，即每个基函数只影响插值多项式在某一局部区间的计算结果，而对其他区间的函数形式没有影响。这种局部支撑性可以大幅提高插值函数的计算效率和计算稳定性。另外，基函数的构建方式也相对简单，且形式直观，即要求每个基函数 $l_i(x)$ 在观测节点 x_i 的取值为 1，在其他观测节点的取值为 0。基于该形式，可以得到插值多项式的直观表示形式：

$$P(x) = y_0 l_0(x) + y_1 l_1(x) + y_2 l_2(x)$$

插值多项式的这种表示形式不但易于理解，而且便于计算和修改。针对使用基函数构建抛物线插值函数这一问题，可以基于如下流程完成函数的构建。

对于给定的观测点 x_0、x_1、x_2，首先构造一个形式为 $l_0(x)=c(x-x_1)(x-x_2)$ 的基函数，使其满足条件：

$$l_0(x_0) = 1$$
$$l_0(x_1) = 0$$
$$l_0(x_2) = 0$$

根据上述三个方程，可以得出系数 c：

$$c = \frac{1}{(x_0 - x_1)(x_0 - x_2)}$$

将系数 c 的计算结果代入二次函数，可以得到基函数 $l_0(x)$ 的具体计算形式：

$$l_0(x) = \frac{(x-x_1)(x-x_2)}{(x_0-x_1)(x_0-x_2)}$$

仿照 $l_0(x)$ 的计算形式，可以得到其他两个基函数 $l_1(x)$ 和 $l_2(x)$ 的计算形式：

$$l_1(x) = \frac{(x-x_0)(x-x_2)}{(x_1-x_0)(x_1-x_2)}$$

$$l_2(x) = \frac{(x-x_0)(x-x_1)}{(x_2-x_0)(x_2-x_1)}$$

在得到这三个基函数的计算形式后，即可得到抛物线插值函数的具体计算形式：

$$P(x) = \frac{(x-x_1)(x-x_2)}{(x_0-x_1)(x_0-x_2)}y_0 + \frac{(x-x_0)(x-x_2)}{(x_1-x_0)(x_1-x_2)}y_1 + \frac{(x-x_0)(x-x_1)}{(x_2-x_0)(x_2-x_1)}y_2$$

【实例 10-5】对于给定的三个点 (0,1) (1,2) (2,3)，试通过基函数构造抛物线插值多项式。

根据前面的知识得到三个基函数：

$$l_0(x) = \frac{(x-1)(x-2)}{(0-1)(0-2)} = \frac{(x-1)(x-2)}{2}$$

$$l_1(x) = \frac{(x-0)(x-2)}{(1-0)(1-2)} = -x(x-2)$$

$$l_2(x) = \frac{(x-0)(x-1)}{(2-0)(2-1)} = \frac{x(x-1)}{2}$$

在该基础上，可以得到对应的抛物线插值多项式：

$$P(x) = 1 \times \frac{(x-1)(x-2)}{2} + 2 \times [-x(x-2)] + 3 \times \frac{x(x-1)}{2}$$

可以看出使用这种方式进行插值多项式的计算具有计算过程直观且易于理解的优势。

10.2.7 样条插值

1. 样条函数

由一些在观测点处光滑的、分段拼接起来的多项式组成的函数称为样条函数。最常用的样条函数为三次样条函数，即由三次多项式拼接组成的函数，该函数满足在区间内二阶连续可导。

样条函数的实质是构建一个分段光滑的多项式曲线，任意两个观测点之间的区间对应一个光滑的插值函数，插值函数在观测点是连续的。令 $x_i, i=0,1,2,\cdots,n$ 表示观测区间 $[a,b]$ 上的 $n+1$ 个观测点，样条插值的目标是在区间 $[a,b]$ 构建一个 n 次样条函数，要求：

（1）函数在每个区间 $[x_{i-1}, x_i]$ 都是一个次数不超过 n 的多项式。

（2）函数在区间 $[a,b]$ 是 $n-1$ 次连续可微的。

根据样条函数的定义，可以知道多项式函数的次数可在 $n+1$ 以内自由变动。因此，本节将从 0 次开始，分别讨论各次函数的表达形式。

根据前面的讨论，可以将样条函数表示如下：

$$s(x) = \begin{cases} s_1(x) & x \in [x_0, x_1) \\ s_2(x) & x \in [x_1, x_2) \\ \vdots & \vdots \\ s_{n-1}(x) & x \in [x_{n-1}, x_n) \end{cases} \tag{10-11}$$

（1）0 次样条函数。

根据式（10-11）的定义可以知道，0 次样条函数是一个分段常数函数，其可以表示为

$$s(x) = \begin{cases} s_1(x) = c_0 & x \in [x_0, x_1) \\ s_2(x) = c_1 & x \in [x_1, x_2) \\ \vdots & \vdots \\ s_{n-1}(x) = c_{n-1} & x \in [x_{n-1}, x_n) \end{cases} \tag{10-12}$$

(2) 1次样条函数。

1次样条函数是分段线性函数，其形式为

$$s(x)=\begin{cases} s_1(x)=a_0x+b_0 & x\in[x_0,x_1) \\ s_2(x)=a_1x+b_1 & x\in[x_1,x_2) \\ \vdots & \vdots \\ s_{n-1}(x)=a_{n-1}x+b_{n-1} & x\in[x_{n-1},x_n) \end{cases} \quad (10\text{-}13)$$

(3) 2次样条函数。

2次样条函数的形式为

$$s(x)=\begin{cases} s_1(x)=a_0x^2+b_0x+c_0 & x\in[x_0,x_1) \\ s_2(x)=a_1x^2+b_1x+c_1 & x\in[x_1,x_2) \\ \vdots & \vdots \\ s_{n-1}(x)=a_{n-1}x^2+b_{n-1}x+c_2 & x\in[x_{n-1},x_n) \end{cases} \quad (10\text{-}14)$$

由于2次样条函数$s(x)$是连续函数，该函数在观测点处的值满足：

$$s_i(x_{i+1})=s_{i+1}(x_{i+1}) \quad i=0,1,\cdots,n-2$$

$$s_i^{'}(x_{i+1})=s_{i+1}^{'}(x_{i+1}) \quad i=0,1,\cdots,n-2$$

因此，2次样条函数可以采用下面的形式表示。

令2次样条函数的分段函数表示为$\{s_0(x),s_1(x),\cdots,s_{n-1}(x)\}$，每段函数的系数表示为$\{a_i,b_i,c_i\}$，区间的间距表示为$h_i=x_{i+1}-x_i \quad i=0,1,\cdots,n-1$，则：

$$c_i=y_i \quad i=0,1,\cdots,n-1$$

$$b_i=\frac{y_{i+1}-y_i}{h_i} \quad i=0,1,\cdots,n-1$$

$$\begin{cases} a_0=\dfrac{b_0-y_0'}{h_0} \\ a_i=-\dfrac{h_{i-1}}{h_i}a_{i-1}+\dfrac{b_i-b_{i-1}}{h_i} \quad i=1,\cdots,n-1 \end{cases}$$

在进行2次样条函数求解时，需要让一个边界点的导数值已知，如$f'(x_0)=y_0'$。

（4）3次样条函数。

3次样条函数的形式为

$$s(x)=\begin{cases} s_1(x)=a_0x^3+b_0x^2+c_0x+d_0 & x\in[x_0,x_1) \\ s_2(x)=a_1x^3+b_1x^2+c_1x+d_1 & x\in[x_1,x_2) \\ \vdots & \vdots \\ s_{n-1}(x)=a_{n-1}x^3+b_{n-1}x^2+c_{n-1}x+d_{n-1} & x\in[x_{n-1},x_n] \end{cases}$$

3次样条函数的函数特性如下。

① $s(x)$在每个观测区间都是不高于三次的多项式。

② $s(x)$的一阶导数和二阶导数连续，即 $S_i'(x_{i+1})=S_{i+1}'(x_{i+1})$，$S_i''(x_{i+1})=S_{i+1}''(x_{i+1})$。

求解时必须增加两个边界条件，具体如下。

① $S'(x_0)=y_0', S'(x_n)=y_n'$，需要给出观测点的一阶导数值。

② $S''(x_0)=y_0'', S''(x_n)=y_n''$，需要给出观测点的二阶导数值。

通过上面的分析可以发现，3次样条函数的系数比较多，不容易计算，因此通常需要构造一个容易求得系数的函数解析式。其一般的求解方式如下。

①构造3次样条函数的二阶导数形式。

②通过积分推导出原函数的形式。

③计算出函数的系数。

具体推导过程如下。

①由于二阶导数连续，可以先做出假设：$S''(x_i)=M_i$，$h_i=x_i-x_{i-1}$，则构造的二阶导数$S_i''(x)$为

$$S_i''(x)=\frac{x_i-x}{h_i}M_{i-1}+\frac{x-x_{i-1}}{h_i}M_i \quad x\in[x_{i-1},x_i]$$

其中，$h_i=x_i-x_{i-1}$保证了$S_i''(x)$是一个关于x的一次多项式（线性函数），因为其是两个一次项的和。当$x=x_{i-1}$时，$S(x)=M_i$；当$x=x_i$时，$S(x)=M_i$。

②对$S_i''(x)$进行连续两次积分，得到的插值函数为

$$S_i(x) = \frac{(x_i - x)^3}{6h_i} M_{i-1} + \frac{(x - x_{i-1})^3}{6h_i} M_i + A_i(x - x_i) + B_i \quad x \in [x_{i-1}, x_i]$$

③利用插值特性、函数连续性和边界条件求解系数。

第一类边界条件（已知端点的一阶导数值）下的系数如下：

$$\begin{cases} \mu_i = \dfrac{h_i}{h_i + h_{i+1}} \\ \lambda_i = 1 - \mu_i \\ g_i = \dfrac{6}{h_i + h_{i+1}} \left(\dfrac{y_{i+1} - y_i}{h_{i+1}} - \dfrac{y_i - y_{i-1}}{h_i} \right) \\ g_0 = \dfrac{6}{h_i} \left(\dfrac{y_i - y_0}{h_i} - y_0' \right) \quad g_n = \dfrac{6}{h_n} \left(y_n' - \dfrac{y_n - y_{n-1}}{h_n} \right) \end{cases}$$

$$\begin{cases} \mu_i = \dfrac{h_i}{h_i + h_{i+1}} \\ \lambda_i = 1 - \mu_i \\ g_i = \dfrac{6}{h_i + h_{i+1}} \left(\dfrac{y_{i+1} - y_i}{h_{i+1}} - \dfrac{y_i - y_{i-1}}{h_i} \right) \\ g_0 = \dfrac{6}{h_i} \left(\dfrac{y_i - y_0}{h_i} - y_0' \right) \quad g_n = \dfrac{6}{h_n} \left(y_n' - \dfrac{y_n - y_{n-1}}{h_n} \right) \end{cases}$$

$$\begin{cases} A_i = \dfrac{y_i - y_{i-1}}{h_i} - \dfrac{h_i}{6}(M_i - M_{i-1}) \\ B_i = y_{i-1} - \dfrac{1}{6} M_{i-1} h_i^2 \end{cases}$$

$$S_i(x) = \frac{(x_i - x)^3}{6h_i} M_{i-1} + \frac{(x - x_{i-1})^3}{6h_i} M_i + A_i(x - x_i) + B_i \quad x \in [x_{i-1}, x_i]$$

第二类边界条件（已知端点的二阶导数值）下的系数如下：

$$\begin{cases} \mu_i = \dfrac{h_i}{h_i + h_{i+1}} \\ \lambda_i = 1 - \mu_i \\ g_i = \dfrac{6}{h_i + h_{i+1}} \left(\dfrac{y_{i+1} - y_i}{h_{i+1}} - \dfrac{y_i - y_{i-1}}{h_i} \right) \end{cases} \quad i = 1, 2, \cdots, n-1$$

$$\begin{pmatrix} 2 & \lambda_1 & & & & \\ \mu_1 & 2 & \lambda_2 & & & \\ & \mu_2 & 2 & \lambda_3 & & \\ & & \ddots & \ddots & \ddots & \\ & & & \mu_{n-2} & 2 & \lambda_{n-2} \\ & & & & \mu_{n-1} & 2 \end{pmatrix} \begin{pmatrix} M_1 \\ M_2 \\ M_3 \\ \vdots \\ M_{n-2} \\ M_{n-1} \end{pmatrix} = \begin{pmatrix} g_1 - \mu_1 y_0'' \\ g_2 \\ g_3 \\ \vdots \\ g_{n-2} \\ g_{n-1} - \lambda_{n-1} y_n'' \end{pmatrix}$$

$$M_0 = y_0'' \qquad M_n = y_n''$$

$$\begin{cases} A_i = \dfrac{y_i - y_{i-1}}{h_i} - \dfrac{h_i}{6}(M_i - M_{i-1}) \\ B_i = y_{i-1} - \dfrac{1}{6} M_{i-1} h_i^2 \end{cases}$$

$$S_i(x) = \frac{(x_i - x)^3}{6h_i} M_{i-1} + \frac{(x - x_{i-1})^3}{6h_i} M_i + A_i(x - x_i) + B_i \quad x \in [x_{i-1}, x_i]$$

至此，只要给出 $M_0, M_1, \cdots, M_n$ 的数值，即可得出插值多项式的表达形式。

2. 样条插值计算函数

（1）interp1 函数。

在 MATLAB 中，interp1 函数可用于进行样条插值计算，其调用形式如下：

```
yq = interp1(x,y,xq,'spline');
```

其中，x 和 y 表示和观测点对应的横纵坐标值，xq 表示插值点的横坐标值，'spline' 表示插值方法是样条插值。interp1 函数的第四个参数也可以是其他值，不同的参数值对应不同的插值类型。在 interp1 函数中，采用的插值形式为三次样条插值。常用插值参数如表 10-1 所示。

表 10-1 常用插值参数

插值参数	插值方法
nearest	最近邻插值
linear	线性插值
spline	样条插值
pchip	分段埃尔米特插值

【实例10-6】以正弦函数为例,现有一组正弦曲线观测点的值,使用不同插值方法进行插值,并观察插值结果。

已知正弦函数观测点如下:

```
x = 0:pi/4:2*pi;
y = sin(x);
```

未知点的自变量信息如下:

```
xq = 0:pi/16:2*pi;
```

使用最近邻插值的代码如下:

```
y1 = interp1(x,y,xq,'nearest');
```

使用线性插值的代码如下:

```
y2 = interp1(x,y,xq,'linear');
```

使用样条插值的代码如下:

```
y3 = interp1(x,y,xq,'spline');
```

使用分段埃尔米特插值的代码如下:

```
y4 = interp1(x,y,xq,'pchip');
```

使用 plot 函数绘制四个插值结果,代码如下:

```
subplot(2,2,1);
plot(x,y,'o',xq,y1,':.');
title('nearest');
subplot(2,2,2);
plot(x,y,'o',xq,y2,':.');
title('linear');
```

```
subplot(2,2,3);
plot(x,y,'o',xq,y3,':.');
title('spline');
subplot(2,2,4);
plot(x,y,'o',xq,y4,':.');
title('pchip');
```

代码运行结果如图 10-7 所示，可以看到样条插值和分段埃尔米特插值可以得到一个光滑的插值结果。

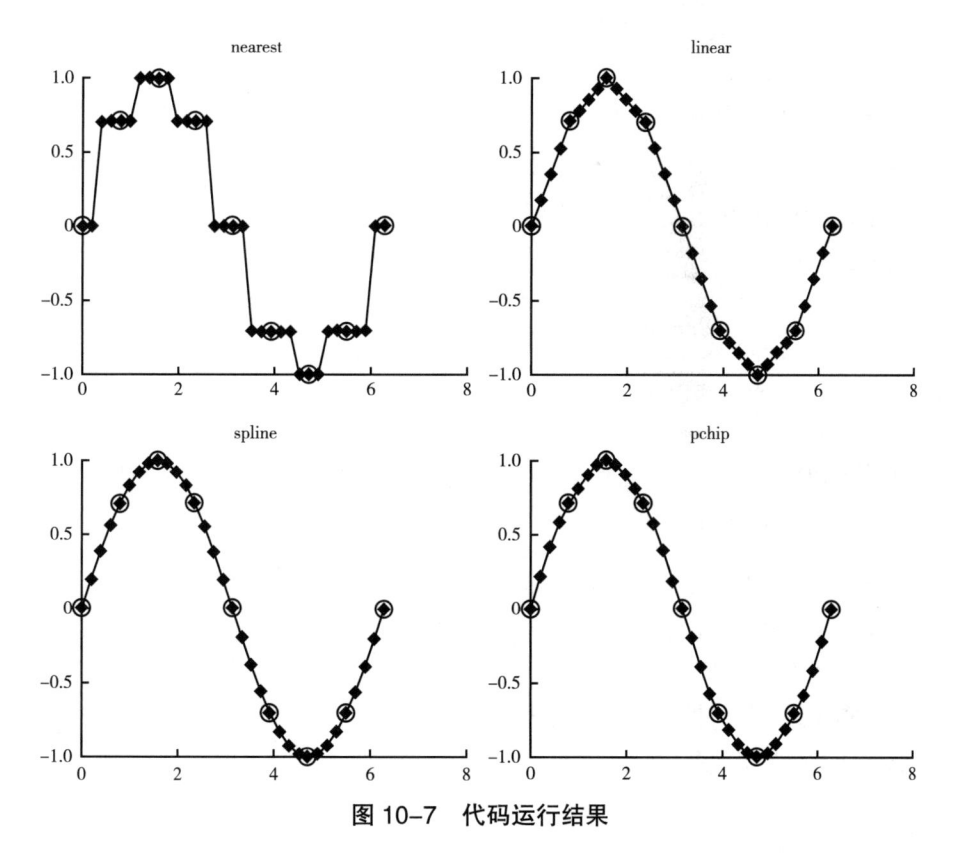

图 10-7 代码运行结果

（2）spline 函数。

除了 interp1 函数，MATLAB 还提供了另一个样条插值计算函数 spline。spline 函数有以下两种调用方法：

```
yh = spline(x,y,xh);
pp = spline(x,y);
```

前者使用三次样条插值计算和插值向量 xh 对应的纵坐标值；后者返回一个分段三次样条插值形式，并使用 ppval 函数计算插值点的值。插值点可以是一个点，也可以是一个向量。本质上 spline 函数和 interp1 函数在计算样条函数时使用的是同一个方法，interp1 函数封装了 spline 函数，其在函数内部对 spline 函数进行了调用。

【实例 10-7】使用 spline 函数对实例 10-6 进行插值。

使用第一种方式计算样条插值的代码如下：

```
x = 0:pi/4:2*pi;
y = sin(x);
xq = 0:pi/16:2*pi;
y5 = spline(x,y,xq);
```

使用第二种方式计算样条插值的代码如下：

```
x = 0:pi/4:2*pi;
y = sin(x);
xq = 0:pi/16:2*pi;
pp = spline(x,y);
y6 = ppval(pp,xq);
```

【实例 10-8】对曲线 $y = x^2$ 进行插值。

该问题的求解代码如下：

```
x = −2*pi:1:2*pi;
y = x.^2;
xt = −2*pi:0.1:2*pi;
t1 = interp1(x,y,xt);              % 线性插值
```

```
t2 = interp1(x,y,xt,'spline');          % 三次样条插值
t3 = interp1(x,y,xt,'pchip');           % 三次多项式插值
plot(x,y,xt,t1,xt,t2,xt,t3);
```

【实例 10-9】$f(x) = x^2 + 1$ (x 属于 [0, 1])，$f(x)$ 未知，已知 $f(x)$ 的六个观测点如下：(0,1) (0.2,1.04) (0.4, 1.16) (0.6,1.36) (0.8,1.64) (1,2)，试绘制 $f(x)$ 在 [0,1] 的插值曲线。

该问题的求解代码如下：

```
x = 0:0.2:1;
y = x.^2 + 1;
plot(x,y);                  % 真实曲线
hold on;
xi = 0:0.05:1;
yi = interp1(x,y,xi,'linear');
plot(xi,yi,'r*');           % 插值数据点
hold on;
yi1 = interp1(x,y,xi,'nearest');
plot(xi,yi1,'g-');          % 插值数据点，可以看到邻近插值与真值差距很大
hold on;
yi = interp1(x,y,xi,'spline');
stem(xi,yi);                % 插值数据点 样条插值效果较好
```

【实例 10-10】各种函数的插值实例。

该问题的求解代码如下：

```
x=[0,0.25 ,0.5,0.75,1];
y=[620,700,800,900,1000];
z=[0.00214   0.01025   0.01681   0.02331   0.02644
   0.00236   0.01039   0.01717   0.02375   0.02711
```

```
           0.00286  0.01058  0.01739  0.02411  0.02792
           0.00328  0.01072  0.01747  0.02442  0.02878
           0.00369  0.0108   0.01761  0.02481  0.0295   ];
xi=linspace(0,1,100);
yi=linspace(600,1000,80);
[xii,yii]=meshgrid(xi,yi);
zii=interp2(x,y,z,xii,yii,'linear');
zii1=interp2(x,y,z,xii,yii,'spline');
zii2=interp2(x,y,z,xii,yii,'nearest');
zii3=griddata(x,y,z,xii,yii,'v4');
subplot(2,2,1);            % 将区域分为2x2并取第一个区域
mesh(xii,yii,zii),title('interp2 线性插值 ');            % 绘图并设置标题
subplot(2,2,2);mesh(xii,yii,zii1),title('interp2 三次样条插值 ');
subplot(2,2,3);mesh(xii,yii,zii2),title('interp2 临近点插值 ');
subplot(2,2,4);mesh(xii,yii,zii3),title('griddata');
```

10.3 二维插值

二维插值是一种在二维空间中进行插值的方法，用于在已知数据点构成的网格中估计未知点的函数值。常用的二维插值方法有最近邻插值、双线性插值和双三次插值。

10.3.1 最近邻插值

最近邻插值是二维插值领域中应用最为广泛的插值方法，该方法常用

于图像处理领域，但插值效果一般。对于图像中的任意一个像素点，周围都有一些邻域像素，每个邻域像素和中心像素的距离都是相当的。需要采用一定的规则来计算像素之间的距离，具体的计算公式为

$$X_s = X_d(W_s / W_d)$$

$$Y_s = Y_d(H_s / H_d)$$

式中，X_s 和 Y_s 为最近邻点的像素坐标；X_d 和 Y_d 为目标点的像素坐标。

最近邻插值法常用于图像放大问题，如果图像等比例放大，则目标点的像素值即为放大前对应位置的像素值；如果图像非等比例放大，则根据上面的公式可以得到一个对应的坐标：

srcX=dstX*(srcWidth/dstWidth)

srcY=dstY*(srcHeight/dstHeight)

在进行图像放大或缩小操作时，对于插值像素点的像素值，可以按照以下步骤进行计算。

（1）使用上述两行代码得出 srcX 和 srcY 的值。

（2）对 srcX 和 srcY 进行四舍五入取整计算，根据计算结果得到其在原图像中的坐标值(Xr, Yr)，并将点(Xr, Yr)的像素值设置为插值像素点(X,Y)的像素值。

【实例10-11】现有一幅图像，其像素矩阵如下：

$$\begin{bmatrix} 56 & 78 & 90 \\ 12 & 34 & 56 \\ 78 & 90 & 12 \end{bmatrix}$$

如果需要将其放大为 4×4 的图像，可以按照以下步骤完成新图像中像素点的取值计算。

（1）计算目标图像中每个像素点在原图像中的对应坐标。

（2）找到最近的整数坐标，并取该坐标处的像素值。

以 (0,3) 点为例，如果需要计算该点在目标图像中的取值，可以根据前面的内容计算其在原图像中对应的坐标。坐标的计算方式和结果如下：

$$\left(0\times\frac{3}{4}, 3\times\frac{3}{4}\right) = (0, 2.25)$$

对计算结果进行四舍五入后取整，得到结果 (0,2)，并将其作为对应原图像的坐标。因此，目标图像中的点 (0,3) 的像素值为原图像中点 (0,2) 的像素值，即 56。

该问题的求解代码如下：

```
% 原图像
src = [56, 78, 90; 12, 34, 56; 78, 90, 12];
% 目标图像的尺寸
dst_height = 4;
dst_width = 4;
% 获取原图像的尺寸
[src_height, src_width] = size(src);
% 初始化目标图像
dst = zeros(dst_height, dst_width, class(src));
% 计算每个目标像素在原图像中的对应坐标
for i = 1:dst_height
    for j = 1:dst_width
        src_i = round((i – 1) * (src_height – 1) / (dst_height – 1)) + 1;
        src_j = round((j – 1) * (src_width – 1) / (dst_width – 1)) + 1;
        dst(i, j) = src(src_i, src_j);
    end
end
```

如果希望使用 MATLAB 提供的内置函数对问题进行求解，可以使用 griddata 函数完成二维最近邻插值，griddata 函数的调用形式如下：

```
vq = griddata(x, y, v, xq, yq, 'nearest');
```

其中，x 和 y 表示原图像的横纵坐标，xq 和 yq 表示目标图像的横纵坐标，v 表示原图像中每个像素点的像素值，vq 表示使用插值方法得到的目标图像像素值。

针对实例 10-11，可以使用如下代码进行求解：

```
% 原图像
src = [56, 78, 90; 12, 34, 56; 78, 90, 12];
% 获取原图像的尺寸
[src_height, src_width] = size(src);
% 创建原图像的坐标网格
[x, y] = meshgrid(1:src_width, 1:src_height);
% 将原图像的坐标和值转换为向量
x = x(:);
y = y(:);
v = src(:);
% 创建目标图像的坐标网格
[xq, yq] = meshgrid(1:0.75:src_width, 1:0.75:src_height);
% 使用 griddata 函数进行最近邻插值
vq = griddata(x, y, v, xq, yq, 'nearest');
% 将插值结果转换为矩阵形式
dst_height = size(vq, 1);
dst_width = size(vq, 2);
dst = reshape(vq, dst_height, dst_width);
% 显示结果
disp(' 原图像 :');
disp(src);
```

```
disp(' 目标图像 :');
disp(dst);
```

10.3.2 双线性插值

双线性插值是一维线性插值在二维空间的拓展，一维线性插值是计算平面上两点之间的直线方程，双线性插值是计算空间中两点之间的直线方程。为了简化计算，通常采用两个一维线性插值操作完成插值点数值计算。首先沿着第一个维度进行线性插值；然后以此为基础，沿着第二个维度进行线性插值。以图像插值为例，令 (x,y) 表示插值点的坐标值，该点在原图像中的四个邻域像素点坐标分别为 (x_0, y_0) (x_0, y_1) (x_1, y_0) (x_1, y_1)。

以图 10-8 为例，令 x 轴表示数据点的第一个维度，y 轴表示数据点的第二个维度。

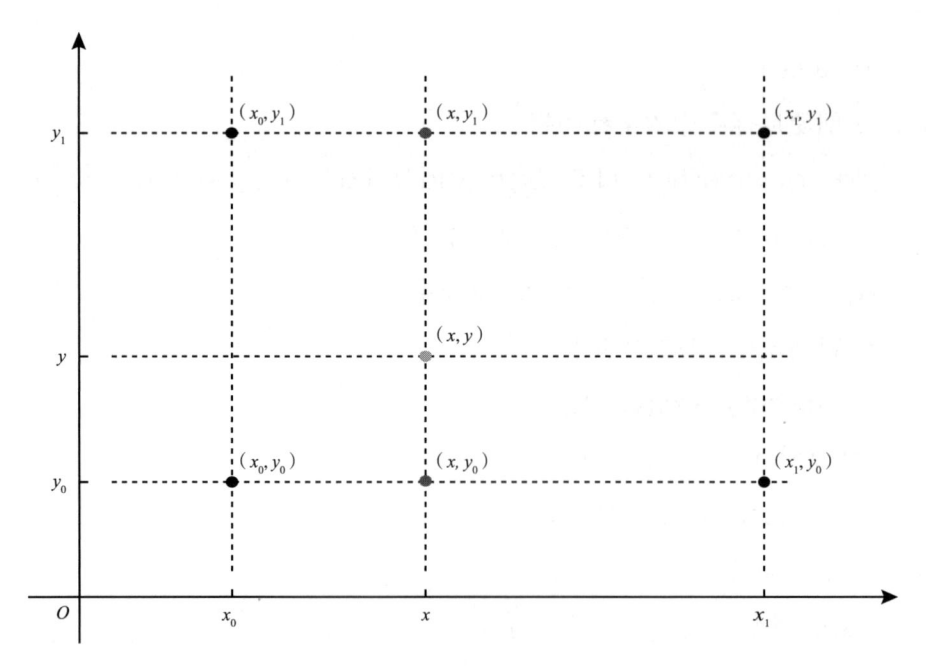

图 10-8 双线性插值

第 10 章 插值

首先沿着 x 轴得到两个点 (x, y_0) 和 (x, y_1) 的插值结果：

$$f(x, y_0) = \frac{x_1 - x}{x_1 - x_0} f(x_0, y_0) + \frac{x - x_0}{x_1 - x_0} f(x_1, y_0)$$

$$f(x, y_1) = \frac{x_1 - x}{x_1 - x_0} f(x_0, y_1) + \frac{x - x_0}{x_1 - x_0} f(x_1, y_1)$$

然后基于 (x, y_0) 和 (x, y_1) 的插值结果对插值点 (x, y) 进行计算：

$$f(x, y) = \frac{y_1 - y}{y_1 - y_0} f(x, y_0) + \frac{y - y_0}{y_1 - y_0} f(x, y_1)$$

可以看出双线性插值是对原有数据进行分阶段插值的结果。

10.3.3 双三次插值

在数值分析中，双三次插值是二维空间中最常用的插值方法，待插值点的像素值通过对邻域点的像素值采样加权平均得到，每个采样点的权重值由该点到中心点的距离确定。在图像放大问题中，待插值点像素拥有的邻域点数量为 4 和 16。由于插值点不在原图像的坐标中，其只可能位于一个四像素的区域内。以图 10-9 为例，插值点位于中心区域的四个像素内。最近邻像素计算插值像素与四个邻域像素的位置，双三次插值计算插值点与 16 个邻域像素的关系。

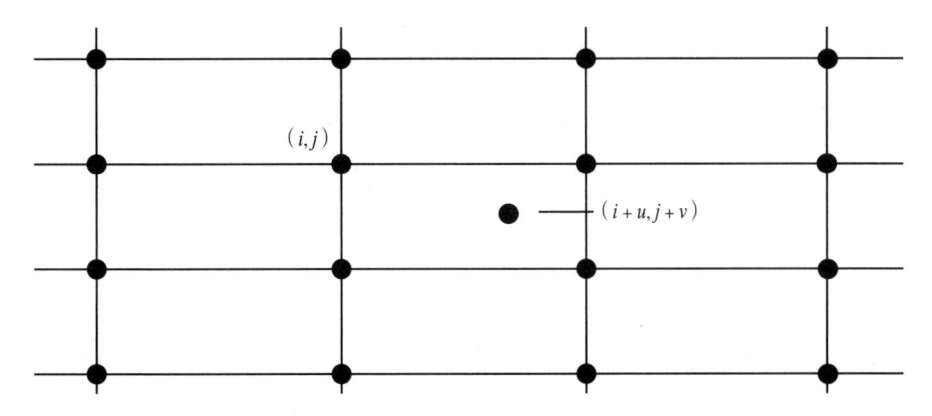

图 10-9 双三次插值

令中心区域左上角的像素位置为 (i,j)，插值点的坐标位置为 $(i+u, j+v)$，待插值点的像素值通过以下方式得到：

$$f(i+u, j+v) = \sum_{i=-1}^{2} \sum_{j=-1}^{2} a_{ij} w(i-u) w(j-v)$$

整个插值图像的整体计算形式可以表示为

$$F_p = A \times B \times C$$

$$A = [w(1+u) \quad w(u) \quad w(1-u) \quad w(2-u)]$$

$$B = \begin{bmatrix} f(i-1,j-1) & f(i-1,j+0) & f(i-1,j+1) & f(i-1,j+2) \\ f(i+0,j-1) & f(i+0,j+0) & f(i+0,j+1) & f(i+0,j+2) \\ f(i+1,j-1) & f(i+1,j+0) & f(i+1,j+1) & f(i+1,j+2) \\ f(i+2,j-1) & f(i+2,j+0) & f(i+2,j+1) & f(i+2,j+2) \end{bmatrix}$$

$$C = [w(1+v) \quad w(v) \quad w(1-v) \quad w(2-v)]$$

插值权重函数 $w(x)$ 的计算方式为

$$w(x) = \begin{cases} 1 - 2|x|^2 + |x|^3 & |x| < 1 \\ 4 - 8|x| + 5|x|^2 - |x|^3 & 1 < |x| < 2 \\ 0 & |x| \geq 2 \end{cases}$$

每个像素点的权重函数都是根据插值点和目标点之间的距离计算的。一般认为距离越近，权重越大。常用的插值权重计算函数有 biubic、mitchell 和 lanczos。双三次插值函数的权重函数形式即为上式所写。

本章小结

本章首先详细介绍了插值计算的理论及应用，给出了插值与拟合的共性和差异，凸显了插值在补充缺失数据、提升数据完整性和准确性方面的重要性，尤其在数据分析和图像处理等领域的关键作用；随后，详细讲解了一维插值、二维插值的计算原理和计算方法。本章理论与实践相结合，系统地介绍了插值的知识体系。通过学习本章，读者能够深入掌握插值方法的多样性及其适用场景，并能在实际问题中灵活运用，为后续的数据分析和图像处理提供坚实的理论支撑和实践参考。

第 11 章 假设检验与方差分析

> **🕮 内容提要**
>
> 假设检验（Hypothesis Testing）是科学研究和数据分析中不可或缺的工具，是根据样本数据估计总体参数的计算方法，可以帮助研究者基于观测数据做出合理推断和决策。假设检验的主要类型有单样本检验、双样本检验、配对样本检验、方差分析。

假设检验又称统计性假设检验，是使用样本数据验证总体特性的一种方法。通常情况下，人们无法获知研究目标的数据分布，为了研究方便，会对研究目标的数据变化做出假设，认为其变化会符合某种分布。而这些分布函数中通常会包含一些参数，如均值和方差。假设检验就是在假定数据满足特定分布的前提下，判断分布函数中的参数是否与指定数据相吻合。人们总会遇到这样的问题：当需要对一个总体数据进行计算时，却因为条件限制无法获取总体的所有数据，这时就需要按照某种规则从总体中进行数据采样，并基于采样样本进行相关指标计算。

假设检验是提前对指标估计一个值，然后根据提取样本的计算结果判断这一假设是否成立。这种判断是一种统计意义下的判断。如果假设成立，那么假设值和估计值之间的差距会在一定的区间范围内；如果超过该区间范围，则认为这种可能性太小，从而认为假设不成立，并拒绝原假设。

参数检验是对参数的平均值、方差、散度等特征进行的统计检验。参数检验一般假设统计总体的具体分布已知,但是其中的一些参数或者取值范围不确定,分析的目的是估计这些未知参数的取值,或者评估样本参数的计算结果是否合理。参数检验不仅能够对总体的特征参数进行推断,还能够实现对两个或多个总体的参数进行比较。比较常用的参数检验包括单样本的 T 检验、两个总体均值差异的假设检验、总体方差的假设检验、总体散度的假设检验等。

11.1 假设检验的一般过程

以身高数据为例,平均身高是判断一个国家人口身体素质的重要标准,但是获取全国所有人口的身高数据是一件不可能的事情,为此只能采用抽样方式从不同年龄的人群中提取身高数据,并在假设身高数据满足正态分布的前提下,验证当前的身高数据是否满足指定的均值。

假设检验的一般过程包括确定假设、构建统计量、确定拒绝域、计算 P 值并做出决策。

11.1.1 确定假设

根据前面的分析,要开展假设检验工作,首先需要针对问题所需确定对应假设。以前文所述的平均身高为例,假设某项研究需要分析一个地区成年男性的平均身高与全国水平是否相同。假设全国成年男性的平均身高为 175cm,方差为 7.683。现有该地区的男性身高样本数据 9 个:175、163、180、168、172、158、177、164、178,问该地区的成年男性平均身高是否与全国成年男性平均身高 175cm 相同。

要解决该问题,首先需要确定问题的假设。

原假设(H_0):μ = 175,即该地区成年男性的平均身高与全国平均水平相同。

备择假设（H_1）：$\mu \neq 175$，即该地区成年男性的平均身高与全国平均水平不相同。

11.1.2 构建统计量

在确定了原假设和备择假设后，需要构建恰当的统计量，对假设的问题进行检验。本例是要检验该地区的成年男性平均身高是否达到指定的标准，即检验相等这个情况在统计意义下是否成立。通过前面的假设可以知道，当前地区成年男性身高的取值符合正态分布。

样本均值是总体均值的无偏估计，且有 $\dfrac{\bar{x} - \mu}{\delta/n} \sim N(0,1)$，因此可以构建统计量 $z = \dfrac{\bar{x} - \mu}{\delta/n}$，对样本均值和总体均值的偏差进行表示。有关均值偏差取值超出合理范围的概率可以表示为

$$p(|z| \geqslant k) = \alpha$$

式中，k 为均值偏差合理阈值。

上式表示偏差取值超过此范围的概率。为了表示方便，通常将 k 表示为 $z_{\alpha/2}$，该数值也称为分位数。

如图 11-1 所示，黑色区域表示样本取值超范围的区域。标准正态分布是对称的，左右两侧区域代表的概率分别是 $\alpha/2$，因此统计量在左右区域起始点的取值分别是 $-z_{\alpha/2}$ 和 $z_{\alpha/2}$，即

$$p(z \geqslant z_{\alpha/2}) = \alpha/2$$

$$p(z \leqslant -z_{\alpha/2}) = \alpha/2$$

图 11-1 分位数

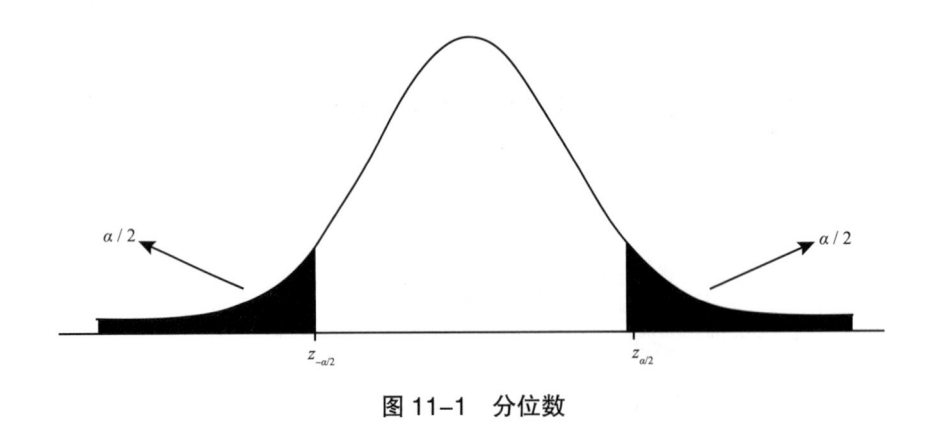

当 $\alpha = 0.05$ 时，$z_{\alpha/2} = z_{0.025} = 1.96$，此数据可以通过查正态分布表得出。

11.1.3 确定拒绝域

判断原假设是否成立的依据为小概率事件是不可能事件。在总体概率分布形式已知的前提下，样本的取值不同，对应的概率也不同。人们希望样本在取值不满足要求时的概率尽可能小，在满足要求时的概率尽可能大，如此就可以对问题的假设做出判断。本例假设该样本的平均身高与总体的平均值相同，即二者偏差不能太大。如果二者偏差超出了一定的范围，则认为原假设不成立。与此要求对应的概率描述是偏差值超过某一范围的概率应该小于一定的数值。然而，基于该原则做出的决定会出现两类错误。

（1）当原假设为真时拒绝原假设。

（2）当原假设为假时接受原假设。

第一类错误称为弃真，第二类错误称为取假。在样本容量固定的情况下，这两种错误是互斥的，即降低第一类错误概率时会提升第二类错误概率，反之，降低第二类错误概率时会提升第一类错误概率。一般情况下，假设检验只控制第一类错误概率，即样本取值不满足原假设的概率要尽量小。为了便于计算，通常会将该概率阈值表示为 α（显著性水平），即样本的平均身高取值与175差别过大的概率要小于或等于α。常见的显著性水平取值有0.05、0.01、0.001。

为了确定计算偏差取值对应的概率，需要知道身高数据变化服从的概率分布，这是因为根据分布函数可以计算出随机变量取值和概率的对应关系。然而，人们通常无法预先获知总体数据服从的概率分布，故此时只能对此做出一定的假设和估计。根据经验可以得知，在大样本的情况下，样本取值规律一般符合正态分布，所以本例中可以认为身高的取值符合正态分布。有些情况下，样本取值规律可能不符合正态分布，此时就会导致检验失败。所以，有时在进行参数检验时，需要对样本值的分布进行检验，查看其分布是否符合正态分布。

11.1.4 计算 P 值

P 值是原假设为真的前提下，观察到统计量出现极端值的概率。如果 P 值小于显著性水平，则拒绝原假设。

根据分位数的值，可以计算出统计量在拒绝原假设时的取值范围。以前面的身高数据为例，样本的均值为170.556，样本标准差为7.683，样本的数量为9，则统计量的计算结果如下：

$$\left|\frac{170.556-175}{7.683/\sqrt{3}}\right| \approx 1.735$$

因为1.735<1.96，所以认为地区的平均身高与全国平均身高相同，原假设成立。

也可以根据样本值直接计算统计量的值，并比较该数值与α的大小，如果大于α则接受原假设，如果小于α则拒绝原假设。

补充说明：

（1）一般使用5%作为显著性水平，显著性水平不是越小越好，越小说明对原假设的要求越高，从而使得假设难以成立。

（2）显著性为统计量的数值范围设定了两个区域：高概率区域和低概率区域。如果 α 太小就会使得成立的区域过大，而拒绝的区域过小。成立区域统计量的数值变化范围称为置信区间。

在 MATLAB 中，用于单样本均值检验的函数是 ttest，对应方法是 T 检验。T 检验假设统计量 X 的数据服从均值为 0 且方差未知的正态分布。该问题的原假设是统计量的均值等于 0，备择假设是统计量的均值不等于 0。

根据 T 检验的要求，可以将身高问题修改如下。

原假设（H_0）：$\mu-175 = 0$。

备择假设（H_1）：$\mu-175 \neq 0$。

求解该问题的代码如下：

```
x = [175 163 180 168 172 158 177 164 178];
[h,p]=ttest(x,175);
```

代码运行结果如下：

```
h = 0
p = 0.1209
```

可以看到函数的运行结果是接受原假设，对应的 P 值是 0.1209。该数值虽然比较低，但比常用的显著性水平 0.05 要高，所以可以勉强接受原假设。

11.2 正态性检验

通过前面的讨论，可以知道在进行假设检验之前，通常会对随机变量服从分布进行估计，然后在该估计的基础上进行统计量的假设检验。大多数统计程序对数据要求比较严格,只有在数据有变量服从或近似服从正态分布时分析结果才有效。所以,在对数据进行收集整理时,需要对其进行正态检验,如果数据不满足正态分布假设,就需要对数据进行必要的转换。转换分为线性转换和非线性转换两种,其中线性转换就是进行加减乘除等运算。

jbtest 函数用于进行 Jarque-Bera 检验。Jarque-Bera 检验用于检验数据是否来自正态分布,其考虑了数据的偏度和峰度。jbtest 函数的调用形式如下:

```
[p, stat, skewness, kurtosis] = jbtest(data);
```

其中:

(1) data:样本数据。

(2) p:P 值,用于判断数据是否来自正态分布。

(3) stat:Jarque-Bera 统计量。

(4) skewness:样本数据的偏度。

(5) kurtosis:样本数据的峰度。

示例代码如下:

```
% 假设的总体均值和标准差
mu = 175;
sigma = 7.683;
% Jarque-Bera 检验示例
data = [0.5, 1.2, 0.8, 1.1, 0.9];
[p_jb, stat_jb, skewness, kurtosis] = jbtest(data);
```

代码运行结果如下:

> Jarque–Bera test: p–value = 0.000000, Statistic = 0.500000, Skewness = 0.361343, Kurtosis = 1.218500

11.2.1 正态总体均值假设检验

在研究目标的取值变化情况符合正态分布的前提下,可以使用正态分布函数对样本总体均值进行检验分析。在正态分布中,均值和方差是分布函数涉及的两个重要参数。当研究目标是均值时,就需要对方差的情况进行讨论。当总体方差已知时,可以使用 Z 检验(Z-test)对总体均值进行分析,此时构建的统计量为

$$z = \frac{\bar{x} - \mu}{\delta / n}$$

当总体方差未知时,通常使用样本方差对总体方差进行无差估计,并以此为基础构建相应的统计量,具体形式为

$$z = \frac{\bar{x} - \mu}{S / n}$$

这种检验方法称为 T 检验。由于 T 检验解决了总体方差未知的问题,其被广泛应用于各类样本均值的分析问题中,包括单总体的均值检验问题、两个总体的均值检验问题、基于成对数据的均值检验问题等。

11.2.2 总体方差已知的 Z 检验

使用 Z 检验构建的统计量同样本的标准化形式相同,此时总体的均值和方差已知。Z 检验主要用于检验样本的均值是否与总体的均值相同。ztest 函数可以进行 Z 检验,主要用于检验两个总体均值的差是否显著不为 0,

或者一个总体均值是否等于某个特定值。Z 检验通常假设两个总体都服从正态分布，并且两个总体的方差相等（方差齐性）。

ztest 函数的调用形式如下。

（1）采用默认显著性水平的 ztest 函数的调用形式如下：

ht = ztest(x,m,sigma);

该函数用于在显著性水平为 0.05 时进行 Z 检验，以确定其是否服从均值为 m，方差为 sigma 的正态分布。

指定显著性水平的调用形式如下：

ht = ztest(x,m,sigma,alpha);

其中，alpha 函数用于给出显著性水平的要求。

指定检验类型的 ztest 函数的调用形式如下：

ht = ztest(x,m,sigma,alpha,tail);

其中，tail 参数用于说明该检验是单边检验还是双边检验，当 tail=0 时表示双边检验，tail=1 时表示右边检验，tail=-1 时表示左边检验。

【实例 11-1】检验以下样本数据在显著性水平为 0.05 的情况下，均值是否等于 175。

问题的求解代码如下：

% 观测值

x = [175 163 180 168 172 158 177 164 178];

m = 55;

% 计算标准化值

Z = (mux – mu) / sigma;

% 显著性水平

alpha = 0.05;

```
% 双边检验的临界值
critical_value = norminv(1 – alpha);
[h,p] = ztest(x,m,alpha)
```

11.2.3 总体方差未知的 T 检验

在总体方差未知时，通常使用样本方差对总体方差进行估计，以此为基础构造的检验方法称为 T 检验。该检验方法由 William Sealy Gosset 在 20 世纪初提出，其发表论文时使用的作者名是 Student，因此该方法被称为 T 检验。

T 检验主要用于比较两个样本的平均数差异是否显著，主要解决样本含量较小的问题。基于 T 检验的均值检验主要分为两种：单样本 T 检验和双样本 T 检验，其中双样本 T 检验又分为独立样本 T 检验和配对样本 T 检验。

1. 单样本 T 检验

单样本 T 检验用于比较单个样本的均值与已知的总体均值是否相同，适用于样本数量较少的情况。单样本 T 检验的假设如下。

原假设（H_0）：$\mu=\mu_0$，样本均值与总体均值之间不存在差异。

备择假设（H_1）：$\mu \neq \mu_0$，样本均值与总体均值之间存在差异。

用于单样本 T 检验的函数为 ttest，该函数的调用形式如下：

```
h = ttest(x,m,alpha);
```

其中，x 表示样本数据，m 表示样本均值，alpha 表示显著性水平。

【实例 11-2】某工厂对所生产的铁板进行抗断裂测试，测试结果如下：

32.56 29.66 32.64 30.00 31.87 32.03

假设铁板的抗断裂数据符合正态分布,试求这批钢板的平均抗断裂数据是否为 32.5。该问题的显著性水平取 0.05。

此问题的假设如下。

原假设(H_0):μ=32.5。

备择假设(H_1):$\mu \neq$ 32.5。

问题的求解代码如下:

```
x = [32.56, 29.66, 32.64, 30.00,31.87,32.03];
m = 32.5;
alpha = 0.05;
h = ttest(x,m,alpha);
```

代码运行结果如下:

```
h =0
```

根据以上结果可知问题的原假设成立,这批钢板的平均抗断裂数据等于 32.5。如果将以上问题改为判断强度是否小于 32.5,则上述问题则变为左边检验问题,问题的求解代码如下:

```
h = ttest(x,m,alpha,'left');
```

【实例 11-3】某制药公司对某种新的降压药进行性能测试,已知健康人群的平均血压水平为 120mm 汞柱。实验用户在用药后的血压水平如下:

115 118 116 112 117 113 119 114 111 116

试分析该药品是否有效。该问题转换为用药后的血压水平是否显著低于正常血压水平。问题的求解代码如下:

```
% 患者血压数据
x = [115, 118, 116, 112, 117, 113, 119, 114, 111, 116];
% 正常血压水平
m = 120;
% 进行单样本 T 检验（单边检验）
[h, p, ci, stats] = ttest(x, m, 0.05,'left');
disp([' 检验统计量：', num2str(stats.tstat)]);
```

代码运行结果如下：

检验结果：1

P 值：0.00010678

根据以上结果可知问题的原假设不成立，新药显著有效。

2. 双样本 T 检验

（1）独立样本 T 检验。

独立样本 T 检验用于比较两个独立样本的均值是否相同。其常用于比较同等条件下两组样本的水平差异，或同一对象在不同时期的水平差异。

【实例 11-4】样本差异：现有 A、B 两班的学生在同一门课程不同教学方法下的考试成绩，前者是使用传统教学方法得到的考试成绩，后者是使用新教学方法得到的考试成绩。试分析新教学方法是否显著地提高了学生的考试成绩。

传统教学方法的考试成绩数据（分数）如下：

55 60 62 57 59 61 58

新教学方法的考试成绩数据（分数）如下：

68 70 72 69 71 67 66

可以将此问题转换为判断两个样本的均值是否相同的问题，并以此为基础提出如下假设。

原假设：两组样本的均值相同。

备择假设：两组样本的均值不相同。

用于独立样本 T 检验的函数是 ttest2，该函数的调用形式如下：

[h,p] = ttest2(x,y);

[h,p] = ttest2(x,y,name ,value);

其中，前者用于简单地指定两个样本的数据，后者用于补充指定显著性大小、检验方向等参数。

该问题的求解代码如下：

```
x = [55, 60, 62, 57, 59, 61, 58];
y = [68, 70, 72, 69, 71, 67, 66];
[h,p]=ttest2(x,y);
```

代码运行结果如下：

```
h =  1
p =  0.0000026031
```

函数检验结果是 1，即拒绝原假设，也就是和传统教学方法相比，新教学方法显著提高了学生的学习成绩。从 P 值也可以看出，其远小于常用的显著性水平 0.05。

【实例 11-5】水平差异：现有某班学生在高一和高三的两组英语课程考试成绩，试使用独立样本 T 检验分析这些学生在高一和高三的英语水平是否有明显提升。

高一成绩如下：

147 145 137 136 110 129 148 148 149 150 119 126 138

高三成绩如下:

131 122 132 112 127 142 123 122 142 114 149 109 134

此问题可以转换为比较高三样本均值是否大于高一样本均值,因此可以使用左边检验方式进行问题验证。其对应的假设如下。

原假设:高一样本均值≥高三样本均值。

备择假设:高一样本均值<高三样本均值。

问题的求解代码如下:

```
x = [147 145 137 136 110 129 148 148 149 150 119 126 138];
y = [131 122 132 112 127 142 123 122 142 114 149 109 134];
[h,p] = ttest2(x,y,'tail','left');
```

代码运行结果如下:

```
h = 0
p = 0.9670
```

ttest2 函数的检验结果为 0,认为高三的英语水平没有显著提高。

如果希望改变显著性水平,则可以在 ttest2 函数中增加相应的参数,具体的调用形式如下:

```
[h,p] =ttest2(x,y,'tail','left','alpha',0.01);
```

【实例 11-6】北京某高校分别在大一和大四时间点对同一批学生测量了体重,试判断该校大一和大四学生的体重是否存在明显差异。

问题的求解代码如下:

```
x1 = [62.7 57.3 52.6 61.8 60.8 61.9 62.8 49.8 50.7 51.2 63.6 64.5 62.1
    58.8 59.9];
x4 = [62.9 58.3 52.6 62.6 61.4 62.1 63.8 50.4 51.3 52.1 64.6 64.9 62.2
    59.3 60.1];
[h,p]=ttest2(x1,x4,0.05);
```

代码运行结果如下：

```
h = 0
p = 0.7745
```

（2）配对样本 T 检验。

独立样本 T 检验对样本间的对应关系没有要求，只需要比较两样本的均值即可；而配对样本 T 检验要求两样本的数据之间具有一一对应的关系，这种检验更适合于分析因素对个体的影响，如药品的疗效、材料的效用等。

【实例 11-7】为了检验一种新型合金材料在不同温度下的硬度变化，研究团队对 10 个合金样本分别在 25℃和 100℃下进行了硬度测试，测试结果如表 11-1 所示（单位：HV，维氏硬度）。

表 11-1 硬度测试结果

25℃硬度值	120	120	130	118	126	123	119	124	127	111
100℃硬度值	110	115	120	107	116	121	108	113	117	107

该问题是一个双边检验问题，只需要检测样本的均值有无明显差异即可。该问题的显著性水平设置为 0.05，用于配对样本 T 检验的函数是 ttest。和独立样本 T 检验相比，配对样本 T 检验的函数名少了一个数字 2。

问题的求解代码如下：

```
x = [120 120 130 118 126 123 119 124 127 107];
y = [110 115 120 107 116 121 108 113 117 111];
[h,p] =ttest(x,y);
```

代码运行结果如下:

h = 1

p = 0.0010

ttest 函数的检验结果是拒绝原假设,认为在不同温度下钢材的硬度有明显差异。

【实例 11-8】为了评估某项税收政策对企业盈利能力的影响,需对 10 家公司在政策实施前后的财务报告进行分析,这些公司在政策实施前后的一年净利润如表 11-2 所示(单位:万元)。

表 11-2 政策实施前后的一年净利润

政策实施前净利润	175	220	203	160	220	190	183	230	200	232
政策实施后净利润	171	230	200	175	240	205	180	250	225	230

问题的求解代码如下:

```
x = [175 220 203 160 220 190 183 230 200 232];
y = [171 230 200 175 240 205 180 250 225 230];
[h,p] =ttest(x,y);
```

代码运行结果如下:

h = 1

p = 0.0287

ttest 函数的检验结果是 1,拒绝原假设,新的税收政策对公司的政策实施有影响。

如果希望分析政策对收入的影响是正面的还是负面的，可以使用单边检验，即左边检验。问题的求解代码如下：

[h,p] =ttest(x,y,'tail','left');

代码运行结果如下：

h = 1

p = 0.0143

由于采用了单边检验，该检验问题的 P 值是双边检验的一半。

11.3 方差分析

方差分析是英国统计学家 R.A.Fisher 在 20 世纪 20 年代提出的一种检验方法。该方法通过对不同组数据的方差进行计算，得出生产因素或实验条件的变化对产品质量产生的影响，以确定在什么因素或条件下进行生产或实验效果最好。方差分析的目标是比较各组数据之间的均值是否相等。根据待分析影响因素的数量，可以将方差分析分为单因素方差分析和多因素方差分析。

11.3.1 方差分析的计算目标和计算原理

本小节结合案例说明方差分析的计算目标和计算原理。表 11-3 是一组样本硬度数据，每行数据表示一组样本，每组样本数量为五个。本案例的分析目标是判断不同材料对产品的硬度是否有影响，用假设检验的观点进行描述，即判断这三组样本的均值是否相同。

表 11-3 样本硬度数据

材料	样本 1	样本 2	样本 3	样本 4	样本 5
材料 1	0.705348	0.13799	0.471018	0.672175	0.658819
材料 2	0.769766	0.619334	0.571668	0.321225	0.752597
材料 3	0.609771	0.788493	0.549929	0.663555	0.733936

经过观察，可以发现影响产品硬度的因素有两个，分别是材料差异和测量误差。在方差分析中，由材料差异造成的误差称为组间平方和，由测量导致的误差称为组内平方和。对这两类误差进行求和，得到的结果是总误差平方和。这三类误差的计算方式分别如下。

（1）组内平方和：

$$S_E = \sum_{j=1}^{s}\sum_{i=1}^{n_j}\left(X_{ij} - \overline{X}_{\cdot j}\right)^2$$

（2）组间平方和：

$$S_A = \sum_{j=1}^{s}\sum_{i=1}^{n_j}\left(\overline{X}_{\cdot j} - \overline{X}\right)^2 = \sum_{j=1}^{s}n_j\left(\overline{X}_{\cdot j} - \overline{X}\right)^2 = \sum_{j=1}^{s}n_j\overline{X}_{\cdot j}^2 - n\overline{X}^2$$

（3）总误差平方和：

$$S_T = \sum_{j=1}^{s}\sum_{i=1}^{n_j}\left(X_{ij} - \overline{X}\right)^2$$

式中，s 为样本的组数；n_j 为第 j 组中的样本数量；$\overline{X}_{\cdot j}$ 为 j 组的样本均值；$\overline{X}$ 为所有样本的总均值。

组间平方和反映的是不同组样本平均值之间的差异，组内平方和反映的是每个组内样本个体值与组内平均值之间的差异。方差分析的主要目标是比较各组样本之间的差异，并判断各组样本之间的均值是否存在显著差异。F 检验（F-test）常用于比较两个方差或两个模型拟合的程度，判断各组样本之间的均值是否存在显著差异。F 检验统计量是基于组内平方和与组间平方和构建的，该统计量的具体表示形式如下：

$$F = \frac{S_A/(s-1)}{S_E/(n-s)} \sim F(s-1, n-s)$$

式中，$s-1$ 为组间自由度；$n-s$ 为组内自由度。

在统计量的分子和分母处，两类误差都需要进行除法计算，目的是得到两类误差关于总体的无偏估计。可以看出，该统计量通过比较样本的组间差异和组内差异来确定组间均值是否存在显著差异。如果组间差异与组内差异的差距太大，则认为组间均值存在显著性差异。

在进行检验时，可以根据计算得到的 F 值进行检验判断。如果 F 值大于临界值 $F_\alpha(s-1, n-s)$，则拒绝原假设，认为组间均值存在显著差异；如果 F 值小于或等于临界值 $F_\alpha(s-1, n-s)$，则接受原假设，认为组间均值不存在显著差异。如果需要使用 P 值进行判断，则需要先计算与 F 值对应的 P 值，然后根据 P 值进行显著性判断：如果 P 值小于显著性水平，则拒绝原假设；如果 P 值大于显著性水平，则接受原假设。

11.3.2 单因素方差分析

单因素方差分析研究的是单一因素对实验结果的影响和作用，这一因素可以是不同的类型或不同的取值。例如，在研究不同教学方法对学生学习成绩的影响时，教学方法就可以是一个单一因素，而不同的教学方法就是该因素的不同取值；在研究不同药物对某种疾病的治疗效果时，药物类型可以被视作单一因素，不同的药物就是该因素的取值。

在进行单因素方差分析时，首先根据样本数据计算 F 统计量所需的组内平方和与组间平方和，然后以此为基础，计算 F 统计量的值，并根据统计量的结果进行显著性判断。表 11-4 所示为一组有关钢材硬度的数据，目标是分析加工压力（四种水平）对钢材硬度的影响。

表 11-4 钢材硬度

压力	样本1	样本2	样本3	样本4	样本5	样本6	样本7	样本8	样本9	样本10
一	47	48	49	49	48	42	56	55	46	43
二	58	52	56	53	58	58	51	48	47	58
三	54	57	57	60	50	61	63	60	58	60
四	67	51	70	67	62	63	67	64	55	70

进行方差分析时，数据样本需要满足两个假设条件：①样本数据服从正态分布；②不同水平下（各组）的观测数据总体方差没有显著差异。所以，在进行方差分析前，需要先进行正态性检验和方差齐次性检验。

1. 正态性检验

MATLAB 中用于正态性检验的函数为 lillietest，该函数的调用形式有以下几种。

（1）H = lillietest(X)。其中，H 是检验结果，如果 H=0，表示在显著性水平为 0.05 时，数据服从正态分布；如果 H=1，表示在显著性水平为 0.05 时，数据不服从正态分布。

（2）[H,P] = lillietest(X)。其中，P 是概率，P 值较大时，表示原假设成立的可能性比较大；P 值较小时，表示原假设成立的可能性比较小。

在本问题中，原假设是每组数据都服从正态分布，所以对四组数据进行假设性检验的代码如下：

```
x1 = [47 48 49 49 48 42 56 55 46 43];
x2 = [58 52 56 53 58 58 51 48 47 58];
x3 = [54 57 57 60 50 61 63 60 58 60];
x4 = [67 51 70 67 62 63 67 64 55 70];
[h1,p1]=lillietest(x1);
```

```
[h2,p2]=lillietest(x2);
[h3,p3]=lillietest(x3);
[h4,p4]=lillietest(x4);
```

代码运行结果如下：

```
h1 =   0    p1 =   0.1101
h2 =   0    p2 =   0.1413
h3 =   0    p3 =   0.2909
h4 =   0    p4 =   0.2629
```

从结果可以看出，四组数据的 H 值都 0，P 值都大于 0.05，说明所有数据符合正态分布。

2. 方差齐次性检验

方差齐次性检验用于检验各组数据的方差有没有显著差异。方差分析要求各组数据的方差基本相同，这是因为方差分析的目的是比较各组样本的均值是否相同。如果各组样本的方差不同，那么组间均值的差异可能是由方差的差异带来的，这会影响方差分析的结果和结论的可靠性。用于进行齐次性检验的函数是 vartestn，该函数的调用形式如下：

```
[p,stats]=vartestn(A);
```

其中，A 表示由样本组成的矩阵，矩阵中的一列表示一组样本数据。当 p 大于 0.05 时，说明原假设成立，即各组之间方差没有明显差异。

针对钢材硬度问题，方差齐次性检验代码如下：

```
x = [x1',x2',x3',x4'];
[p,stats]=vartestn(x);
```

代码的运行结果包含两部分：图示部分和数据部分，这里只给出图示部分，数据部分的结果包含在图示中，如图 11-2 所示。

```
Group Summary Table
Group           Count      Mean    Std Dev
---------------------------------------------
1                10        48.3    4.47338
2                10        53.9    4.30633
3                10        58      3.77124
4                10        63.6    6.25744
Pooled           40        55.95   4.79409

Bartlett's statistic    2.58286
Degrees of freedom      3
p-value                 0.4605
```

图 11-2 方差齐次性检验结果

从图 11-2 中的 p-value 值可以看出，这四组样本满足方差齐次性检验，即四组样本有相同的方差。

在完成以上两项检验以后，就可以确定表 11-4 中的数据是否适合进行单因素方差分析。以上两项检验不是方差分析的必选项，但不满足这两项检验的方差分析可能不稳定。其实，大多数情况下，可以直接对数据进行方差分析。

在 MATLAB 中，用于单因素方差分析的函数是 anova1（注意，该函数的最后一个字符是数字 1）。anova1 函数的调用形式如下：

```
p = anova1(A);
```

anova1 函数用于进行平衡的单因素方差分析，其中平衡是指各组样本的数量相同。A 表示由各组样本组成的矩阵，矩阵中的一列表示一组样本数据。针对钢材硬度问题，进行单因素方差分析的代码如下：

```
x1 = [47 48 49 49 48 42 56 55 46 43];
x2 = [58 52 56 53 58 58 51 48 47 58];
x3 = [54 57 57 60 50 61 63 60 58 60];
x4 = [67 51 70 67 62 63 67 64 55 70];
x = [x1',x2',x3',x4'];
pa = anova1(x);
```

代码的运行结果包含两部分：图示部分和数据部分，这里只给出图示部分，数据部分的结果包含在图示中，如图 11-3 所示。

```
                    ANOVA Table
Source      SS      df      MS       F       Prob>F
Columns    1254.5    3    418.167   18.19   2.36014e-07
Error       827.4   36     22.983
Total      2081.9   39
```

图 11-3　单因素方差分析结果

图 11-3 中，SS 列表示各类误差平方和，df 列表示各类误差平方和的自由度，MS 列表示误差平方和除以自由度以后的均方结果，F 列表示统计量的结果，Prob>F 列表示假设检验的 p-value 结果；Columns 行是组间平方和，Error 行是组内平方和。在本案例中，P 小于 0.05，拒绝原假设，说明各组硬度数据有显著的差别，即加工工艺对钢材的硬度产生较大的影响。

anova1 函数还会生成一个箱线图，每组数据一个图，图中从下到上各条横线分别表示最小值、1/4 分位数、中位数、3/4 分位数和最大值，如图 11-4 所示。

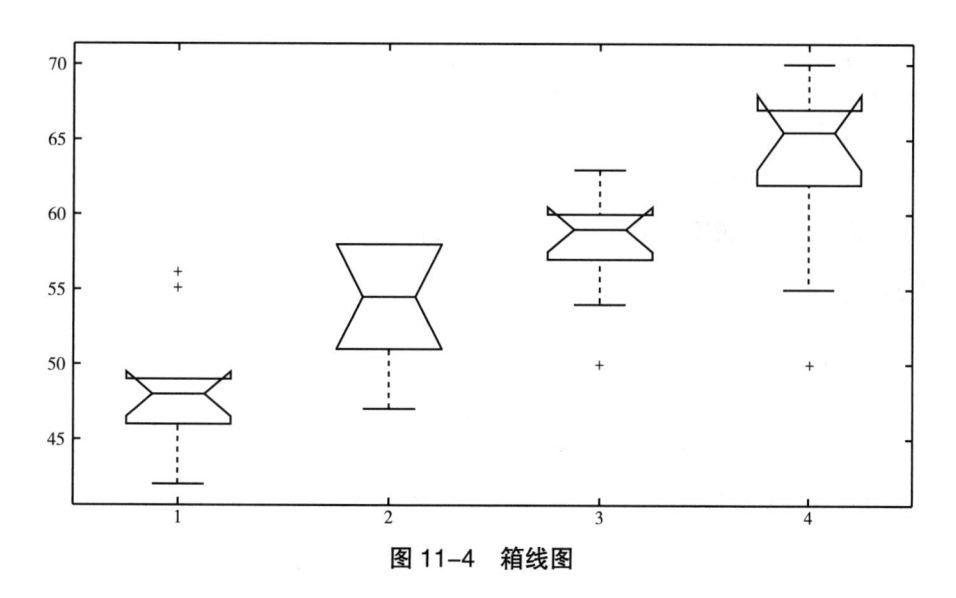

图 11-4　箱线图

11.3.3 多因素方差分析

多因素方差分析与单因素方差分析类似，不同之处在于多因素方差分析研究两个或两个以上因素对实验结果的作用和影响，以及这些因素共同作用的影响。在实践教学中一般只考察两个因素的影响，只涉及两个因素的方差分析称为双因素方差分析。为了有效说明双因素方差分析的计算过程和原理，本小节依旧采用钢材的硬度数据作为分析依据，但此时影响钢材硬度的因素由压力扩充为压力和工艺。现假设加工钢材的压力有四种，工艺有三种，则可以得到钢材在不同压力和工艺下的硬度数据，如表 11-5 所示。本案例的目标是分析钢材的品种和加工工艺对钢材硬度是否有显著性影响。

表 11-5 双因素影响下的钢材硬度

钢材	工艺 1	工艺 2	工艺 3
压力 1	29	25	27
压力 2	37	36	38
压力 3	23	22	24
压力 4	32	31	33

在 MATLAB 中，用于双因素方差分析的函数是 anova2，该函数的调用形式如下：

```
p = anova2(A);
```

矩阵 A 中的一列表示因素 1 对应的样本，一行表示因素 2 对应的样本。该问题的求解代码如下：

第11章 假设检验与方差分析

```
x = [29 25 27
    37 36 38
    23 22 24
    32 31 33];
P = anova2(x);
```

这里同样只给出方差分析的图示结果，如图 11-5 所示。

```
                    ANOVA Table
Source      SS      df    MS      F       Prob>F
Columns    332.25    3   110.75  147.67    0
Rows         9.5     2     4.75    6.33    0.0332
Error        4.5     6     0.75
Total      346.25   11
```

图 11-5 双因素方差分析结果

对分析结果进行解读时，只需要关注 P 值（Prob>F）即可，可以看出 Columns 和 Rows 对应的 P 都小于 0.05，说明加工压力和加工工艺对钢材硬度的影响都很大。根据样本矩阵的构造形式，可以将 Columns 理解为关于压力的分析结果，将 Rows 理解为关于工艺的分析结果。

本章小结

本章对假设检验和方差分析的基本原理和常用方法进行了介绍和分析，对于函数运算涉及的背景和数学理论进行了推理和说明。通过对理论和代码的双重实践，读者可以全面掌握本章内容。

第 12 章　回归分析

> **ๆ 内容提要**
>
> 　　回归分析也称曲线拟合、函数逼近等，其通过函数优化方式模拟自变量和因变量之间的映射关系。本章重点介绍一元线性回归分析、多元线性回归分析和一元非线性回归分析。

　　在研究时，人们很难直接获得输入数据和输出数据之间的函数映射关系，如往年的经济指标数据和 GDP 增长的关系、炼钢使用原料信息和钢材硬度值的关系、商品的属性信息和商品售价的关系等，研究二者之间的变化规律对于掌握经济运行规律、提高钢材强度、确定商品改进方向具有重要的推动作用。

　　回归分析是一种统计学方法，用于研究变量之间的关系。回归分析主要关注一个或多个自变量（解释变量）如何影响因变量（响应变量）。回归分析的目的是建立一个数学模型，通过该模型预测或估计因变量的值，或者评估自变量对因变量的影响程度。例如，想研究房价（因变量）与房屋面积、卧室数量、浴室数量和地理位置（自变量）之间的关系，可以先收集一组包含房价、面积、卧室和浴室数量以及地理位置的房屋销售数据，然后使用多元线性回归分析模型建立相应的回归方程，并以此为基础得出新房源的预测房价。

　　1. 回归分析的类型

　　回归分析的类型很多，具体如下。

　　（1）一元线性回归：研究两个变量之间的线性关系。其模型通常为

$$y = \beta_0 + \beta_1 x + \varepsilon$$

式中，y 为因变量；x 为自变量；β_0 为截距；β_1 为斜率；ε 为误差项。

（2）多元线性回归：当有多个自变量时，使用多元线性回归模型。其模型为

$$y = \beta_0 + \beta_1 x_1 + \beta_2 x_2 + \cdots + \beta_n x_n + \varepsilon$$

式中，$x_1, x_2, \cdots, x_n$ 为自变量。

（3）逻辑回归：用于处理因变量是二分类的情况，如是、否问题。逻辑回归通过逻辑函数（或称为 sigmoid 函数）将线性回归的输出映射到 0~1，表示为概率。

（4）泊松回归：适用于计数数据，如事件发生的次数。

（5）多项式回归：当数据显示出非线性趋势时，可以使用多项式回归，其允许自变量具有较高的次数。

2. 回归分析的步骤

回归分析通常包括以下几个步骤。

（1）数据收集：收集相关的自变量和因变量数据。

（2）模型设定：选择合适的回归模型类型。

（3）参数估计：使用最小二乘法等估计回归系数。

（4）模型评估：通过 R^2（Coeffcient of Determination，决定系数）、RMSE（Root Mean Squared Error，均方根误差）等指标评估模型的拟合度和预测能力。

（5）结果解释：解释回归系数的意义，判断自变量对因变量的影响。

（6）模型优化：根据评估结果调整模型，可能包括添加或删除变量，或者转换变量。

3. 常见的回归指标

（1）回归系数：表示自变量每变化一个单位时，因变量的平均变化量。当系数的取值为正时，表示自变量和因变量呈正相关关系；当系数的取值

为负时,自变量和因变量呈负相关关系。回归系数的绝对值越大,说明自变量对因变量的影响越大。

(2) R^2(决定系数):该系数的取值介于0~1,表示因变量的变异中有多少可以通过自变量的编译来解释。该数值越接近1,模型拟合度越好,表示模型能越好地解释数据变化。

(3) MSE(Mean Squared Error,均方误差):表示实际观测值与观测模型之间差异的平方的平均值。MSE越小,表示模型的预测越准确。

(4) RMSE(Root Mean Squared Error,均方根误差):是MSE的平方根,它是MSE的降量纲处理,相对来说更容易理解和解释。

(5) 斜率:表示自变量每变化一个单位,因变量的相应变化数量。

(6) 截距:在回归分析中,截距表示当所有自变量为零时因变量的预测值。

12.1 一元线性回归分析

一元线性回归分析实际上是寻找一个线性公式,来表示自变量和因变量之间的函数关系。目前,人们主要使用最小二乘法计算一元线性回归分析模型。对于实验数据x和y,假设二者之间存在函数关系$y = f(x) = a + bx$,a和b是待定系数,也称回归系数。以求出a和b的值为目标,使得因变量的各个数值与其对应的拟合值的误差平方和最小的方法,即为最小二乘法。

因为:

$$y = f(x) = a + bx$$

所以:

$$y_i - f(x_i) = y_i - (a + bx)$$

综上,因变量的实际值和估计值之间的残差就是模型计算的代价函数,在代价最小时参数的取值就是回归分析的解：

$$Q = \sum [y_i - f(x_i)]^2 = \sum [y_i - (a+bx)]^2$$

根据最优化的求解理论可知，代价函数 Q 在导数为 0 时的参数取值即为问题的最优解。将代价函数分别对 a 和 b 进行求导，可以得出：

$$\frac{\partial Q}{\partial a} = 0, \frac{\partial Q}{\partial b} = 0$$

将上式展开，结果为

$$\frac{\partial Q}{\partial a} = -2\sum_{i=1}^{n}[y_i - (a+bx_i)] = 0$$

$$\frac{\partial Q}{\partial b} = -2\sum_{i=1}^{n}[y_i - (a+bx_i)]x_i = 0$$

可以得到：

$$\sum_{i=1}^{n} y_i = \sum_{i=1}^{n} a + b\sum_{i=1}^{n} x_i$$

$$\sum_{i=1}^{n} x_i y_i = a\sum_{i=1}^{n} x_i + b\sum_{i=1}^{n} x_i^2$$

通过求解上述方程组，可以得到 a 和 b 的值，也因此可以得到一元线性回归分析的函数形式。

12.2 符号计算

12.2.1 解方程

解方程的函数是 solve，使用时需要将待求解方程转换为 $f(x) = 0$ 的形式并用符号表达式表示 $f(x)$。solve 函数的调用形式如下：

solve(eqn)

其中，eqn 为函数的符号表达式。

【实例12-1】求解方程 $3X = 9$。

问题的求解代码如下：

```
syms x;
e = 3*X–9;
r = solve(e);
```

注意：

（1）如果计算失败，可以使用 vpa 函数进行近似求解。

（2）计算结果仍为一个符号表达式。

12.2.2　解方程组

方程组的求解也是基于 sovle 函数完成的，计算前需要先将每个方程转换为符号表达式，再将这些表达式以参数的形式输入 sovle 函数，即可完成求解。solve 函数具体的调用形式如下：

```
S = sovle (eq1,eq2,…,eqi,…,eqn)
```

其中，eqi 表示第 i 个符号表达式。

【实例12-2】求方程组 $\begin{cases} 2x+5y=6 \\ 3x+4y=16 \end{cases}$ 的解。

问题的求解代码如下：

```
syms x y;
e1 = 2*x + 5*y –6;
e2 = 3*x + 4*y –16;
[x,y]=solve(e1,e2);
```

【实例12-3】求方程组 $\begin{cases} 3ax+2by=6 \\ ax+8by=16 \end{cases}$ 的解。

问题的求解代码如下:

```
syms x y a b;
e1 = 3*a*x + 2* b *y –6;
e2 = a*x + 8*b*y –16;
[x,y]=solve(e1,e2);
```

【实例 12-4】经过测量,得知某种材料中的 SiC 含量与硬度存在表 12-1 所述的对应关系,试对它们进行回归分析。

表 12-1　SiC 含量与硬度的关系

SiC 含量(%)	5	10	15	20	25	30	35
维氏硬度(HV)	242	261	279	306	343	374	408

首先,绘制散点图,代码如下:

```
x0 = [5 10 15 20 25 30 35];
y0 = [242 261 279 306 343 374 408];
plot(x0,y0, 'bo', 'markersize', 10);
```

由上述代码得到的散点图如图 12-1 所示。

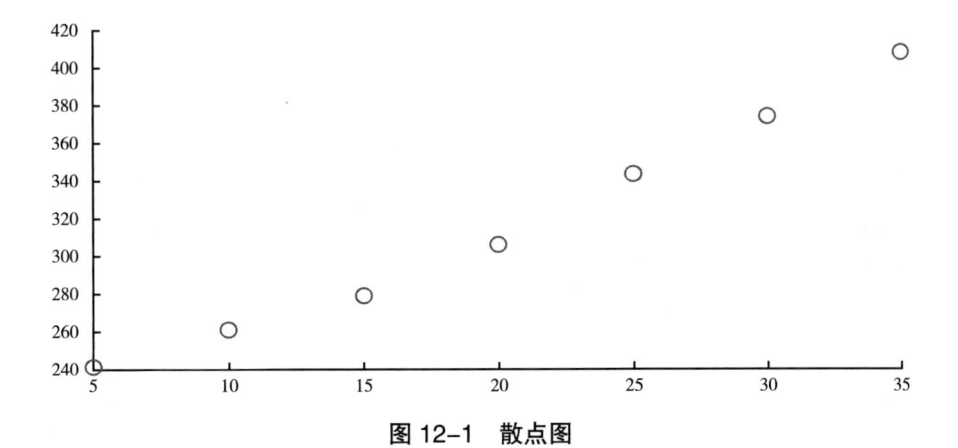

图 12-1　散点图

由图 12-1 可以看到，各点之间存在线性关系。然后，进行一元线性回归分析，代码如下：

```
syms a b;
n = size(x0,2);
e1 = sum(y0)−n*a−b*sum(x0);
e2 = sum(x0.*y0) − a* sum(x0) − b*sum(x0.^2);
[a,b]=solve(e1,e2);
```

代码运行结果如下：

```
a = 1425/7
b = 197/35
```

将参数结果代入回归方程，并使用曲线将其绘制在散点图中，观察拟合效果，代码如下：

```
hold on;
y = 1425/7 + 197/35 * x0;
plot(x0,y,'r');
```

代码运行结果如图 12-2 所示。

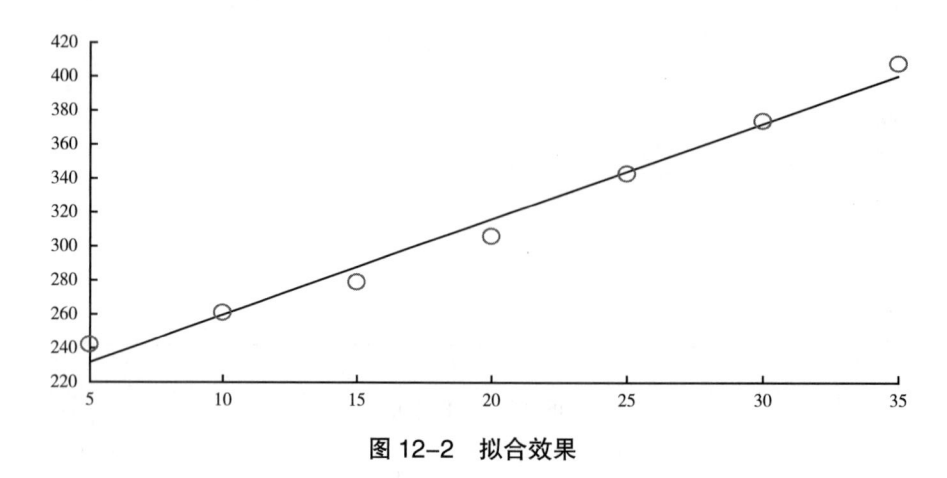

图 12-2　拟合效果

12.3 多元线性回归分析

多元线性回归中，因变量 y 与多个自变量呈线性关系。多元线性回归问题的分析原理和方法与一元线性回归基本相同，其也采用最小二乘法，但是自变量数量众多，因此求解更复杂、计算量更大。多元线性回归方程的形式为

$$y = a + b_1 x_1 + b_2 x_2 + \cdots + b_p x_p$$

多元线性回归的目标函数为因变量的各数值与其对应的拟合值的误差平方和：

$$Q = \sum \left[y_i - f\left(x_{1i}, x_{2i}, \cdots, x_{pi}\right) \right]^2 = \sum \left[y_i - \left(a + b_1 x_{1i} + b_2 x_{2i} + \cdots + b_p x_{pi} \right) \right]^2$$

根据最小二乘法的求解办法可知，计算 Q 的最小值的条件为

$$\frac{\partial Q}{\partial a} = 0, \frac{\partial Q}{\partial b_1} = 0, \frac{\partial Q}{\partial b_2} = 0, \cdots, \frac{\partial Q}{\partial b_p} = 0$$

所以：

$$\frac{\partial Q}{\partial a} = -2 \sum_{i=1}^{n} \left[y_i - \left(a + b_1 x_{1i} + b_2 x_{2i} + \cdots + b_p x_{pi} \right) \right] = 0$$

$$\frac{\partial Q}{\partial b_1} = -2 \sum_{i=1}^{n} \left[y_i - \left(a + b_1 x_{1i} + b_2 x_{2i} + \cdots + b_p x_{pi} \right) \right] x_{1i} = 0$$

$$\frac{\partial Q}{\partial b_2} = -2 \sum_{i=1}^{n} \left[y_i - \left(a + b_1 x_{1i} + b_2 x_{2i} + \cdots + b_p x_{pi} \right) \right] x_{2i} = 0$$

$$\vdots$$

$$\frac{\partial Q}{\partial b_p} = -2 \sum_{i=1}^{n} \left[y_i - \left(a + b_1 x_{1i} + b_2 x_{2i} + \cdots + b_p x_{pi} \right) \right] x_{pi} = 0$$

从而得到：

$$\sum_{i=1}^{n} y_i = \sum_{i=1}^{n} a + b_1 \sum_{i=1}^{n} x_{1i} + b_2 \sum_{i=1}^{n} x_{2i} + \cdots + b_p \sum_{i=1}^{n} x_{pi}$$

$$\sum_{i=1}^{n} x_{1i} y_i = a \sum_{i=1}^{n} x_{1i} + b_1 \sum_{i=1}^{n} x_{1i}^2 + b_2 \sum_{i=1}^{n} x_{2i} x_{1i} + \cdots + b_p \sum_{i=1}^{n} x_{pi} x_{1i}$$

$$\sum_{i=1}^{n} x_{2i} y_i = a \sum_{i=1}^{n} x_{2i} + b_1 \sum_{i=1}^{n} x_{1i} x_{2i} + b_2 \sum_{i=1}^{n} x_{2i}^2 + \cdots + b_p \sum_{i=1}^{n} x_{pi} x_{2i}$$

$$\vdots$$

$$\sum_{i=1}^{n} x_{pi} y_i = a \sum_{i=1}^{n} x_{pi} + b_1 \sum_{i=1}^{n} x_{1i} x_{pi} + b_2 \sum_{i=1}^{n} x_{2i} x_{pi} + \cdots + b_p \sum_{i=1}^{n} x_{pi}^2$$

求解上述方程组，得到 a、b_1、b_2、…、b_p 的值，即可得到多元线性回归的函数关系 $y = a + b_1 x_1 + b_2 x_2 + \cdots + b_p x_p$ 的参数取值。需要注意的是，如果自变量之间存在高度相关性，则可能导致模型估计不稳定，这可以通过方差膨胀因子来检测多重共线性。

【实例 12-5】钢中的化学元素与相变温度存在一定的关系，下面是部分数据（C、Si、Mn、Cr、Ni、Mo），试对这些数据进行回归分析。

C	= [0.96 0.01 0.04 0.05 0.05 0.06 0.06 0.07]
Si	= [0.32 0.28 0.25 2.08 0.00 0.00 0.54 0.00]
Mn	= [0.55 1.59 0.00 1.64 0.23 0.43 1.04 0.00]
Cr	= [0.11 0.00 1.02 0.00 0.00 0.00 0.04 1.35]
Ni	= [0.08 0.00 1.13 0.00 0.00 0.00 0.02 0.55]
Mo	= [0.00 0.00 0.00 0.00 0.00 0.00 0.00 0.2]
T	= [190 440 490 480 480 488 472 166]

实际上，化学元素和相变温度之间存在很复杂的非线性关系，为了方便处理，人们经常把它们近似认为是多元线性关系。问题的求解代码如下：

```
syms a b1 b2 b3 b4 b5 b6;
C   = [0.96 0.01 0.04 0.05 0.05 0.06 0.06 0.07];
Si  = [0.32 0.28 0.25 2.08 0.00 0.00 0.54 0.00];
Mn  = [0.55 1.59 0.00 1.64 0.23 0.43 1.04 0.00];
Cr  = [0.11 0.00 1.02 0.00 0.00 0.00 0.04 1.35];
Ni  = [0.08 0.00 1.13 0.00 0.00 0.00 0.02 0.55];
Mo  = [0.00 0.00 0.00 0.00 0.00 0.00 0.00 0.2];
T   = [190 440 490 480 480 488 472 166];
n = size(C,2);
e1 =sum(T)-n*a-b1*sum(C)-b2*sum(Si)-b3*sum(Mn)-b4*sum(Cr)-b5*sum(Ni)-b6*sum(Mo);
e2 = sum(C.*T)-a*sum(C)-b1*sum(C.^2)-b2*sum(C.*Si)-b3*sum(C.*Mn)-b4*sum(C.*Cr)-b5*sum(C.*Ni)-b6*sum(C.*Mo);
e3 = sum(Si.*T)-a*sum(Si)-b1*sum(Si.^2)-b2*sum(Si.*Si)-b3*sum(Si.*Mn)-b4*sum(Si.*Cr)-b5*sum(Si.*Ni)-b6*sum(Si.*Mo);
e4 = sum(Mn.*T)-a*sum(Mn)-b1*sum(Mn.^2)-b2*sum(Mn.*Si)-b3*sum(Mn.*Mn)-b4*sum(Mn.*Mn)-b5*sum(Mn.*Ni)-b6*sum(Mn.*Mo);
e5 = sum(Cr.*T)-a*sum(Cr)-b1*sum(Cr.^2)-b2*sum(Cr.*Si)-b3*sum(Cr.*Mn)-b4*sum(Cr.*Cr)-b5*sum(Cr.*Ni)-b6*sum(Cr.*Mo);
e6 = sum(Ni.*T)-a*sum(Ni)-b1*sum(Ni.^2)-b2*sum(Ni.*Si)-b3*sum(Ni.*Mn)-b4*sum(Ni.*Ni)-b5*sum(Ni.*Ni)-b6*sum(Ni.*Mo);
e7 = sum(Mo.*T)-a*sum(Mo)-b1*sum(Mo.^2)-b2*sum(Mo.*Si)-b3*sum(Mo.*Mn)-b4*sum(Mo.*Mo)-b5*sum(Mo.*Ni)-b6*sum(Mo.*Mo);
[a,b1,b2,b3,b4,b5,b6]=solve(e1,e2,e3,e4,e5,e6,e7);
```

12.4　一元非线性回归分析

在很多情况下，自变量和因变量之间具有非线性关系，要想找到它们之间的回归方程，就必须进行非线性回归分析。进行一元非线性回归分析主要有两种方法，即曲线直线化和多项式拟合。

12.4.1　曲线直线化

曲线直线化的一般过程如下。

（1）绘制因变量和自变量的散点图，根据散点的分布形状了解自变量与因变量之间的非线性关系，确定合适的曲线类型。

（2）进行变量转换，使变换后的两个变量呈直线关系，此即曲线直线化。

（3）用最小二乘法求出新变量间的直线方程。

（4）进行变量还原，把直线方程转换为原变量的函数关系，即可得到最终的回归方程。

曲线直线化的常见形式和变换方法有以下几种。

1. 幂函数

幂函数的一般形式为

$$y = ax^b + c$$

幂函数曲线的形状特征如图 12-3 和图 12-4 所示。

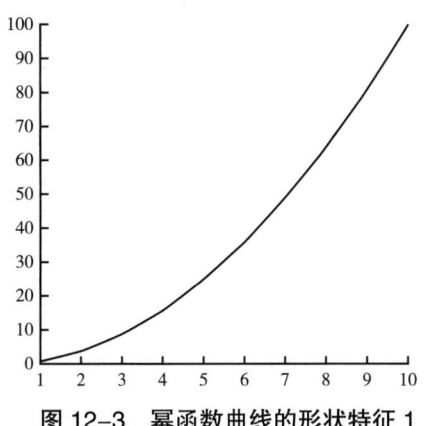

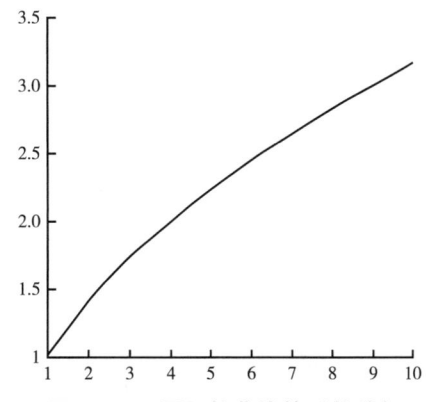

图 12-3 幂函数曲线的形状特征 1

图 12-4 幂函数曲线的形状特征 2

进行曲线直线化的方法如下。

令 $x^b = x_1$，上式变为

$$y = ax_1 + c$$

原来的曲线方程变为直线方程，实现了曲线的直线化，再用最小二乘法求解即可。

【实例 12-6】钻石作为一种曾经稀缺的商品，其价格和质量之间并不是简单的线性关系，而是呈现比较复杂的非线性关系。表 12-2 是钻石的质量与价格的对应关系（不考虑钻石的其他品质），求出二者的回归方程。

表 12-2 钻石的质量与价格的对应关系

质量 / 克拉	0.1	0.3	0.5	1	2	3	4	5
价格 / 万元	0.04	0.4	0.98	4	15.8	38	70	120

首先绘制质量与价格的散点图，代码如下：

x = [0.1 0.3 0.5 1 2 3 4 5];

y = [0.04 0.4 0.98 4 15.8 38 70 120];

plot(x,y,'ro','markersize',10);

绘制的散点图如图 12-5 所示。

图 12-5 散点图

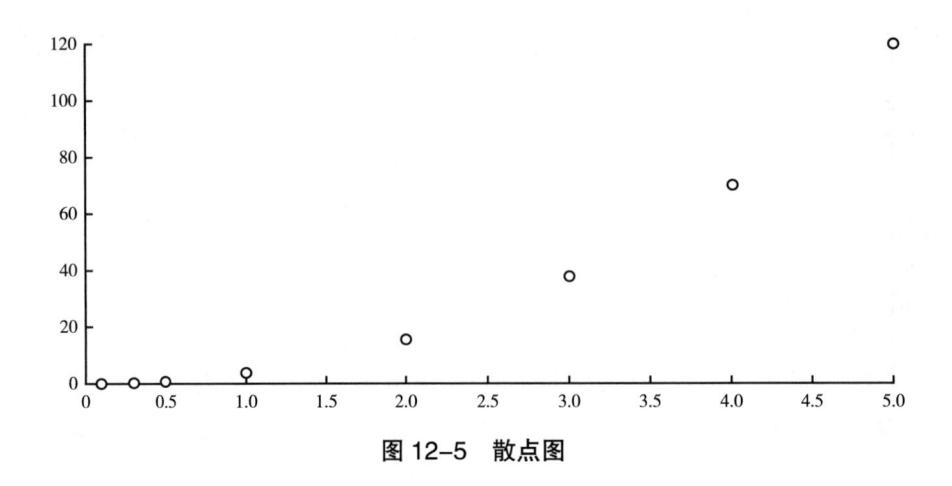

从图 12-5 中可以看出，钻石的质量与价格间呈幂函数关系，所以可以把回归方程写为

$$y = ax^b + c$$

当 $x = 0$ 时，$y = 0$，由此可知 $c = 0$。所以，上式可以变换为

$$y = ax^b$$

将上式两边求对数，即可得到以下结果：

$$\Rightarrow \ln(y/a) = \ln(x^b)$$
$$\Rightarrow \ln(y/a) = b \ln x$$
$$\Rightarrow \ln y - \ln a = b \ln x$$

令 $x_1 = \ln x$，$y_1 = \ln y$，$a_1 = \ln a$，则有 $y_1 = a_1 + bx_1$，这样就可以用最小二乘法进行求解，代码如下：

```
x1 = log(x);
y1 = log(y);
syms a1;
syms b;
n = size(x1,2);
```

```
e1 = sum(y1)- n*a1 - b* sum(x1);
e2 = sum(x1.*y1) - a1*sum(x1) - b* sum(x1.^2);
[a1,b] = solve(e1,e2)
```

代码运行结果如下：

a1 =81142651917015 69775316904330131/56571947932765859 19424202448424

b =286305755683978 5805223752878073/141429869831914647 9856050612106

使用 vpa 函数可以将分数结果转换为小数，代码如下：

```
a = vpa(a1,4)
b = vpa(b,4)
```

代码运行结果如下：

a =1.4343266385921767610640699008596

b =2.0243655461483827705741302608435

所以，回归公式结果为

$$y_1 = 1.4343 + 2.0244 x_1$$

进行变量还原，得到回归方程：

$$\ln y = 1.4343 + 2.0244 \ln x$$
$$y = 4.1967 x^{2.0244}$$

可以近似地写为

$$y = 4.2 x^2$$

为了观察拟合结果，可以使用以下代码绘制拟合后的数据结果：

```
x = [0.1 0.3 0.5 1 2 3 4 5];
y = [0.04 0.4 0.98 4 15.8 38 70 120];
plot(x,y,'ro','markersize',10);
hold on;
y1 = 4.2*x.^2;
plot(x,y1,'r');
```

拟合结果如图 12-6 所示。

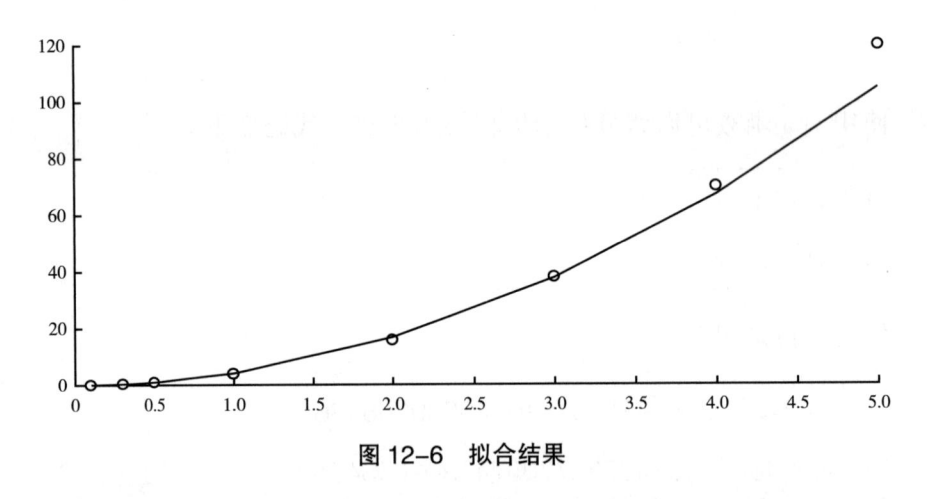

图 12-6　拟合结果

2. 指数函数

以自然常数 e 为底的指数函数的一般形式为

$$y = ae^{bx} + c$$

指数函数进行曲线直线化的方法如下。

（1）移项，得

$$y - c = ae^{bx}$$

（2）对上式两边取自然对数，得

$$\ln(y - c) = \ln a + bx$$

令 $y_1 = \ln(y-c)$，则有

$$y_1 = bx + \ln a$$

这样原来的曲线方程即变成了直线方程，实现了曲线直线化，再用最小二乘法求解即可。

3. 对数函数

对数函数的一般形式为

$$y = c\log_a x + b$$

对数函数进行曲线直线化的方法如下。

令 $\log_a x = x_1$，上式变为

$$y = ax_1 + c$$

这样原来的曲线方程即变成了直线方程，实现了曲线直线化，再用最小二乘法求解即可。

12.4.2 多项式拟合

多项式拟合也称多项式回归，当因变量和自变量之间的关系太复杂时，进行非线性回归很难写出问题的准确函数表达式。为了解决该问题，可以进行多项式拟合，用一个相对比较简单的多项式逼近复杂的函数关系。多项式拟合的原理是通过多项式函数来近似描述一组数据的函数关系的方法。对于一元函数来说，用多项式函数可以表示为

$$y = f(x) = p_1 x^n + \cdots + p_n x + p_{n+1}$$

式中，$p_1, p_2, \cdots, p_{n+1}$ 为待定系数。

1. polyfit 函数

在 MATLAB 中，进行多项式拟合的函数为 polyfit。该函数的主要调用

形式有三种。

（1） p = polyfit(x,y,n)：用一个 n 阶多项式拟合向量 x、y 的数据，p 是多项式各项的系数构成的行向量。

（2）[p,s]=polyfit(x,y,n)：s 是 polyval 函数（后面即将介绍）的输入，作用是计算预测值及误差。s 中的属性 normr 表示残差的模，其值越小，表示拟合的误差越小，精度越高。

（3）[p,s,mu]=poly(x,y,n)：先对自变量 x 进行标准化变换，即 x=(x-u)/a，其中 u 为 x 的平均值，a 为 x 的标准差；然后进行多项式回归。

【实例 12-7】使用 polyfit 函数实现四阶多项式拟合。

问题的求解代码如下：

```
x = 0.1:0.3:2.8;
y = [0.1 0.4 0.6 0.8 0.9 1.0 0.9 0.8 0.6 0.3];
plot(x,y,'o');          % 绘制 x-y 向量的散点图
p = polyfit(x,y,4);
```

代码运行结果如下：

```
p =  0.0126  −0.1140  −0.0943  0.9861  0.0084
```

多项式的拟合结果如下：

$$y = 0.0126x^4 - 0.1140x^3 - 0.0943x^2 + 0.9861x + 0.0084$$

2. polyval 函数

在进行多项式拟合时，通常还会用到 polyval 函数，其作用是根据多项式拟合计算结果进行数值预测。该函数的常用调用形式如下。

（1） y = polyval(p,x)：计算 n 阶多项式在 x 处的取值，p 是多项式的系数向量，该数值由 polyfit 函数得到。

（2）[y,delta]=polyval(p,x,s)。

【实例 12-8】 基于实例 12-7 的拟合结果,预测给定点的拟合值。

问题的求解代码如下:

```
x1 = 0:0.1:2.8;
y1=polyval(p,x1,5);
plot(x1,y1);
```

将两个实例计算结果绘制在同一图形中,结果如图 12-7 所示。

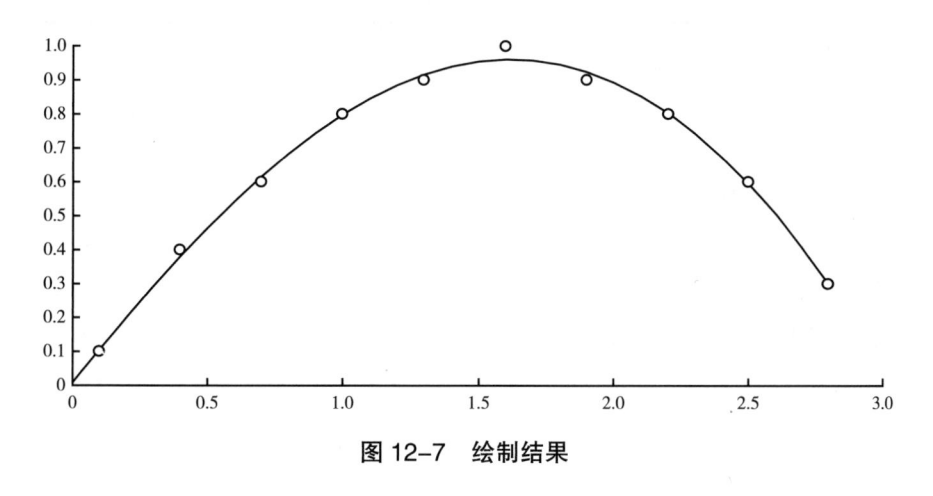

图 12-7 绘制结果

【实例 12-9】 现有一个多项式 $3x^2+2x+1$,使用 polyval 函数计算其在 $x=1$ 处的数值。

问题的求解代码如下:

```
p = [3 2 1];        % 多项式系数向量
x = 1;              % 多项式中变量 x 的值
y = polyval(p, x);  % 计算多项式在 x=1 时的值
```

【实例 12-10】 以实例 12-9 的多项式为基础,计算其在 [1,2,3] 三个点处的数值。

问题的求解代码如下:

```
x = [1 2 3];              % 一个包含多个 x 值的向量
y = polyval(p, x);        % 计算多项式在 x=1、x=2、x=3 时的值
```

可以看到，位置点的信息可以是一个标量，也可以是一个数组，polyval 函数可以对等地计算出相应的结果。

【实例 12-11】使用 polyfit 函数拟合表 12-3 中的数据。

表 12-3 数据表

x	0	1	2	3	4	5	6	7	8	9	10
y	1.8	0.5	1.4	−0.5	0.3	1.7	1.4	1.9	1	−0.9	1.5

问题的求解代码如下：

```
x = 0:10;
y = [1.8 0.5 0 −0.5 0.3 1.5 1.7 1.9 1 −0.9 0.5];
figure(1);
e = zeros(1,6);
for t = 1:8
    p = polyfit(x,y,t);
    x0 = −0:.1:10;
    y0 = polyval(p,x0);
    subplot(2,4,t);
    plot(x,y,'bo',x0,y0,'r−');
    title(sprintf('%d 次 ',t));
    er = polyval(p,x);
    e(t) = norm(er−y);
end
```

代码运行结果如图 12-8 所示。

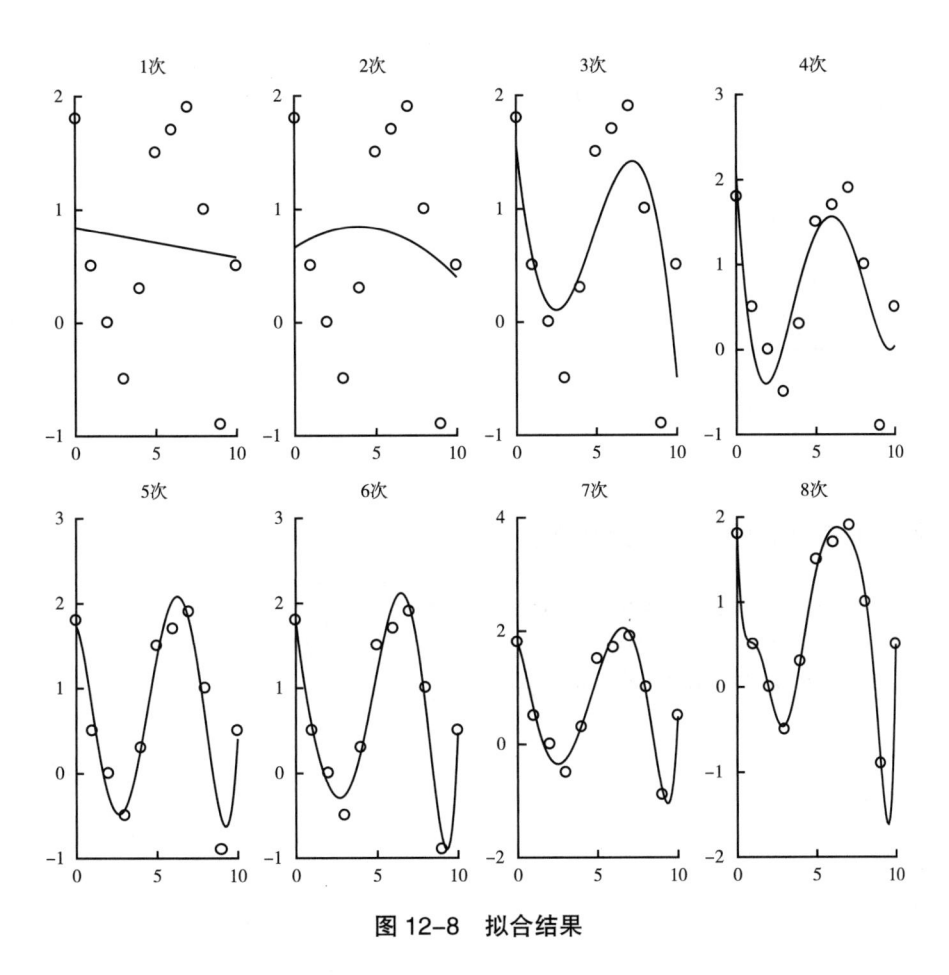

图 12-8 拟合结果

从图 12-8 可以看出，随着拟合次数的增加，曲线越来越贴近原始数据点，误差也越来越小。

此外，拟合时还可以先对输入的 x 进行归一化后再进行拟合。随着次数的增加，曲线的光滑性会逐渐下降，如 8 次拟合多项式曲线中部分区域呈现急剧下降和上升状态，数值特性较差，因此拟合次数并不是越多越好。拟合本身的意义在于反映数据变化趋势，而不是精确地刻画原始数据点。

【实例 12-12】使用多项式进行拟合，对钻石的质量和价格之间的关系进行四阶多项式回归。

问题的求解代码如下：

```
x = [0.1 0.3 0.5 1 2 3 4 5];
y = [0.04 0.4 0.98 4 15.8 38 70 120];
plot(x,y,'o');
p = polyfit(x,y,4);
hold on;
x1 = 0:0.1:5;
y1=polyval(p,x1,4);
plot(x1,y1);
```

四阶多项式的拟合结果如下：

```
p =  0.1119  −0.6688  5.6298  −1.4879  0.2822
```

代码运行结果如图 12-9 所示。

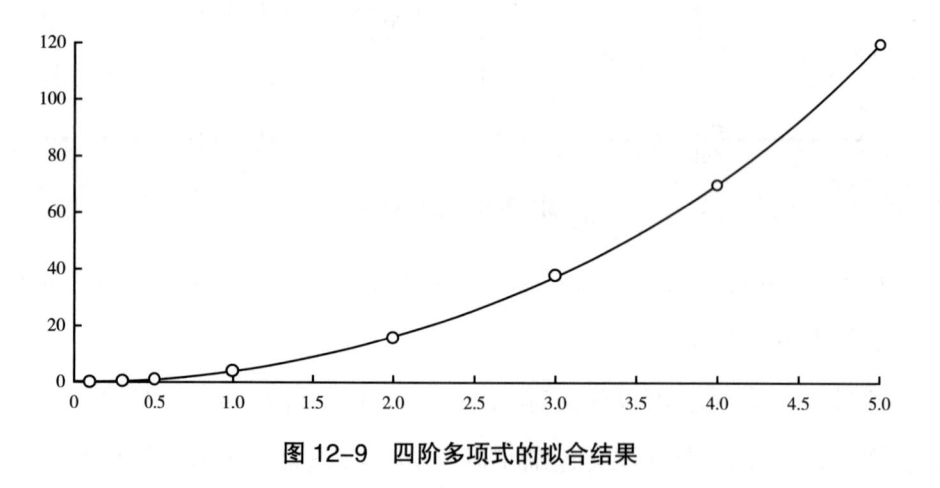

图 12-9　四阶多项式的拟合结果

【实例 12-13】某份数据只包含三个数据点（见表 12-4），试使用多项式进行拟合。

表 12-4 样本数据

x	1	2	3
y	0.3	1	0.7

问题的求解代码如下：

```
x = 1:3;
y = [0.3,1,0.7];
p1 = polyfit(x,y,1);
p2 = polyfit(x,y,2);
p3 = polyfit(x,y,3);         % 超过三次拟合时系统提出警告
x0 = 1:0.2:3;
y1 = polyval(p1,x0);
y2 = polyval(p2,x0);
y3 = polyval(p3,x0);
plot(x,y,'o',x0,y1,'r-',x0,y2,'k--',x0,y3,'m.-');
title('1 至 3 次多项式拟合 ');
legend(' 原始数据 ','1 次 ','2 次 ','3 次 ');
```

代码运行结果如图 12-10 所示。

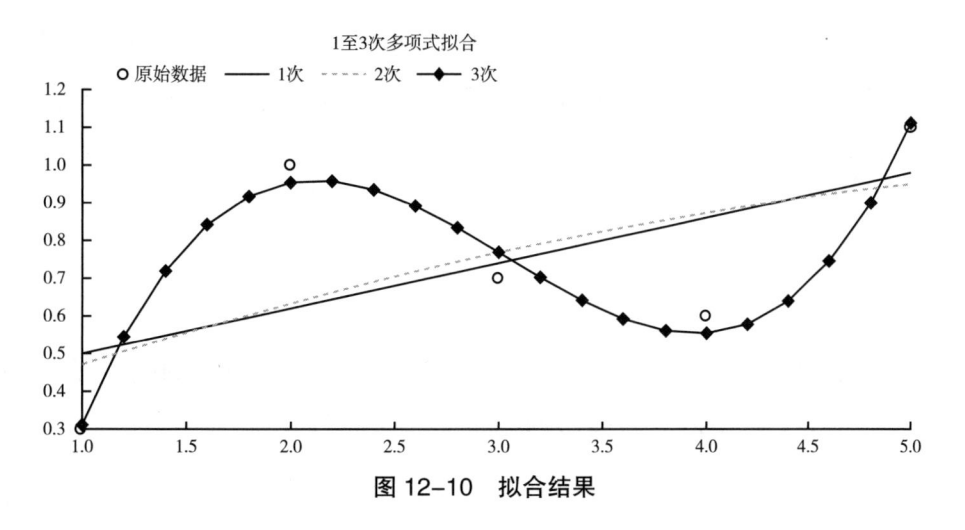

图 12-10 拟合结果

12.5 一元非线性拟合

非线性拟合，即拟合所采用的基函数可以是任意连续函数，而并不限定为线性或幂函数。这两个函数的调用均需要用户给出基函数句柄，并将基函数及其系数合并在同一个总的函数句柄中。本节通过以下基函数组成的非线性函数进行拟合：

$$y = 1 + be^x + c\sin(x)$$

1. 定义句柄函数

求解该问题的第一个过程是定义句柄函数，代码如下：

```
f = @(a,x)a(1)+a(2)*exp(x)+a(3)*sin(x);
```

其也可以写为函数文件的形式，代码如下：

```
function y = myfun(a,x)
    y = a(1)+a(2)*exp(x)+a(3)*sin(x);
end
```

2. 使用 nlinfit 函数求解

求解的第二步是调用 MATLAB 的 nlinfit 函数。nlinfit 函数用于进行非线性回归分析，其使用非线性最小二乘法估计模型的参数，使模型的预测值和实际数据之间的差异的平方和最小。该函数的常用调用形式如下：

```
b= nlinfit(X,Y,Fun,p0);
```

其中，X 表示自变量矩阵；Y 表示因变量数组；Fun 表示目标函数句柄，该函数可以有两个参数：自变量 x 和模型参数 param；p0 表示模型参数的起始值；b 表示拟合后的模型参数。

【实例 12-14】根据给定数据点计算本节所提问题的模型参数，数据点信息见代码中信息。

问题的求解代码如下：

```
% 给定的数据点
xdata = [1, 2, 3, 4, 5];
ydata = [2.9, 11.4, 28.1, 52.5, 85.1];
% 模型函数句柄
modelfun =@(param,x) param(1) * x.^2 + param(2) * x + param(3);
% 参数的初始估计值
initialParams = [1, 1, 1];
% 调用 nlinfit 函数
b = nlinfit(xdata, ydata, modelfun, initialParams);
% 显示拟合参数
disp('Fitted parameters:');
disp(b);
```

代码运行结果如下：

3.9929 −3.4071 2.3000

所以，拟合函数的最终形式为

$$y = 3.9929x^2 - 3.4071x + 2.3$$

【实例 12-15】在化学反应中，反应速度与反应物含量密切相关，研究人员根据化学动力学建立了反应速度的数学模型，形式为

$$y = \frac{\beta_1 x_2 - \dfrac{x_3}{\beta_5}}{1 + \beta_2 x_1 + \beta_3 x_2 + \beta_4 x_3}$$

式中，x_1、x_2、x_3 为自变量；y 为反应物；β_1、β_2、β_3、β_4、β_5 为模型中的五个待确定参数，应根据实验进行数据拟合。

具体的实验数据如下：

氢气：

470 285 470 470 470 100 100 470 100 100 100 285 285

戊烷：

300 80 330 80 80 190 80 190 300 300 80 300 190

异构戊烷：

10 10 120 120 10 10 65 65 54 120 120 10 120

反应速度：

8.55 3.79 4.82 0.02 2.75 14.39 2.54 4.35 13.00 8.5 0.05 11.32 3.13

问题的求解代码如下：

```
x1 = [470 285 470 470 470 100 100 470 100 100 100 285 285];
x2 = [300 80 330 80 80 190 80 190 300 300 80 300 190];
x3 = [10 10 120 120 10 10 65 65 54 120 120 10 120];
y = [8.55 3.79 4.82 0.02 2.75 14.39 2.54 4.35 13.00 8.5 0.05 11.32 3.13]';
x = [x1',x2',x3'];
f = @nonlfun;
beta0 = [1 0 0 0 1];
[beta,r,j]=nlinfit(x,y, f,beta0);
```

代码运行结果如下：

```
beta =  1.4805  0.0762  0.0464  0.1387  1.0067
```

对应的回归方程为

$$y = \frac{1.4805x_2 - \dfrac{x_3}{1.0067}}{1 + 0.0762x_1 + 0.0464x_2 + 0.1387x_3}$$

3. 多项式回归

多元非线性回归也可以采用多项式回归的方法，在 MATLAB 中进行非线性多项式回归分析的函数为 rstool。

【实例 12-16】对于给定的数据，进行二元非线性多项式回归。

问题的求解代码如下：

```
x1=1:1:8;
x2=[4 2 8 6 9 3 2 6];
y =[28 16 32 44 16 34 26 22];
x =[x1' x2'];
rstool(x,y,'quadratic');
```

代码运行结果如图 12-11 所示。

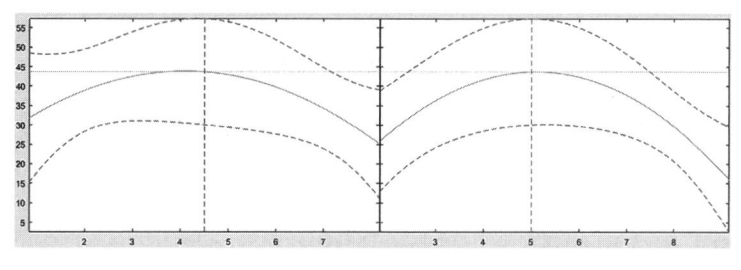

图 12-11　二元非线性多项式回归

所以，多项式方程为

$$y = -38.9770 + 13.8193x_1 + 21.1325x_2 - 0.9151x_1x_2 - 1.1288x_1^2 - 1.6683x_2^2$$

12.6　拟合函数

除了前面介绍的拟合方法，MATLAB 还提供了其他求解函数，本节主要介绍 lsqlin 和 regress 函数。

12.6.1　lsqlin 函数

lsqlin 函数可以解决带约束多元线性拟合问题。该问题的一般表示形式为

$$\min_a \frac{1}{2}\|Xa-Y\|_2^2$$

$$\text{s.t.} \begin{cases} Ax \leq b \\ Cx = d \\ \text{lb} \leq x \leq \text{ub} \end{cases}$$

式中，A 为线性约束方程的系数；b 为线性约束方程的非齐次项；C 为非线性约束方程的系数；d 为非线性约束方程的非齐次项；lb 和 ub 为自变量的上下限。

lsqlin 函数的一般调用形式如下：

```
x =lsqlin(X, Y, A, b, Aeq, beq, lb, ub);
```

其中，X 表示自变量数值矩阵，Y 表示拟合方程函数值，A、b 表示自变量的不等式约束信息，Aeq 和 beq 表示 X 的等式约束。

【实例 12-17】lsqlin 函数的计算实例。

问题的求解代码如下：

```
% 定义问题的系数信息
X = [0.9501  0.7620  0.6153  0.4057
     0.2311  0.4564  0.7919  0.9354
     0.6068  0.0185  0.9218  0.9169
     0.4859  0.8214  0.7382  0.4102
     0.8912  0.4447  0.1762  0.8936];
Y = [0.0578
     0.3528
     0.8131
     0.0098
     0.1388];
```

```
A = [0.2027  0.2721  0.7467  0.4659
     0.1987  0.1988  0.4450  0.4186
     0.6037  0.0152  0.9318  0.8462]
b = [0.5251
     0.2026
     0.6721];
% 调用 lsqlin 函数
pa = lsqlin(X, Y, A, b);
```

使用 lsqlin 函数对无约束拟合问题进行求解，可以使用以下形式进行计算：

```
x = lsqlin(x,y);
```

【实例 12-18】使用 lsqlin 函数完成三维空间中坐标点（见表 12-5）的平面拟合。

表 12-5 三维空间中的坐标点

x_1	3504	3693	3436	3433	3449	4341	4354	4312	4425	3850
x_2	130	165	150	150	140	198	220	215	225	190
y	18	15	18	16	17	15	14	14	14	15

问题的求解代码如下：

```
x1 = [3504 3693 3436 3433 3449 4341 4354 4312 4425 3850]';
x2 = [130 165 150 150 140 198 220 215 225 190]' ;
y  =[18 15 18 16 17 15 14 14 14 15]';
x = [x1 x2 ones(size(x1))];
b = lsqlin(x,y);
```

代码运行结果如下:

b = 0.0009 −0.0507 21.2230

对应的拟合函数形式为

$$y = 0.0009x_1 - 0.0507x_2 + 21.2230$$

12.6.2 regress 函数

regress 函数是 MATLAB 提供的线性回归计算函数，该函数将线性拟合问题转换为超定方程求解问题。regress 函数的一般调用形式如下:

b= regress(y,x);

其中，x 表示一个矩阵，矩阵中的每一行表示一个方程的自变量取值情况。矩阵 x 中最左侧列元素值为 1，表示各个方程的截距信息。y 表示一个数组，数组中的每个元素表示和方程对应的因变量计算结果。b 表示多元线性回归方程的系数估计结果，b 的第一个元素是截距的估计值。

一般的多元线性回归分析问题可以用以下方程表示:

$$a_1 x_{11} + a_2 x_{12} + \cdots + a_n x_{1n} + a_{n+1} = y_1$$
$$a_1 x_{21} + a_2 x_{22} + \cdots + a_n x_{2n} + a_{n+1} = y_2$$
$$\vdots$$
$$a_1 x_{k1} + a_2 x_{k2} + \cdots + a_n x_{kn} + a_{n+1} = y_k$$

在该方程中，每一行的自变量和因变量的取值可以构建一个取值矩阵，矩阵的信息可以表示为

$$\begin{bmatrix} 1 & x_{11} & \cdots & x_{1n} \\ 1 & x_{21} & \cdots & x_{2n} \\ \vdots & \vdots & \ddots & \vdots \\ 1 & x_{k1} & \cdots & x_{kn} \end{bmatrix}$$

regress 函数中的 x 参数是根据前面的方程组信息构建的。

【实例 12-19】根据现有数据计算回归方程。

问题的求解代码如下：

```
% 现有数据
X = [ones(10,1) 2*rand(10,1)];    % 自变量，包含一个常数项和随机数据
Y = 5 + 3*X(:,2) + randn(10,1);    % 因变量，线性模型加上一些噪声
% 使用 regress 函数进行线性回归分析
b = regress(Y, X);
% 显示回归系数
disp('Regression coefficients:');
disp(b);
```

代码运行结果如下：

```
5.4721
2.2788
```

因此，回归方程的表达形式为

$$y = 5.4721 + 2.2788x$$

注意：数据矩阵最左侧是一个包含常数项（全为 1 的向量）列的数据。

regress 函数还可以返回其他统计量，如残差平方和、决定系数等，可以通过指定额外的输出参数来获取。例如：

```
[b, bint, r, rint, stats] = regress(y, x);
```

其中，bint 表示 b 取值的置信区间，r 表示估计的残差，rint 表示 r 取值的置信区间，stats 表示 R^2、F 统计量（检验模型显著性的统计量）、P 值或误差方差。

【实例 12-20】使用 regress 函数对以下目标函数进行拟合求解：

$$y = ax_1^2 + bx_2^2 + cx_1 + dx_2 + ex_1x_2 + f$$

观测数据如下：

x1=[7666 7704 8148 8571 8679 7704 6471 5870 5289 3815 3335
    2927 2758 2591]';

x2=[16.22 16.85 17.93 17.28 17.23 17 19 18.22 16.3 13.37 11.62
    10.36 9.83 9.25]';

y=[7613.51 7850.91 8381.86 9142.81 10813.6 8631.43 8124.94
   9429.79 10230.81 10163.61 9737.56 8561.06 7781.82 7110.97]';

问题的求解代码如下：

x1=[7666 7704 8148 8571 8679 7704 6471 5870 5289 3815 3335
    2927 2758 2591]';

x2=[16.22 16.85 17.93 17.28 17.23 17 19 18.22 16.3 13.37 11.62
    10.36 9.83 9.25]';

y=[7613.51 7850.91 8381.86 9142.81 10813.6 8631.43 8124.94
   9429.79 10230.81 10163.61 9737.56 8561.06 7781.82 7110.97]';

X=[ones(size(y)) x1.^2 x2.^2 x1 x2 x1.*x2];

% 开始分析

[b,bint,r,rint,stats] = regress(y,X);

该问题的非线性项取值被表示为 x1.^2 和 x2.^2。

regress 函数和 lsqlin 函数的区别如下。

（1）应用场景：regress 函数用于标准的线性回归问题；而 lsqlin 函数可以处理更复杂的优化问题，包括无限约束。

（2）自变量矩阵：regress 函数直接使用自变量矩阵 X 拟合模型，lsqlin 函数则需要分别指定目标函数的线性系数 c 和等式约束 A、b。

（3）约束处理：regress 函数不直接处理不等式约束，而 lsqlin 函数允许通过上下界 lb 和 ub 来定义不等式约束。

（4）目标：regress 函数的目标是估计模型参数，而 lsqlin 函数的目标是找到使目标函数最小化的变量值。

本章小结

本章系统地介绍了回归分析的基本概念、方法和 MATLAB 实现。本章通过详细讲解一元线性回归、多元线性回归和一元非线性回归等回归分析方法，展示了如何根据数据特点选择合适的回归模型进行拟合；同时，通过多个实例展示了如何使用 MATLAB 中的 polyfit、polyval、nlinfit、lsqlin 和 regress 等函数进行问题求解。

第13章 最优化方法

> **☙ 内容提要**
>
> 本章主要介绍了最优化的基本概念、方法及在 MATLAB 中的实现，讲解了每类最优化问题的模型表达方式、约束表达方式和函数应用方法。本章涉及的优化问题为无约束最优化问题和有约束最优化问题，并在此之下进行了更加细致的分类。本章主要涉及的求解函数有 fminbnd、fminunc、fminsearch、linprog、intlinprog、fmincon 和 fgoalattain。

最优化方法是指在给定条件下寻找问题的最佳方案，获得最优解的过程。通常情况下，研究人员可以使用复杂的模型对问题的特性和规律进行建模，并以此为基础构建复杂的目标函数。但是，求解目标函数的最优解是一个困难的问题，有时是因为函数的复杂度过大，有时是因为无法得出问题的明确求解形式。此时就需要按照某种规律，在问题的可解空间中寻找结果最优的解。一般函数的可解空间比较大，人们无法预知最优解在空间中的位置，所以会采用探索的形式进行问题求解。探索的规则是根据函数的特性来判断最优解的位置，对于形式比较简单的函数，可以采用某些规则直接得到最优解，如导数为 0 的位置是一元二次函数的最优解位置。但是，对于比较复杂的函数，则需要通过求解得到最优解的位置，并且计算函数的高阶导数也是一个十分复杂的问题，有时这些函数的高阶导数是不可解的。所以，对于比较复杂的函数，在求解时会有一些常用的经验和技巧，包括梯度下降法、牛顿法等。这些方法认为函数的最优解沿着梯度方向变化最大，所以会选择梯度作为最优解探索的重要途径。但是，这些方法并不总是有效的，如当函数是多峰函数时，而求解的起始点在一个低峰时，采用梯度下降法只能找到低峰的峰顶，而得到的解也只是局部最优解。虽然很多方法使用多种策略进行最优解的探索，但是多少会受到局部最优解的影响。所以，函数的最优化即为在一定的条件下，求解出函数的最优解。

使用最优化方法进行问题求解的过程一般如下。

（1）建立优化模型。

（2）根据研究问题确定模型中的因变量和自变量，并以此为基础写出目标函数的表达式和约束函数的表达式。

①明确决策变量和目标变量。

②写出目标函数表达式。

③写出约束函数表达式。

（3）根据分析模型目标函数的形式和约束函数的形式，选择合适的求解方法和函数。

（4）根据函数计算结果得到问题的最优解。

最优化方法已经被广泛应用在各个部门，如设计部门（化学成分设计、工艺参数设计、零件结构设计）、规划部门（经济发展规划、行业发展规划、企业经营决策规划、资源利用规划）、管理调度部门（生产计划管理、交通规则管理、生产材料）和控制部门（电力系统管理、企业生产管理、设备调度管理、生产环境管理）等。

MATLAB提供了大量的最优化计算函数，通过调用这些函数，用户可以快速完成各类函数优化问题，如无约束最优化问题和有约束最优化问题。

根据是否有约束，可以将问题分为无约束最优化问题和有约束最优化问题；根据函数中未知量的数量，可以将问题分为单变量最优化问题和多变量最优化问题；根据自变量的形式，可以将问题分为线性最优化问题和非线性最优化问题。

本章首先将最优化问题分为无约束最优化问题和有约束最优化问题,然后在无约束最优化问题中讨论单变量最优化问题和多变量最优化问题,在有约束最优化问题中讨论线性约束最优化问题和非线性约束最优化问题。

13.1 无约束最优化问题

优化问题的目标一般有两种:极大值优化和极小值优化。极大值优化的可计算标准难以确定,因此一般会将极大值优化问题转换为极小值优化问题。所以,在 MATLAB 的优化工具箱中提供的都是极小值优化函数。

根据目标函数中包含的自变量的数量和自变量幂次,可以对优化问题进行分类,具体如下。

13.1.1 单变量最优化问题

单变量最优化问题中,目标函数只包含一个自变量,其函数形态具有单峰特性,因此可以采用二分查找方式逐步找到问题的最优解,也可以采用求导方式在导数为 0 的位置得到问题的最优解。在 MATLAB 中,fminbnd 函数用于对单变量问题进行最优化求解。需要说明的是,该单变量目标函数可以是线性的,也可以是非线性的。

fminbnd 函数能够计算单变量函数在给定区间内的最小值,该函数的表示形式为

$$\min f(x)$$
$$\text{s.t.} \quad x_1 < x < x_2$$

fminbnd 函数的调用形式如下:

```
x = fminbnd(fun, x1, x2);
x = fminbnd(fun, x1, x2,options);
```

其中，fun 表示目标函数的句柄函数；x1、x2 为变量 x 的取值上下界；options 表示一些附加参数，该参数使用率较低，其内容会在后续内容中按需给出。

【实例 13-1】计算 $\sin(x)$ 在区间 $[0,2\pi]$ 的最大值。

问题的求解代码如下：

```
fun = @(x)(−1*sin(x));
x1 = 1;
x2 = 2*pi;
[x,y]=fminbnd(fun,x1,x2)
```

代码运行结果如下：

```
x =  1.5708
y =  −1.0000
```

本实例的目标是计算 $\sin(x)$ 的最大值，但是 fminbnd 函数只能用于计算最小值，所以在构造目标函数时对目标函数进行了求反处理。由 fminbnd 函数的计算结果可以看到，当 $x=1.5708$ 时，新的目标函数最小值为 −1，则本实例的目标函数结果为 1，即在 $x=1.5708$ 时，$\sin(x)$ 函数取最大值 1。

【实例 13-2】计算 $\dfrac{0.4}{\sqrt{1+x^2}} - \sqrt{1+x^2}(1-\dfrac{0.4}{1+x^2})+x$ 在区间 $[0,2]$ 的最小值。

本实例的目标函数形式非常复杂，难以通过求导得到问题的解析解，此时可以使用 fminbnd 函数，该函数会基于黄金分割法和二次插值法对问题进行求解。要求解该问题，首先需要构造目标函数的句柄函数。该句柄函数可以定义如下：

```
fx = @(x) (0.4./sqrt(1 + x.^2) − sqrt(1+x.^2) .* (1− 0.4./(1 + x.^2))+x);
```

则问题的求解代码如下：

```
fx = @(x) (0.4./sqrt(1 + x.^2) – sqrt(1+x.^2) .* (1– 0.4./(1 + x.^2))+x);
[x0, f] =fminbnd(fx,0,2)
```

该函数形态可以通过 fplot 函数绘制，绘制代码如下：

```
fplot(fx,[0,2]);
```

代码运行结果如图 13-1 所示。

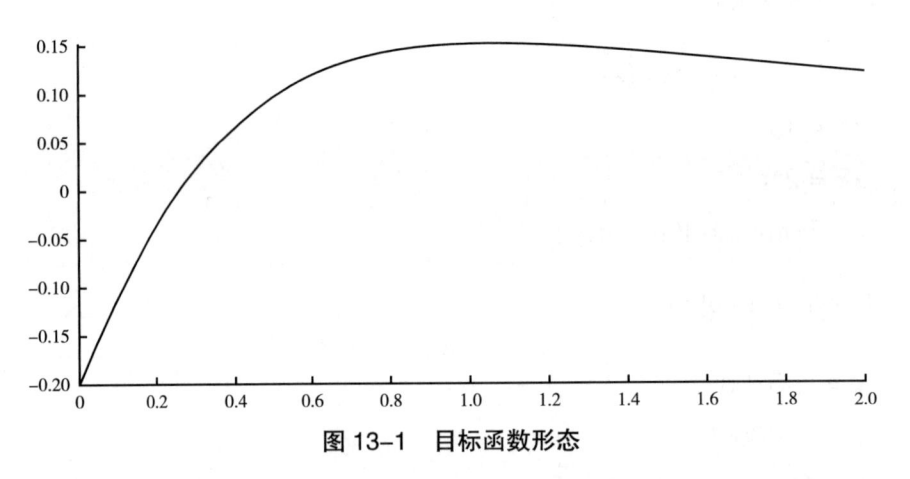

图 13-1 目标函数形态

从图 13-1 中可以看出，当 $x=0$ 时，函数的取值最小，此时计算结果如下：

```
x0 =  4.8379e–05
f =  –0.2000
```

即当 x 取值无限小时，y 的取值为 –0.2，此结果与目标函数形态相对应。

【实例 13-3】计算函数 $f(x) = x^4 - x^2 + x - 1$ 在区间 [-2,1] 上的最小值和最大值。

该函数的优化目标有两个，即最大值和最小值，而 fminbnd 函数只能计算函数的最小值。因此，如果需要计算函数的最大值，则需要对目标函数进行取反操作，即将目标函数与 –1 相乘，此时求取到的最小值与原函数的最大值相对应。

最小值的句柄函数可以表示如下：

```
f = @(x)x^4-x^2+ x – 1;
```

则函数的求解代码如下：

```
[xmin,ymin]=fminbnd(f,–2,1)
```

函数的计算结果如下：

```
xmin = –0.8846
ymin = –2.0548
```

从计算结果可以得知，当 $x=-0.8846$ 时，函数取最小值 -2.0548。

使用 fplot 函数绘制本实例的函数形态，结果如图 13-2 所示。

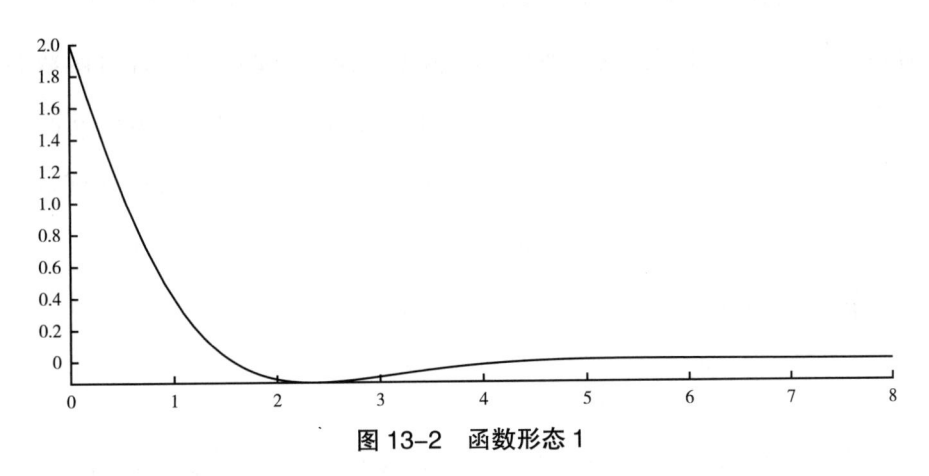

图 13-2 函数形态 1

从图 13-2 中可以看出，最小值的位置与函数的解相同。

最大值的句柄函数可以表示如下：

```
@(x)(x^4-x^2+ x – 1).*–1
```

函数的计算结果如下：

```
x = 0.9999
ymin = 1.6105e–04
```

使用 fplot 函数绘制本实例的函数形态，结果如图 13-3 所示。

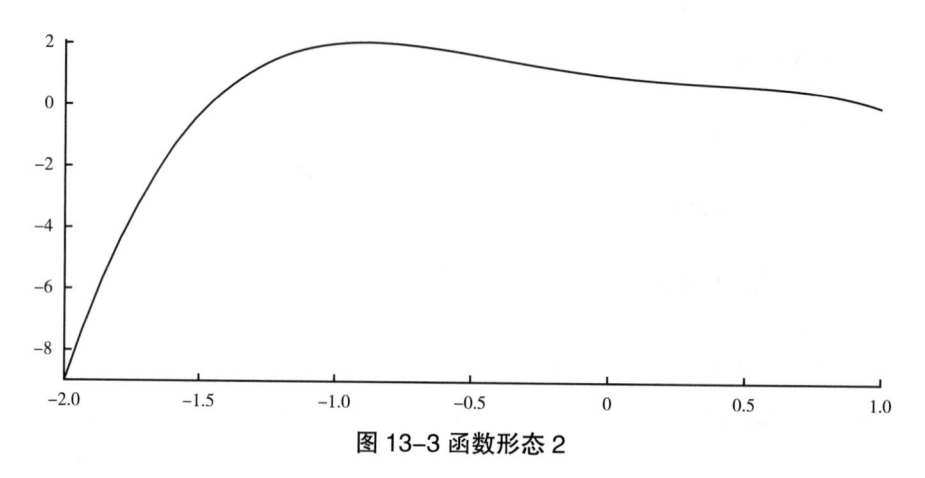

图 13-3 函数形态 2

目标函数是对原问题取反，因此函数的最大值对应的 x 值为 0.9999，函数的取值为 1.6105e-04。根据科学计数法可知，最小值的取值趋近于 0。通过对函数的观察，可以发现该函数的最小值应该在 -2 附近，并且函数的取值应该趋近于 -8.8，但是函数的计算结果却是 0。这是因为 fminbnd 函数采用的是黄金分割法进行最优解搜索，所以函数的取值陷入了局部最优解。如果将问题的求解区间改为 [-2,0]，此时可以发现函数的最优解变为

```
x =  -2.0000
ymin =  -8.9987
```

【实例 13-4】用 fminbnd 函数计算函数 $f(x) = e^{-x^2}(x+\sin x)$ 在区间 $[-10,10]$ 上的最小值。

问题的求解代码如下：

```
f = @(x)(exp(-1*(x^2))*(x+sin(x)));
[xmin,ymin]=fminbnd(f,-10,10);
```

【实例 13-5】用 fminbnd 函数计算函数 $f(x) = \sin(2x+1) + 3\sin(4x+3) + 5\sin(6x+5)$ 在区间 $[-4,4]$ 上的极小值。

问题的求解代码如下：

```
f = @(x)(sin(2*x+1)+3*sin(4*x+3)+5*sin(6*x+5));
[xmin,ymin]=fminbnd(f,-4,4);
```

【实例 13-6】用 fminbnd 函数计算函数 $f(x)=\dfrac{x^3+\cos x+x\log x}{\mathrm{e}^x}$ 在区间 [0,1] 上的最小值。

问题的求解代码如下：

```
f = @(x)(x^3+cos(x)+x*log(x))/exp(x);
[xmin,ymin]=fminbnd(f,0,1);
```

【实例 13-7】用 fminbnd 函数计算函数 $f(x)=|x+1|+x^2+x-2$ 在区间 [-2,2] 上的最小值。

问题的求解代码如下：

```
f = @(x) abs(x + 1) + x^2 + x – 2;
x_min = fminbnd(f, –2, 2);
f_min = f(x_min);
disp([' 最小值点 x = ', num2str(x_min)]);
disp([' 最小值 f(x) = ', num2str(f_min)]);
```

代码运行结果如下：

```
最小值点 x = –1
最小值 f(x) = –2
```

【实例 13-8】对边长为 3m 的正方形铁板，在 4 个角减去相等的正方形，以制成方形无盖水槽，试计算如何裁剪才能使水槽的容积最大。

令 x 表示裁剪长度，则水槽的容积可以表示为 $V=(3-2x)^2 x$，此问题可以转换为对容积函数求最大值。因为 fminbnd 函数只能计算最小值，所以需要先对目标函数求反，然后计算对应的最小值，最后通过再次求反得到最大值。

根据以上分析，目标函数的句柄函数可以表示如下：

```
f=@(x)-(3-x*x)^2*x;
```

问题的求解代码如下：

```
f = @(x)-(3-2*x)^2*x;
[x,ymin]=fminbnd(f,0,1.5)
y = -ymin
fplot(f,[0,1.5]);
```

代码运行结果如下：

```
x =  0.5000
ymin =  -2.0000
y =  2.0000
```

从运行结果可以得知，当裁剪宽度是 0.5m 时，水槽的容积最大，具体数值为 2。从图 13-4 中也可以看出同样的规律。

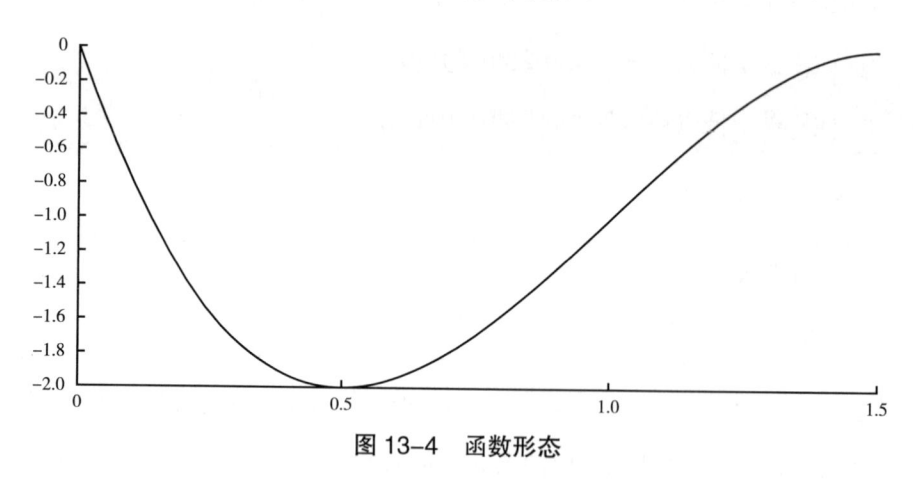

图 13-4　函数形态

13.1.2　多变量最优化问题

随着变量数量的增多，优化问题的计算复杂度会随之增加，变量取值的变化空间也随之变大。此时使用单变量求解问题中的极值法已经无法有效地找到问题的最优解，需要使用一些特定的搜索方法对问题的最优解进行查找计算。多变量最优化问题的常用解法有两类：分别是直接搜索法和梯度法。在目标函数可导的情况下，梯度法是一种更加直接且准确的方法。梯度法利用函数的一阶导数或者二阶导数，可以快速找到问题的最优解。通过优化方面的数学知识可以知道，函数的负梯度方向是函数值变化最大的方向。沿着函数的负梯度方向进行搜索，可以快速找到函数的最小值，该方法也称为最速下降法。常见的梯度优化算法有最速下降法、牛顿法、共轭梯度法和拟牛顿法。在这些方法中，拟牛顿法应用最为广泛。如果目标函数的导数难以计算，则需要采用直接搜索法进行问题求解。目标函数的可解空间十分庞大，使用直接搜索法在空间中寻找最优解非常困难，因此需要设计一些搜索方案。常见的直接搜索法有单纯形法、共轭方向法、H-J 搜索法等。

求解多变量最优化问题的函数有 fminunc 和 fminsearch。fminunc 函数使用求导进行问题求解，最常用的求解方法是拟牛顿法。fminunc 函数是一个非线性优化求解函数，即该函数求解的目标函数是一个非线性函数表达式。fminsearch 函数使用直接搜索法进行问题求解，这需要自行提供函数求导后的函数形式，对计算者的数学基础要求比较高，所以大部分用户会选择拟牛顿法进行问题求解。

1. fminunc 函数

fminunc 函数的调用形式如下：

```
x = fminunc(fun,x0);
x = fminunc(fun,x0,options);
x = fminunc(problem);
```

其中，fun 表示目标函数的句柄表达式，x0 表示解的起始值，options 表示求解参数。

虽然无约束最优化问题对问题解没有约束，但是仍需要提供一个起始解，以便函数以此为基础进行问题求解。函数的起始解是一个依赖经验得出的数据，经过长期的实践，一般选择 0 或 1 附近的值。

【实例 13-9】使用 fminunc 函数计算函数 $f(x_1,x_2)=4x_1^2+2x_1x_2+x_2^2-5x_1$ 的最小值。

该函数的句柄函数可以表示如下：

```
f = @(x)4*x(1)^2 + 2*x(1)*x(2) +x(2)^2- 5*x(1);
```

函数的起始解可以设置为 x0 = [1,1]，起始解的设置是根据经验值和函数形态确定的。[0,0] 可能导致函数的导数值为 0，因此一般起始点会围绕 [0,0] 进行选取。本问题选择 [1,1] 作为问题的起始解。

问题的求解代码如下：

```
x0 = [1,1];
[x,ymin]=fminunc(f,x0)
```

代码运行结果如下：

```
x =  0.8333  –0.8333
ymin =  –2.0833
```

从运行结果可知，该函数的最小值为 -2.0833，对应的自变量取值为 [-0.8333,+0.8333]。需要注意的是，该函数的自变量数量有两个，使用 x(1) 表示第一个变量 x1，使用 x(2) 表示第二个变量 x2。如果有多个变量，可以参照此规律继续命名。

【实例 13-10】计算函数 $f(x_1,x_2)=x_1\mathrm{e}^{-(x_1^2+x_2^2)}+\dfrac{(x_1^2+x_2^2)}{20}$ 的最小值。

该函数的目标函数可以表示如下：

```
fun = @(x)x(1)*exp(-(x(1)^2 + x(2)^2)) + (x(1)^2 + x(2)^2)/20;
```

问题的求解代码如下：

```
x0 = [1,2];
[x,ymin]=fminunc(f,x0)
```

代码运行结果如下:

```
x =  -0.6691  0.0000
ymin =  -0.4052
```

从运行结果可知,该函数的最小值为 -0.4052,对应的自变量取值为 [-0.6691,0]。

【实例 13-11】求解函数 $f(x_1,x_2)=3x_1^2+2x_1x_2+x_2^2$ 的最小值。

该函数的目标函数可以表示如下:

```
fun = @(x) 3*x(1)^2 + 2*x(1)*x(2) +x(2)^2;
```

问题的求解代码如下:

```
x0 = [1,1];
[x,ymin]=fminunc(f,x0)
```

代码运行结果如下:

```
x =  1.0e-06 *  0.2541  -0.2029
ymin =  1.3173e-13
```

从运行结果可知,该函数的最小值和自变量取值都无限趋近于 0,从函数形态也可以判断出其最小值和自变量取值也为 0。函数采用梯度法进行求解,因此最终解是趋近于 0 而不是等于 0。

【实例 13-12】求解 $f(x_1,x_2)=100(x_2-x_1)^2+(1-x_1)^2$ 的最小值。

该函数的目标函数可以表示如下:

```
f =@(x)100*(x(2)-x(1))^2 + (1 - x(1))^2;
```

问题的求解代码如下:

```
x0 = [-1,2];
[x,ymin]=fminunc(f,x0)
```

代码运行结果如下:

```
x =  1.0000  1.0000
ymin =  2.2607e-12
```

从运行结果可知,当该函数的自变量取值 [1,1] 时,函数的最小值无限趋近于 0。从前面的讨论可以知道,受限于函数最优解的计算模式,函数一般很难直接得到数值 0 的结果,通常为无限趋近于 0。所以,如果得到上述形式的结果,可以直接认定其为 0。

2. fminsearch 函数

fminsearch 函数是一个非线性优化求解函数,即该函数求解的目标函数是一个非线性函数表达式。该函数通过直接搜索法进行问题求解,最常用的求解方法是 powell。计算目标函数时需要提供一个解的初始值。fminsearch 函数的常用调用形式如下:

```
x = fminsearch (fun,x0);
[x,y] = fminsearch (fun,x0);
x = fminsearch (fun,x0,options);
[x,y] = fminsearch (fun,x0,options);
```

【实例 13-13】使用 fminsearch 函数计算函数 $f(x) = \sin(x) + \cos(x)$ 的最小值。函数的目标函数可以表示如下:

```
f =@(x)sin(x)+cos(x) ;
```

问题的求解代码如下:

```
x0 = [1,1];
[x,ymin]=fminsearch(f,x0)
```

代码运行结果如下:

```
x = -2.3562
ymin = -1.4142
```

该问题是一个单变量优化求解问题,从运行结果可知,当该函数的自变量取值为 -2.3562 时,函数的最小值为 -1.4142。

【实例13-14】使用 fminsearch 函数计算函数 $f(x_1,x_2)=(x_2-x_1)^2+2(1-x_2)^2$ 的最小值。

函数的目标函数可以表示如下:

```
f = @(x)(x(2)-x(1))^2+2*(1-x(2))^2;
```

问题的求解代码如下:

```
x0 = [2,1];
[x,ymin]= fminsearch (f,x0)
```

代码运行结果如下:

```
x = 1.0000  1.0000
ymin = 2.3346e-09
```

从运行结果可知,该函数的最小值为 0,对应的自变量取值为 [1,1]。

13.2 有约束最优化问题

13.2.1 线性约束最优化问题

除了前面讨论的无约束最优化问题,还有一些问题在求解时需要遵循一定的约束,即有约束优化问题。有约束最优化问题在工程领域、经济学领域出现得比较多。该问题的公式表示形式如下：

$$\min f(x)$$
$$\text{s.t} \begin{cases} Ax \leq b \\ A_{eq}x = b_{eq} \\ lb \leq x \leq ub \end{cases}$$

根据约束函数的自变量形态，此问题可以分为线性约束最优化问题和非线性约束最优化问题，本小节讨论含有线性约束的最优化问题。

1. 线性规划问题

线性规划问题是指目标函数和约束函数的公式都为线性的最优化问题。线性规划是最优化问题的一个重要分支，该方法通常被用在很多资源分配问题中，如如何在限定资源的条件下做出利润最高的生产计划，如何在有限运力和有限运输路径的情况下选择最优路径完成最高效的货物运输。用于求解线性规划问题的函数是 linprog，该函数的常用调用形式如下：

```
[x, fval] = linprog (fun, A, b, Aeq, beq, lb, ub);
```

其中，fun 表示目标函数，一般用句柄函数表示，A 和 b 分别表示不等式约束的系数矩阵和非齐次项，Aeq 和 beq 分别表示等式约束的系数矩阵和非齐次项，lb 和 ub 分别表示变量取值的上下确界，x 表示问题的最优解，fval 表示目标函数在最优解处的取值。

【实例13-15】使用 linprog 函数对函数 $x_1^2+x_2^2=10$ 在点（0,0）~（10,10）范围内的最小值进行求解。

根据问题描述，定义目标函数的句柄表达形式：

```
fun = @(x) x(1)^2 + x(2)^2;
```

定义不等式约束矩阵系数：

% 线性不等式约束 A*x <= b

A = [1 1];

b = [10];

定义等式约束矩阵系数：

% 边界约束

lb = [0; 0];

ub = [100; 100];

定义变量取值的上下确界：

% 边界约束

lb = [0; 0];

ub = [100; 100];

调用求解函数：

[x, fval] = linprog (fun, A, b, Aeq, beq, lb, ub);

如果约束信息缺失某些值，则为对应的参数位置提供空数组即可。例如，当问题的约束不包含等式约束时，可以使用以下形式的函数调用：

[x, fval] = linprog (fun, A, b, [], [], lb, ub);

【实例 13-16】生产计划问题：某工厂拥有 a、b 两种原材料，总量分别为 16kg 和 20kg，使用这两种材料可以生产甲乙两种产品。目前可以用于生产的机床有 8 台，生产 1 件甲产品所需的 a 材料为 3kg，b 材料为 1kg；生产 1 件乙产品所需的 a 材料为 2kg，b 材料为 2kg。生产 1 件甲产品需要使用 1 台机床，生产 1 件乙产品需要使用 2 台机床。甲产品每件可以获利 2 万元，乙产品每件可以获利 3 万元。试问如何安排生产计划可以使工厂获得最大的利润。

由于问题研究的目标是工厂利润最大化，目标函数可以基于产品的利润展开，令 x_1 和 x_2 分别表示甲产品和乙产品，问题的目标函数可以表示为

$$\max 2x_1 + 3x_2$$

由于生产产品受到资源和设备的限制，根据题目描述，可以构建以下约束条件。首先是关于资源的约束条件：

$$3x_1 + x_2 \leq 16$$
$$2x_1 + 2x_2 \leq 20$$

其次是关于机床数量的约束条件：

$$x_1 + 2x_2 \leq 8$$

除此之外，每种产品的数量都不能为负数，所以关于产品数量的约束条件为

$$x_1 \geq 0, x_2 \geq 0$$

综合以上分析，该问题的优化函数表达式可以表示为

$$\max 2x_1 + 3x_2$$
$$\text{s.t.} \begin{cases} 3x_1 + x_2 \leq 16 \\ 2x_1 + 2x_2 \leq 20 \\ x_1 + 2x_2 \leq 8 \\ x_1 \geq 0, x_2 \geq 0 \end{cases}$$

目标函数的信息可以表示为

```
f =[2,3];
```

在求解线性规划问题时，目标函数的信息不再使用句柄函数的形式进行表示，而是使用自变量的系数进行表示。在本问题中，x_1 的系数为 2，x_2 的系数为 3，所以目标函数的信息可以表示为 f=[2,3]。需要说明的是，问题

的目标函数必须以自变量为单位进行系数汇总，即通过化解的方式转换为 $a_1x_1 + a_1x_2 + \cdots + a_nx_n$ 的形式。linprog 函数只能计算目标函数的最小值，因此需要对目标函数进行取反处理，目标函数的信息最终被表示为

```
f =[-2,-3];
```

同目标函数一样，约束条件的信息也需要通过自变量的系数进行表示。在进行系数信息提取时，需要将约束条件划分为等式约束和不等式约束，并根据划分结果进行表示。如果有多个不等式约束或等式约束，则需要将对应的多个系数信息整合为一个矩阵，通常用 A 表示不等式约束信息，用 Aeg 表示等式约束信息。在本例中没有等式约束，只有不等式约束，因此可以根据不等式信息提取出对应的系数信息：

```
A = [3,1
     2,2
     1,2];
```

不等式右侧的数值也需要使用向量形式进行表示，可以表示为

```
b = [16
     20
     8]
```

约束中关于自变量的取值范围可以使用 lb 和 ub 两种形式进行表示，lb 表示变量的下界，ub 表示变量的上界。此问题中自变量的取值范围可以表示为

```
lb = [0,0];
```

其他未出现的约束信息使用空数组表示。

问题的求解代码如下：

```
f =[-2,-3];
A = [3,1
     2,2
     1,2];
b = [16
     20
     8];
lb = [0,0];
Aeq = [];
beq = [];
ub = [];
[x,fval] = linprog(f,A,b,Aeq,beq,lb,ub)
```

代码运行结果如下：

```
x =  4.8000  1.6000
fval = -14.4000
```

从运行结果可以看出，工厂利润最大化的生产方式是生产甲产品 4.8 件，乙产品 1.6 件，工厂的最大利润为 14.4 万元。值得注意的是，产品数量的结果出现了小数，这与生活常识不符。这是因为在优化时没有对变量的整数取值进行约束，如果需要自变量的取值为整数，则需要使用另一个优化求解函数：intlinprog。该函数的使用方式与 linprog 函数大致相同，区别在于需要在第二个参数位置提供需要满足整数约束的变量位置。本实例中需要满足整数约束的自变量为第一个和第二个，因此变量的整数信息可以表示为

```
intcon = [1,2];
```

使用 intlinprog 函数进行问题求解的代码如下：

```
f =[-2,-3];
intcon = [1,2];        % 说明第一、二个变量需要整数解
A = [3,1
    2,2
    1,2];
b = [16
    20
    8];
lb = [0,0];
Aeq = [];
beq = [];
ub = [];
[x,fval] = intlinprog(f,intcon,A,b,Aeq,beq,lb,ub)   % 求解语句
```

代码运行结果如下：

```
x =  4  2
fval = -14.4000
```

由运行结果可以看出，在整数约束下，工厂利润最大化的生产方式是生产甲产品 4 件，乙产品 2 件，工厂的最大利润为 14.4 万元。此时问题的求解符合生产预期。

【实例 13-17】使用 linprog 函数对如下约束问题进行求解：

$$\min 5x_1 + 2x_2$$
$$\text{s.t.} \begin{cases} -2x_1 + 3x_2 \leq -1 \\ 4x_1 + x_2 \leq 3 \\ x_1, x_2 \geq 0 \end{cases}$$

通过前面的内容可以得知，目标函数中包含两个未知量，二者的系数分别是 5、2，所以函数的系数向量可以表示为

```
f = [5;2];
```

约束条件中包含两个不等式，不等式左侧的系数矩阵可以表示如下：

```
A = [-2 3 ; 4 1];
```

不等式右侧的常数项信息可以表示如下：

```
b = [-1;3];
```

约束中不包含等式约束，因此约束中的等式系数信息和常数项信息可以用空数组表示：

```
Aeq = [];
beq = [];
```

未知量的上下界可以表示如下：

```
lb = [0 ;0];
ub = [];
```

问题的求解代码如下：

```
f = [5;2];
A = [-2 3 ; 4 1];
b = [-1;3];
Aeq = [];
beq = [];
```

```
lb = [0 ;0];
ub = [];
[x,fval]=linprog(f,A,b,Aeq,beq,lb,ub)
```

代码运行结果如下：

```
x =  0.5000  0.0000
fval =  2.5000
```

从运行结果可以看出，当未知量取值为0.5和0时，函数取最小值2.5。

【实例13-18】资金分配问题：某工厂拥有100万元生产资金，准备生产A、B、C、D、E五种商品，每种商品的利润率如表13-1所示。

表13-1 五种商品的利润率

商品	A	B	C	D	E
利润率/%	7.3	10.3	6.4	7.5	4.5

安全生产要求如下。

（1）用于生产A、B产品或C、D产品的资金和不能超过总资金的50%。

（2）用于生产E产品的资金不能少于C、D产品资金和的25%。

（3）用于生产B产品的资金不能超过A、B产品的资金总和的60%。

试问如何安排生产才能使产品利润最大。

求解此问题时，需要计算出生产每种产品所需要的资金，所以用变量x_1、x_2、x_3、x_4、x_5表示生产这五种产品所需的资金。根据表13-1，该问题的目标函数可以表示为

$$f = 0.073x_1 + 0.103x_2 + 0.064x_3 + 0.075x_4 + 0.045x_5$$

但是，因为linprog函数只能用于求解目标函数的最小值，所以需要将目标函数进行取反，取反后的形式为

$$f = -0.073x_1 - 0.103x_2 - 0.064x_3 - 0.075x_4 - 0.045x_5$$

资金总额只有100万元，因此所有产品的资金总额应该为100万元。此约束是等式约束，约束方程可以表示为

$$x_1 + x_2 + x_3 + x_4 + x_5 = 100$$

根据安全生产要求，可以得出如下不等式约束：

$$\text{s.t.} \begin{cases} x_1 + x_2 \leqslant 50 \\ x_3 + x_4 \leqslant 50 \\ 0.25x_3 + 0.25x_4 - x_5 \leqslant 0 \\ -0.6x_1 + 0.4x_2 \leqslant 0 \end{cases}$$

所有产品的投资都应该大于或等于0，因此有关变量的变量值都应该大于或等于0。基于以上分析，可以得到问题的求解代码，具体如下：

```
f = [-0.073;-0.103;-0.064;-0.075;-0.045];
A = [1 1 0 0 0
     0 0 1 1 0
     0 0 0.25 0.25 -1
     -0.64 0.4 0 0 0];
b = [50;50;0;0];
Aeq = [1 1 1 1 1];
beq = 100;
lb = [0;0;0;0;0];
ub = [];
[x,fval]=linprog(f,A,b,Aeq,beq,lb,ub)
```

代码运行结果如下：

```
X =
    19.2308
    30.7692
    0.0000
    40.0000
    10.0000
fval = -8.0231
```

从运行结果可知，当生产各产品的投资额为以上结果时，新目标函数的最小值为 -8.0231 万元，则原目标函数的最大值即为 8.0231 万元。此实例包含等式约束，需要对等式参数进行信息输入。

【实例 13-19】现有如下含等式约束的线性规划问题，试使用 linprog 函数进行优化求解。该问题的目标函数为

$$f = 3x_1 + 4x_2 - 3x_3$$

问题的约束条件如下：

$$\text{s.t.} \begin{cases} x_1 + 2x_2 + x_3 = 8 \\ 3x_1 + 5x_2 - 2x_3 \geq 10 \\ x_1, x_2, x_3 \geq 0 \end{cases}$$

问题的求解代码如下：

```
f=[3;4;-3];
A=[-3 -5 2];
b= -10;
Aeq = [1 2 1];
beq = 8;
```

```
lb = [0;0;0];
ub = [];
[x,fval]=linprog(f,A,b,Aeq,beq,lb,ub)
```

代码运行结果如下：

```
x =
   0.0000
   2.8889
   2.2222
fval =
   4.8889
```

需要注意的是，题目描述中的不等式约束是大于约束，在进行问题求解时需要将其转换为小于约束。

【实例13-20】某工厂有两种机床可以用于三种产品的生产加工，受工时限制，两种机床的可用工时分别是800和1000，需要生产的三种产品数量分别是400、600和500。每种机床生产不同产品所需的工时和费用如表13-2所示，试问如何安排车床使用计划才能使加工费最低。

表 13-2 每种机床生产不同产品所需的工时和费用

车床类型	单位产品加工所需工时			单位产品加工所需费用			可用工时
	产品1	产品2	产品3	产品1	产品2	产品3	
甲	0.5	1.2	1.1	12	10	11	800
乙	0.6	1.3	1.3	12	13	9	1000

假定用甲机床生产的三种产品数量分别为 x_1、x_2、x_3，用乙机床生产的三种产品数量分别为 x_4、x_5、x_6，由此可以得出线性规划问题的目标函数：

$$\min(12x_1 + 10x_2 + 11x_3 + 12x_4 + 13x_5 + 9x_6)$$

根据问题描述中的工时总长限制、各种产品数量限制，可以得到如下约束函数：

$$\text{s.t.} \begin{cases} x_1 + x_4 = 400 \\ x_2 + x_5 = 600 \\ x_3 + x_6 = 500 \\ 0.5x_1 + 1.2x_2 + 1.1x_3 \leq 800 \\ 0.6x_4 + 1.3x_5 + 1.3x_6 \leq 1000 \\ x_i \geq 0, i = 1, 2, \cdots, 6 \end{cases}$$

根据目标函数信息和约束函数信息，可以得到如下求解代码：

```
f = [11;10;11;12;13;9];
A = [0.5 1.2 1.1 0 0 0
     0 0 0 0.6 1.3 1.3];
b = [900;1000];
Aeq = [1 0 0 1 0 0
       0 1 0 0 1 0
       0 0 1 0 0 1];
Beq = [400 ;600; 500];
lb = zeros(6,1);
[x,fval,exitflag] = linprog(f,A,b,Aeq,Beq,lb)
```

代码运行结果如下：

```
x =
  360.0000
  600.0000
    0.0000
   40.0000
```

        0.0000

        500.0000

    fval = 1.4940e+04

    exitflag = 1

从代码运行结果可以看出，在甲机床加工 360 个产品 1、600 个产品 2，在乙机床加工 40 个产品 1、500 个产品 3 时，生产总加工费最小，费用金额为 14940 元。其中，exitflag 表示搜索的收敛状态，值为 1 时表示收敛正常。

2. **整数规划问题**

整数规划是一类要求自变量取值为整数的数学规划。按目标函数的表示形式，可以将整数规划分为线性整数规划和非线性整数规划两类。整数规划是数学规划中用得比较少的一个分支，且非线性整数规划目前还没有比较好的求解方法，故这里重点介绍线性整数规划问题。

该问题的函数表达形式同线性规划问题的表达形式相同，差别在于自变量的求解结果应为整数。MATLAB 为整数规划问题提供的求解函数为 intlinprog，该函数的常用调用形式如下：

    [x,fval]= intlinprog (f,inticon,A,b)

或者：

    [x,fval]= intlinprog (f,inticon,A,b,Aeq,beq,lb,ub)

自不等式约束之后的信息可以根据题目要求动态填写，如果题目中没有对应的约束信息，则可以不填。和线性规划函数 linprog 相比，intlinprog 函数需要通过 inticon 参数指定取值为整数的变量索引。以实例 13-21 为例，题目中涉及的整数约束变量有两个，所以 intcon 参数可以设置为 2。

【实例 13-21】使用 intlinprog 函数对下列问题进行求解：

$$\min_{x}(8x_1 + x_2)$$

约束条件如下：

$$\text{s.t.} \begin{cases} x_1 + 2x_2 \geq -14 \\ -4x_1 - x_2 \leq -33 \\ 2x_1 + x_2 \leq 20 \end{cases}$$

根据题目描述和求解函数的调用形式，目标函数和整数变量要求的变量信息如下：

```
f = [8;1];
intcon = 2;
```

将所有不等式约束转为左边小于右边的形式，即

$$\text{s.t.} \begin{cases} -x_1 - 2x_2 \leq -14 \\ -4x_1 - x_2 \leq -33 \\ 2x_1 + x_2 \leq 20 \end{cases}$$

由此可以得到不等式约束的系数矩阵和常数项向量：

```
A = [-1,-2;
     -4,-1;
     2,1];
b = [14;-33;20];
```

问题求解代码如下：

```
[x y] = intlinprog(f,intcon,A,b)
```

代码运行结果如下：

```
x =
  7.0000
  5.0000
y =
  61.0000
```

当自变量值取 [7 5] 时，函数取最小值 61。如果只要求第二个变量为整数，则可以用如下的形式指定：

```
intcon=2;
```

此时函数的求解结果会变为

```
x =
  6.5000
  7.0000
y =
  59.0000
```

从求解结果中可以看出，第二个变量的求解结果为整数，第一个变量的求解结果是浮点数。

【实例 13-22】试使用 intlinprog 函数对下列问题进行求解。

目标函数为

$$\min_{x}(7x_1 + 5x_2 + 9x_3 + 6x_4 + 3x_5)$$

约束条件如下：

$$\text{s.t.}\begin{cases} 5x_1 + 6x_2 + 4x_3 + 3x_4 + 2x_5 \leq 20 \\ x_1 + 4x_2 + x_3 \leq 4 \\ x_1 + 2x_2 + x_4 + 2x_5 \geq 2 \\ x_1 \geq 0, x_2 \geq 0, x_3 \geq 0, x_4 \geq 0, x_5 \geq 0 \end{cases}$$

根据求解函数要求，对约束条件的函数形式进行转换，即

$$\text{s.t.}\begin{cases}5x_1+6x_2+4x_3+3x_4+2x_5\leqslant 20\\ x_1+4x_2+x_3\leqslant 4\\ -x_1-2x_2-x_4-2x_5\leqslant -2\\ x_1\geqslant 0, x_2\geqslant 0, x_3\geqslant 0, x_4\geqslant 0, x_5\geqslant 0\end{cases}$$

根据前文所述求解过程，问题的求解代码如下：

```
f = [7;5;9;6;3];
intcon = [1,2,3,4,5];
A = [5 2 5 4 2;
     1 4 1 0 0;
     –1 –2 0 –1 –2];
b = [20;4;–2];
lb = [0;0;0;0;0];
[x y] = intlinprog(f,intcon,A,b,[],[],lb)
```

代码运行结果如下：

```
x =
   0
   0
   0
   0
   1
y = 3
```

需要说明的是，所有变量都有下界要求，因此需要为函数提供 lb 参数。由于约束条件中并未给出等式约束，等式约束的系数矩阵和常数项参数设置为空数组即可。

13.2.2 非线性约束最优化问题

非线性约束最优化问题是指在目标函数或约束条件中存在非线性项的最优化问题。求解非线性约束最优化问题的函数是 fmincon，该函数的常用调用形式如下：

[x, fval] = fmincon(fun, x0, A, b, Aeq, beq, lb, ub, nonlcon);

其中，fun 表示目标函数，一般用句柄函数表示；x0 表示解的初始值；A 和 b 分别表示不等式约束的系数矩阵和非齐次项；Aeq 和 beq 分别表示等式约束的系数矩阵和非齐次项；lb 和 ub 分别表示变量取值的上下确界；nonlcon 表示问题的非线性约束函数；x 表示问题的最优解；fval 表示目标函数在最优解处的取值。

【实例 13-23】计算以下问题的最优解。

$$\min f(x) = e^{x_1}\left(4x_1^2 + 2x_2^2 + 4x_1x_2 + 2x_2 + 1\right)$$

$$\text{s.t.}\begin{cases} 1.5 + x_1x_2 - x_1 - x_2 \leq 0 \\ x_1 + x_2 = 0 \\ -x_1x_2 \leq 10 \end{cases}$$

（1）定义非线性目标函数：

f = @(x)exp(x(1))*(4*x(1)^2+2*x(2)^2+4*x(1)*x(2)+2*x(2)+1);

（2）定义非线性约束表达函数。线性约束分为等式约束和不等式约束，非线性约束也分为等式约束和不等式约束，使用此函数的关键在于如何表达这些约束。有关线性约束的表达形式和 linprog 函数相同，有关非线性约束的信息采用以下形式表示：

```
function [c,ceq] = mynonfun(x)
  c = [1.5 + x(1)*x(2)-x(1)-x(2)
   -x(1)*x(2)-10];
  ceq = [];
end
```

其中，c 表示以数组形式记录的非线性不等式约束，ceq 表示以数组形式记录的非线性等式约束（如果只有一个，则不需要使用数组）。

（3）调用非线性约束求解函数：

```
[x,fval] =fmincon(f,x0,[],[],Aeq,beq,[],[],'mynonfun');
```

从函数的调用形式可以看出，非线性约束信息以字符串形式进行传递，字符串的内容是非线性函数的名称。

该问题的求解代码如下：

```
f = @(x)exp(x(1))*(4*x(1)^2+2*x(2)^2+4*x(1)*x(2)+2*x(2)+1);
Aeq = [1 1];
beq = [0];
x0 = [-1,1];
[x,fval] =fmincon(f,x0,[],[],Aeq,beq,[],[],'mynonfun')
```

代码运行结果如下：

```
x = -3.1623
fval] =1.1566
```

非线性约束问题在 $x_1 = -3.1623, x_2 = 3.1623$ 点的取值为 1.1566。

13.3 多目标规划

多目标规划是最优化问题的一个重要分支，主要用于处理具有多个目标的优化问题。在有些规划问题中，主要达到的目标不止一个，为了同时满足这些目标，就需要使用特定的函数进行多目标优化求解。用于多目标优化的求解函数是 fgoalattain，该函数的常用调用形式如下：

[x,fval,attainfactor] =
fgoalattain(fun,x0,goal,weight,A,b,Aeq,beq,lb,ub,nonlcon);

其中，fun 表示目标函数；x0 表示解的起始值；goal 表示一个向量，用于记录各目标函数需要达到的目标；weight 表示记录各目标函数权重的向量；A 表示不等式约束系数矩阵；b 表示不等式约束非齐次向量；Aeq 表示等式约束系数矩阵；beq 代表等式约束非齐次向量；lb 表示解的取值下确界；ub 表示解的取值上确界；nonlon 表示非线性约束。

和其他优化函数一样，fgoalattain 函数的约束信息需根据实际情况填写；如果没有对应信息，则在相应的参数位置提供空数组即可，形式为[]。

【实例 13-24】工厂生产问题，使投资和污染同时最小。某工厂计划生产两种新的产品 A 和 B，二者的生产设备费分别是 2 万元/t 和 5 万元/t，生产每种产品所造成的污染损失分别为 4 万元/t 和 1 万元/t。该工厂生产 A 和 B 的最大生产能力分别为 5t/月和 6t/月。目前两种产品每个月总计需要生产至少 7t。试问如何安排生产才能实现设备投资和污染损失最小。目前工厂总预计投资 20 万元，可承受的损失为 12 万元。

根据题目描述，可以抽取出如下信息：A 设备生产费用为 2 万元/t，B 设备生产费用为 5 万元/t；A 设备最大产能是 5t/月，B 设备最大产能是 6t/月；A 设备污染损失为 4 万元/t，B 设备污染损失为 1 万元/t。

目标函数阈值范围如下：费用的最高投入为 20 万元，污染损失的最大值是 12 万元。

该问题的目标函数如下:

$$\begin{cases} \min f_1(x) = 2x_1 + 5x_2 \\ \min f_2(x) = 4x_1 + x_2 \end{cases}$$

该问题的约束信息如下:

$$\text{s.t.} \begin{cases} x_1 \leqslant 5 \\ x_2 \leqslant 6 \\ -x_1 - x_2 \leqslant -7 \\ x_1 \geqslant 0, x_2 \geqslant 0 \end{cases}$$

根据目标函数构建相应的表示函数:

```
function f = mf(x)
    f(1)=2*x(1)+5*x(2);
    f(2) =4*x(1)+x(2);
```

根据题目描述给出目标函数的目标取值、权重信息和解的初始值:

```
g = [20 12];
w = [20 12];
x0 = [2 5];
```

根据约束信息得出相应的系数权重和数值:

```
A = [1      0
     0      1
    −1     −1];
b = [  5
       6
      −7];
```

根据问题描述得出问题解取值的下确界数组：

lx = zeros(2,1);

根据以上信息调用求解函数：

[x,fval]= fgoalattain(@mf,x0,g,w,A,b,[],[],lx,[]);

disp(x);

disp(fval);

问题解的取值为

2.9167 4.0833

目标数的取值为

26.2500 15.7500

可以看到，在 fgoalattain 函数中调用目标函数 mf 的形式是 @mf。

也可以对上述公式进行简化，具体的调用形式如下：

result = ode45(@myFunction, tspan, y0);

本章小结

本章介绍了最优化方法的理论基础和 MATLAB 实现，详细讲述了无约束最优化、有约束最优化，线性规划整数规则、非线性约束优化和多目标优化等问题的求解方法，展示了最优化问题在不同场景下的应用。

第 14 章 人工神经网络计算

> **内容提要**
>
> 人工神经网络是人工智能和机器学习的重要基础和计算工具。本章介绍了人工神经网络的基本概念和构建方法,包括单层神经网络和多层神经网络,具体内容包括神经网络的结构搭建和计算过程;详细阐释了如何在 MATLAB 中使用相关函数构建和训练神经网络,包括针对浅层神经网络的 train 函数和深层神经网络的 trainNetwork 函数;还介绍了深度学习工具箱 Deep Learning Toolbox 的使用,并展示了如何通过图形用户界面完成网络的设计、训练和评估。

14.1 人工神经网络

人工神经网络是一种模拟人脑的计算模型,该模型认为人脑是由大量简单神经元组成的计算结构,在该结构中每个神经元都是一个功能简单的计算单元,每个神经元都可以对输入信号做出简单的计算反馈。虽然每个神经元的计算功能都很简单,但是在大量神经元的计算叠加下,大脑可以对外界刺激做出复杂的分析和判断。图 14-1 给出了每个神经元的计算形式。

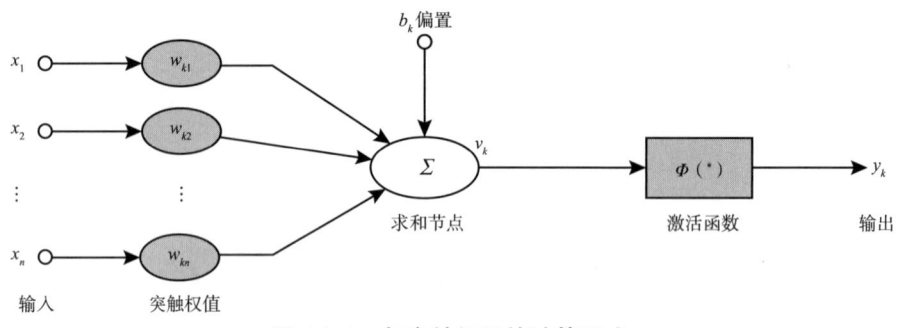

图 14-1　每个神经元的计算形式

从图 14-1 中可以看出，一个神经元可以同时接收多个信号的输入，使用加权求和方式对这些输入进行求和，随后使用激活函数进行判断计算，并给出计算结果。在进行大规模计算任务时，这些神经元能够相互作为输入源，每个神经元均具备接收多个输入信号的能力。为提高建模效率和计算的可行性，研究者对网络中的神经元进行了合理的分组与排序，同时设定了输入数据的传递顺序，即数据需从左至右依次经过每个神经元组。关于信号的传递机制，其遵循以下规则：首先，输入信号进入一组神经元；其次，该组内的神经元会根据各自接收到的输入信息进行相应的输出处理；最后，该组神经元的输出结果会输入下一组神经元作为输入，进行下一组神经元的计算。为便于描述和可视化，人们通常将同一组的神经元绘制在同一行或同一列，并赋予其一个形象的称谓：层。因此，在对神经网络进行描述时，人们会采用单层网络和多层网络的形式来描述网络的结构。根据每层神经元的功能和特点，通常将神经元分为以下三个部分。

（1）输入层：神经网络的输入部分，一般直接将输入样本作为输入层。

（2）隐藏层：负责计算特征的神经元层。隐藏层可以有一层或者多层，具体的层数由设计者自行决定。

（3）输出层：根据隐藏层计算的特征输出计算结果。输出层的神经元数量和表示方式应根据需要进行设计。

根据隐藏层的数量，可以将神经网络分为单层神经网络和多层神经网络。

14.1.1 单层神经网络

单层神经网络又称为感知机（perceptron），是目前最简单的神经网络结构。该网络通常由以下部分组成。

（1）输入层：接收数据的输入，可以用向量表示多个输入。

（2）输出层：神经元的结算结果，通常是一个标量。

（3）权重：每个输入数据在神经元进行求和计算的加权值，通常被表示为连接线的权重。

（4）偏置：对求和结果进行扰动的数值。

（5）激活函数：神经元的计算函数，用于得出神经元的计算结果。该函数可以是线性的，也可以是非线性的。

单层神经网络的具体计算过程如下。

（1）输入：将数据向量 x 输入网络。

（2）加权求和：加权完毕后附加偏置值，具体的形式为

$$z = wx+b$$

（3）激活函数：根据加权结果进行函数判断，具体的判断形式为

$$o = \sigma(z)$$

（4）输出：得到网络的最终输出结果。

单层神经网络的结构简单，可用于简单线性分类任务。该网络只有一层神经元，特别适用于图示，因此常被用于入门实践教学。

【实例 14-1】单层神经网络示例。

问题的求解代码如下：

```matlab
% 初始化参数
input_size = 2;         % 输入层神经元个数
output_size = 1;        % 输出层神经元个数
hidden_size = 3;        % 隐藏层神经元个数
W1 = randn(input_size, hidden_size);    % 输入层到隐藏层的权重矩阵
b1 = randn(hidden_size,1);              % 输入层到隐藏层的偏置向量
W2 = randn(hidden_size, output_size);   % 隐藏层到输出层的权重矩阵
b2 = randn(1, output_size);             % 隐藏层到输出层的偏置向量
eta = 0.1;      % 学习率
% 训练数据
X = [0, 0; 0, 1; 1, 0; 1, 1];    % 特征矩阵
y = [0; 1; 1; 0];                % 标签向量
% 迭代更新权重和偏置项
for i = 1:length(y)
  x = X(i, :)';           % 当前样本特征向量
  t = y(i);               % 当前样本标签
   % 前向传播
  disp('% 前向传播 ')
  z = W1' * x + b1;                    % 隐藏层加权和
  netact = 1 ./ (1 + exp(-z));         % 隐藏层激活值
  netout = W2' * netact + b2;          % 输出层加权和
  y_pred = 1 ./ (1 + exp(-netout));    % 输出层激活值
  disp('% 反向传播 ')
  delta3 = (y_pred - t) .* y_pred .* (1 - y_pred);    % 输出层误差
```

```
    delta2 = (delta3 * W2  ) .* netact .* (1 – netact);      % 隐藏层误差
    disp('% 更新权重和偏置项 ')
    W2 = W2 – eta * netact * delta3';
    b2 = b2 – eta * delta3;
    W1 = W1 – eta * x * delta2';
    b1 = b1 – eta * delta2;
end
% 输出结果
disp(' 输入层到隐藏层的权重矩阵： ');
disp(W1);
disp(' 输入层到隐藏层的偏置向量： ');
disp(b1);
disp(' 隐藏层到输出层的权重矩阵： ');
disp(W2);
disp(' 隐藏层到输出层的偏置向量： ');
disp(b2);
```

14.1.2　多层神经网络

多层神经网络也称多层感知机或深度神经网络，该神经网络隐藏层由多层神经元组成，每层神经元通常会使用非线性激活函数，如线性修正单元（ReLU）函数、sigmoid 函数和 Tanh 函数。这些函数可以为神经元的计算结果添加非线性，使得神经网络能够学习到更加复杂的非线性特征。

在 MATLAB 中，使用数组方式进行多层神经网络的定义，数组中的每个元素是一层神经网络，这些神经网络需要借助专有的定义函数，常用的定义函数有全连接层、卷积层、池化层、归一化层、激活层函数等，具体如下。

1. 全连接层

定义全连接层的函数是 fullyConnectedLayer，该函数的调用形式如下：

```
l_fc = fullyConnectedLayer(nn, 'Name','fc1')
```

其中，nn 表示全连接层的神经元数量；其后两个参数是参数组，用于说明该层神经网络的名称是 fc1。

2. 卷积层

定义 2D 卷积层的函数是 convolution2dLayer，该函数的调用形式如下：

```
l_conv = convolution2dLayer (f_size, f_num,'padding','same')
```

其中，f_size 表示卷积核的大小；f_num 表示卷积的数量；padding 和 same 采用参数组的形式指定卷积后的数据维度，same 表示卷积后的输入维度同输入数据的维度相同。

3. 池化层

定义池化层的函数为 maxPooling2dLayer 和 averagePooling2dLayer，这两个函数对应的池化操作分别是最大池化和平均池化，它们的调用形式如下

```
layer_max_pool = maxPooling2dLayer(poolsize,'Stride',stride_size)
layer_avg_pool = averagePooling2dLayer(poolsize,Name,Value)
```

其中，poolsize 表示池化窗口的尺寸，其数值可以是标量或包含多个元素的数组；其后两个参数用于指定池化步长的大小，或为层起名。

4. 归一化层

定义归一化层的函数为 batchNormalizationLayer，该函数的调用形式如下：

layer_bn = batchNormalizationLayer ('Name', 'bn1');

5. 激活层

定义激活层的函数有 reluLayer、sigmoidLayer、tanhLayer、softmaxLayer，对应的激活操作分别是 relu、sigmoid、tanh、softmax。以 reluLayer 函数为例，该函数的调用形式如下：

layer_relu = reluLayer('Name', 'relu1');

6. 循环神经网络层

定义循环神经网络层的函数有 lstmLayer 和 gruLayer，这两个函数是循环神经网络的重要实现。以 lstmLayer 函数为例，该函数的调用形式如下：

layer_lstm = lstmLayer(h_num, 'Name', 'lstm1');

7. 输出层

定义输出层的函数有 softmaxLayer 和 fullyConnectedLayer，其中 softmaxLayer 函数的计算结果一般用于分类；fullyConnectedLayer 函数的计算结果一般用于对前序网络进行全连接，并输入 softmax 层进行分类操作。

在以上网络层定义函数的帮助下，多层神经网络的结构可以通过以下数组形式进行定义：

```
layers = [
    layer_fc
    layer_relu
    layer_pool
    layer_fc
    layer_output
];
```

可以看出数组中的元素是由层定义函数构建的神经网络层,可以将 layers 数组输入 trainNetwork 完成模型训练。layers 数组的作用是记录网络结构。

【实例 14-2】多层感知网络的定义和训练。

问题的求解代码如下:

```matlab
% 准备数据
% 从 CIFAR10 数据集加载 5000 个训练实例
[inputData, targetData] = cifar10_datastore('train', 1:5000);
% 定义卷积神经网络结构
layers = [
    imageInputLayer(28, 28, 3)       % 图像输入层,尺寸为 28×28,3
                                      % 个颜色通道
    convolution2dLayer(3, 3, 8)      % 卷积层,3×3 内核,8 个滤波器
    batchNormalizationLayer          % 批归一化层
    reluLayer                        % ReLU 激活函数层
    maxPooling2dLayer(2, 2)          % 最大池化层,2×2 窗口
    fullyConnectedLayer(128)         % 全连接层,128 个神经元
    batchNormalizationLayer
    reluLayer
    fullyConnectedLayer(10)          % 输出层,10 个类别
    softmaxLayer                     % 用于分类的 softmax 激活函数
    classificationLayer];            % 分类损失函数层
% 基于 layer 数组创建网络
net = feedForwardNetwork(layers);
% 训练网络
options = trainingOptions('sgdm', ...
```

```
'MiniBatchSize', 64, ...
'MaxEpochs', 10, ...
'InitialLearnRate', 0.01, ...
'LearnRateSchedule', 'piecewise', ...
'LearnRateDropPeriod', 2, ...
'LearnRateDropFactor', 0.2, ...
'Verbose', false, ...
'Plots', 'training-progress');
net = train(net, inputData, targetData, options);
% 评估网络
[accuracy, ~] = classify(net, inputData, targetData);
disp(['Accuracy: ' num2str(accuracy)]);
```

14.2 训练函数

神经网络的一般使用方式如下：构建神经网络、训练神经网络、对新样本进行分析判断。神经网络的构建即使用相关函数搭建神经网络结构。神经网络训练是基于输入样本对神经网络结构进行调整，即对网络中包含的参数进行调整，一般的调整方法有梯度下降法、单纯型法和 Powell 方法。在 MATLAB 中完成这一操作的流程如下：首先使用相关函数构建相关神经网络结构，然后使用 train 函数或 trainNetwork 函数对模型进行训练，最后得到训练完毕的神经网络。

train 函数用于训练结构简单的神经网络的浅层神经，trainNetwork 函数用于训练网络层数较深的神经网络，训练之前均需要定义网络结构。常见的网络结构有多层感知网络结构和前馈神经网络结构。

14.2.1 train 函数

在完成网络结构的定义后,可以使用训练函数进行训练。train 函数用于训练神经网络,任何按要求构建的神经网络模型都可以使用该函数进行训练。train 函数的基本调用形式如下:

[net, tr] = train(net, X, T, layers, options);

其中,net 表示构建好的神经网络模型;X 表示输入数据;T 表示目标输出数据;layers 表示网络的层结构,该参数是可选的;options 表示可选参数项,用于指定优化算法。

【实例 14-3】构建一个多层感知机,并使用梯度下降法对网络进行训练。

问题的求解代码如下:

```
% 准备数据
X = [-1 -1; -1 0; -1 1; 0 -1; 0 0; 0 1; 1 -1; 1 0; 1 1];    % 输入数据
T = [0 1 1 0 0 1 1 1];                                       % 目标数据
% 创建一个简单的多层感知机
net = feedforwardnet ([3,5,8], );
% 训练网络
[net, tr] = train(net, X, T);
% 使用训练好的网络进行预测
Y = net(X)
```

代码运行结果如下:

Y =   0.6830   0.6134   0.7839   1.2138   0.8777   0.6682
    1.0140   1.3728

train 函数在运行时还会打开神经网络窗口，其中会显示和神经网络训练相关的函数。

14.2.2 trainNetwork 函数

trainNetwork 函数通常用于深层神经网络，可以用来训练识别图像的卷积神经网络；也可以用来训练识别序列数据的循环神经网络，如 LSTM（Long Short-Term Memory，长短期记忆）和 GRU（Gated Recurrent Unit，门控循环单元）；还可以训练用于识别数值特征数据的多层感知机。

trainNetwork 函数的调用形式有以下几种：

net = trainNetwork(images, layers, options)

net = trainNetwork(sequences, layers, options)

net = trainNetwork(features, layers, options)

【实例 14-4】使用 trainNetwork 函数训练神经网络。

问题的求解代码如下：

```
% 假设 X 是图像数据集，Y 是相应的标签
X = rand(28, 28, 1, 60000);          % 示例图像数据（28 像素×28 像素，
                                      % 灰度为 1，60000 张图像）
Y = randi([0, 10], 1, 60000);         % 示例标签数据（10 个类别）
% 定义网络结构
layers = [
```

```
    convolution2dLayer(3, 32, 'Padding', 'same')
    batchNormalizationLayer
    reluLayer
    maxPooling2dLayer(2, 'Stride', 2)
    convolution2dLayer(3, 64, 'Padding', 'same')
    batchNormalizationLayer
    reluLayer
    maxPooling2dLayer(2, 'Stride', 2)
    convolution2dLayer(3, 128, 'Padding', 'same')
    batchNormalizationLayer
    reluLayer
    maxPooling2dLayer(2, 'Stride', 2)
    flattenLayer
    fullyConnectedLayer(128)
    batchNormalizationLayer
    reluLayer
    fullyConnectedLayer(10)
    softmaxLayer
    classificationLayer];
% 设置训练选项
options = trainingOptions('sgdm', ...
    'InitialLearnRate', 0.01, ...
    'MaxEpochs', 20, ...
    'MiniBatchSize', 64, ...
    'ValidationData', {X(1:10000, :, :, :), Y(1:10000)}, ...
    'ValidationFrequency', 30, ...
```

```
    'Verbose', false, ...
    'Plots', 'training-progress');
% 训练网络
[trainedNet, info] = trainNetwork(X, Y, layers, options);
% 显示训练信息
disp(info);
```

14.3 Deep Learning Toolbox 的使用

MATLAB 的 Deep Learning Toolbox 提供了一套完整的工具，用于设计、实施和评估深度学习模型。使用 Deep Learning Toolbox 的基本步骤如下，适合初学者入门。

打开工具箱的命令为 nnstart，"神经网络启动（nnstart）"窗口如图 14-2 所示。

图 14-2 "神经网络启动（nnstart）"窗口

该窗口中给出了四个分类任务：拟合、模式识别、聚类和时序。以模式识别任务为例，单击"模式识别"按钮，打开对应的工具箱窗口，如图 14-3 所示。

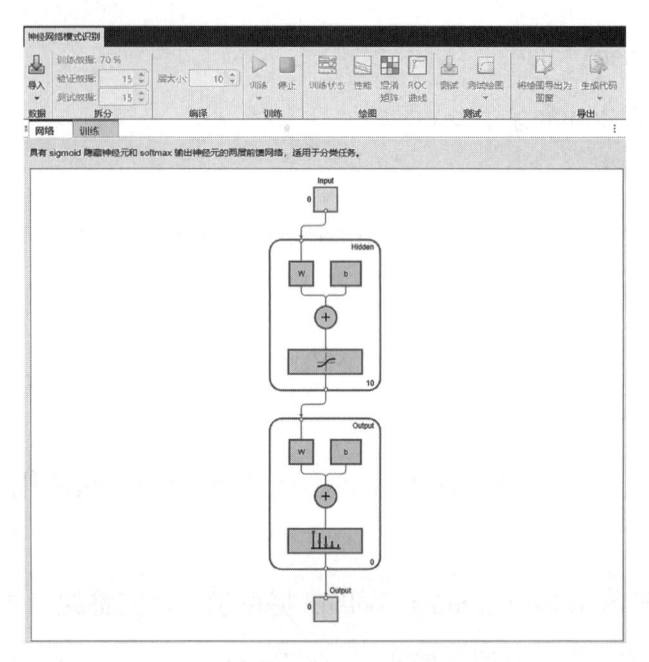

图 14-3　模式识别工具箱窗口

从图 14-3 中可以看出，模式识别工具箱已经提供了一个默认的神经网络结构，只需要为模型提供一些数据，即可开始模型训练。在此使用工具箱提供的数据。单击"导入"下拉按钮，在弹出的下拉列表中选择"更多示例数据集"→"导入鸢尾花数据集"选项，在窗口右侧可以看到"模型摘要"信息，如图 14-4 所示。

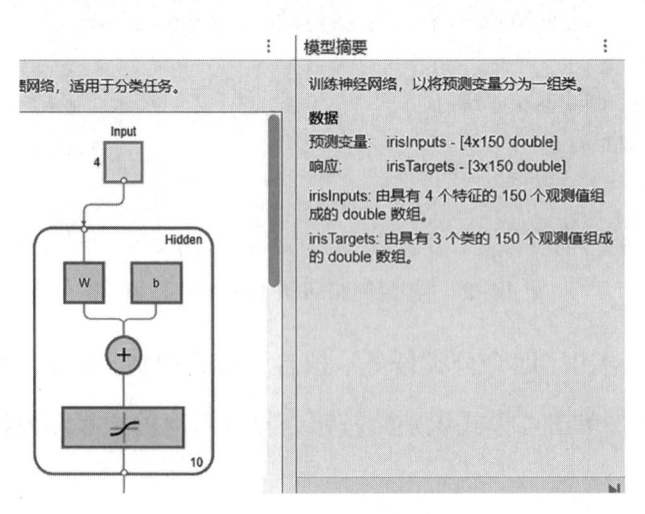

图 14-4　导入数据集

单击"训练"按钮，即可进行网络训练，窗口右侧显示训练结果，如图 14-5 所示。如果需要对模型进行修改，则可以在工具栏中修改层的数量，并再次单击"训练"按钮，完成模型的训练。

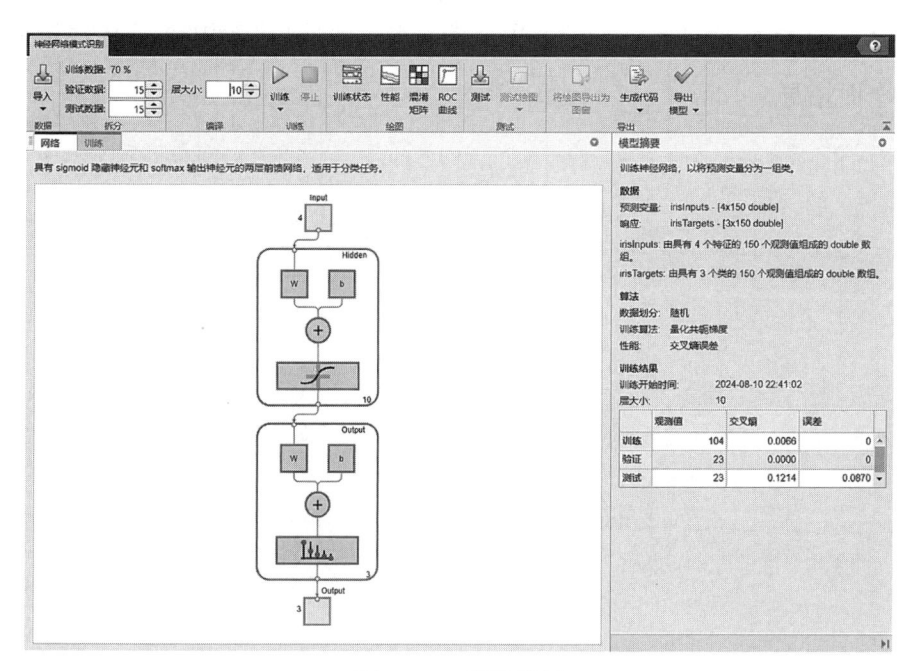

图 14-5　训练结果

以上只对深度学习工具箱进行了简要介绍，读者如需进一步了解该工具，可以参见相关说明文档。

本章小结

本章主要介绍了神经网络计算的相关知识，首先阐述了人工神经网络作为人工智能和机器学习的重要基础，其通过模拟人脑神经元的计算结构，利用大量简单神经元的叠加实现复杂分析和判断；接着详细讲解了神经网络的分层结构，包括输入层、隐藏层和输出层，并根据隐藏层数量将网络分为单层神经网络和多层神经网络。单层神经网络结构简单，适用于入门教学和简单线性分类任务；多层神经网络则通过多层神经元和非线性激活函数学习复杂特征。此外，本章还介绍了 MATLAB 中构建和训练神经网络的方法，包括使用 train 函数训练浅层网络和使用 trainNetwork 函数训练深层网络，以及 Deep Learning Toolbox 的使用，为初学者提供了从理论到实践的全面指导。